인간
없는
전쟁

인간 없는 전쟁

두려움도
분노도
없는

AI
전쟁 기계의
등장

최재운

지음

북트리거

1부

전쟁과 기술이 만날 때

2부

전장에 도착한 AI

3부

기계가 쏜다,
인간이
묻는다

평화의 시대는 끝났는가

평화의 착시

1938년 9월 30일 저녁, 런던 교외 헤스턴 비행장. 활주로를 적시는 가을비 속에서 불빛들이 흐릿하게 번진다. 유럽 전역에 전쟁의 먹구름이 드리운 그 시절, 영국인들은 불안과 희망 사이에서 숨을 죽이고 있었다. 그리고 마침내, 잿빛 하늘을 가르며 한 대의 비행기가 내려앉는다. 영국 총리 네빌 체임벌린이 독일의 뮌헨에서 돌아온 것이다. 비를 맞으며 철망 뒤에 모여 선 수백 명의 군중이 숨죽인 채 그를 지켜보고 있다. 일부는 축축해진 모자를 눌러쓰고 있고, 우산을 미처 챙기지 못한 이들의 어깨 위로는 가느다란 빗줄기가 흐른다. 하지만 이들은 이에 개의치 않는다. 모두 체임벌린 한 사람만 바라보고 있다.

체임벌린은 손에 든 종이 한 장을 높이 들어 보이며 미소 짓는다. 독일의 히틀러와 함께 뮌헨에서 서명한 평화협정 문서였다. "여기 히틀러와 내 이름이 적힌 종이가 있습니다!" 그는 외쳤고, 군중은 환호했다. 20년 전 참혹한 제1차 세계대전을 겪은 유럽인들에게 '평화'는 그 무엇과도 바꿀 수 없는 귀중한 가치였다. 비행장을 감싸던 우울한 회색 구름이 어느새 희망의 빛으로 흩어지는 듯했다.

그날 밤 런던 시내는 축제 분위기였다. 술집마다 평화를 위한 건배사와 맥주잔을 부딪치는 소리가 들려왔으며, 늦은 저녁 거리에는 웃음소리와 노랫소리가 번지고 있었다. 그리고 그날 밤 총리 관저가 위치한 다우닝가 10번지에서 체임벌린은 다시 한번 선언했다.

"우리 시대의 평화(peace for our time)가 찾아왔습니다. 이제 집으로 돌아가 편안히 잠자리에 드십시오."[1]

그러나 역사는 잔인했다. 불과 1년이 채 지나기도 전에 평화의 환상이 얼마나 덧없는지를 드러내 보였다. 1939년 9월 독일군이 폴란드를 침공하며 제2차 세계대전이 시작되었다. '우리 시대의 평화'를 자신하던 총리의 공언은 처참히 깨졌다. 약속을 담은 종잇장은 휴지 조각이 되었다. 편안한 잠자리는 공습경보 사이렌으로 뒤숭숭해졌다.

인류는 언제나 평화를 영원히 붙잡아 두었다고 믿고 싶어 한다. 하지만 그런 믿음은 늘 착시로 드러났다. 1938년 헤스턴 비행장에서 울려 퍼졌던 환호와 평화의 약속은 너무도 빨리 산산조각 나 버렸다. 그렇다면 현재 우리가 누리는 평화 역시 착시는 아닐까?

평화를 확신하는 인류의 착각은 지난 세기 초반 무렵 절정에 달했었다. 1871년 프로이센–프랑스 전쟁 종전 이후 20세기 초까지 유럽은 전에 없던 평화와 번영을 구가했다. 파리는 '빛의 도시'로 불리며 예술과 문화의 중심지로 자리 잡았으며, 런던과 베를린, 빈에서는 카페

뮌헨협정을 마치고 귀국한 체임벌린의 모습

와 살롱 문화가 꽃을 피웠다. 증기기관과 전기의 시대가 열리며 산업이 급속도로 발전했고, 과학기술의 진보는 인류의 미래에 대한 무한한 낙관을 부추겼다. 예술과 문화가 눈부시게 피어올랐으며, 인간의 이성에 대한 믿음을 담보하는 철학적 사상까지 이론적으로 받쳐 주면서 많은 사람들이 인류가 이제 전쟁을 극복했다고 믿었다.

사람들은 이 시대를 '벨 에포크(belle époque)', 즉 '아름다운 시절'이라 불렀다.

하지만, 이 황금기의 화려한 무도회장 뒤편으로 암흑의 그림자가 서서히 드리워진다. 미래에 대한 낙관과 평화, 희망의 이면에는 제국주의의 탐욕과 치열한 군비경쟁, 그리고 격화되는 민족주의의 불씨가 활활 타오르고 있었다.

유럽 열강들은 아프리카와 아시아를 놓고 피 튀기는 쟁탈전을 벌였다. '태양이 지지 않는 제국' 영국은 이미 세계 곳곳에 식민지를 거느리고 있었고, 프랑스는 인도차이나와 북아프리카에서, 벨기에는 콩고에서 각자의 제국을 구축하고 있었다. 뒤늦게 통일을 이룬 독일은 이들 틈에 끼기 위해 공격적인 팽창을 진행 중이었다. 유럽의 제국은 원주민들의 피와 땀 위에 부를 쌓아 올렸다.

국가 내부적으로도 사회적 긴장과 갈등이 고조되고 있었다. 산업화의 그늘에서 노동자들은 열악한 환경에 시달렸고, 사회주의와 무정부주의 운동이 확산되었다. 거기에 민족주의의 열기는 다민족 제국들을 내부에서부터 흔들었다. 오스트리아–헝가리 제국에서는 슬라브인들이, 오스만제국에서는 아랍인들이, 러시아제국에서는 폴란드인들이 독립을 꿈꾸며 들끓었다.

무엇보다 심각한 것은 군비경쟁이었다. 유럽 각국은 앞다투어 최신 무기로 무장했고, 특히 영국과 독일 사이의 해군 군비경쟁은 극에 달했다. 드레드노트급 전함*이 등장하며 해상 패권을 둘러싼 경쟁은 더욱 치열해졌다. 평화로운 노랫소리 아래에는 거대한 화약고가 웅크리고 있었다. 불씨만 나타나도 바로 옮겨붙을 것처럼 말이다.

전쟁이라는 악몽을 완전히 극복한 듯한 환상에 젖어 있던 유럽의 평온을 깨트린 건 단 한 발의 총성이었다. 1914년 6월 28일, 사라예보에서 오스트리아 황태자 부부를 암살한 그 총탄은 화약고에 불을 지폈으며, 순식간에 유럽 전체가 전쟁의 소용돌이에 휩쓸렸다. 바로 제1차 세계대전의 시작이었다.[2]

제1차 세계대전은 인류 역사상 전례 없는 참극이었다. 4년 동안 이어진 이 전쟁에서 약 2,000만 명이 목숨을 잃었고, 그보다 더 많은 사람들이 부상을 당했다.[3] 기관총과 독가스, 탱크와 비행기 같은 신무기들이 전장을 지옥으로 만들었다. 단 몇 킬로미터를 전진하기 위해 펼쳐진 참호전에서 젊은이들은 무의미하게 죽어 갔고, 한 세대가 그렇게 통째로 사라졌다. 합리성에 대한 믿음은 민족주의의 광기 앞에 무력화되었고, 문화와 예술의 꽃이 만발했던 벨 에포크는 이렇게 피와 진흙 속에서 막을 내렸다.

● 20세기 초반부터 제2차 세계대전까지 표준이었던 거대 전함의 종류. 1906년 영국에서 진수한 동명의 전함이 시초다. 거포와 중장갑을 갖춘 거대 전함을 해군의 주 전력으로 삼아야 한다는 거함거포주의를 상징하는 전함이다.

인간 없는 전쟁

＊
＊＊

　사상 초유의 규모로 벌어진 전쟁은 인류에게 크나큰 두려움을 안겨 주었다. 앞서 살펴본 체임벌린의 '우리 시대의 평화'에 사람들이 열광했던 것만 봐도 알 수 있다. 그럼에도 인류는 두 번째 세계대전을 치르고야 만다. 그리고 반세기 가까이 이어진 냉전의 추운 공기 속에서 핵전쟁의 공포에 떨며 살아가야 했다. 하지만 1989년 베를린장벽이 무너지고 1991년 소련이 해체되면서 인류는 또 한 번 큰 희망을 품게 되었다. 이념 대립의 시대가 끝나고 마침내 영원한 평화의 시대가 열릴 것이라는 기대가 전 세계를 휩쓸었다.

　미국의 정치학자 프랜시스 후쿠야마는 이러한 시대정신을 극적으로 표현했다. 그는 '역사의 종언'을 선언하며, 자유민주주의와 시장경제의 승리로 더 이상 근본적인 체제 갈등은 없을 것이라 주장했다.[4] 조지 H. W. 부시 미국 대통령은 1990년 9월 11일, 미 의회 연설에서 '새로운 세계 질서(new world order)'를 역설했다.[5] 이제 미국을 중심으로 국제사회가 협력하여 평화를 지킨다는 비전이 실현되었다. 1991년 걸프전은 이러한 기대를 상징하는 것만 같았다. 미국이 주축이 된 다국적군은 쿠웨이트를 침공한 이라크군을 신속하게 격퇴하며 압도적인 무력시위를 벌였다.

　하지만 냉전 종식 이후 현실은 예상과는 너무나 달랐다.

　발칸반도에서는 다민족국가 유고슬라비아가 피비린내 나는 내전 속에서 붕괴했다. 보스니아에서는 20만 명이 넘는 사람들이 목숨을 잃었고, '인종 청소(ethnic cleansing)'라는 섬뜩한 용어까지 등장한다. 보스니아의 스레브레니차에서는 UN 평화유지군이 관리하는 지역이었음에도 8,000명이 넘는 보스니아 무슬림들이 학살당했다. 유럽의 한복판에서, 제2차 세계대전 이후 최악의 잔학 행위가 벌어진 것이다.[6]

다른 지역에서도 참극이 일어났다. 1994년 르완다에서는 단 100일 만에 최대 100만 명에 달하는 인명이 희생되는 집단 학살이 벌어졌다.[7] 중동 지역도 평화와는 거리가 멀었다. 이스라엘과 팔레스타인의 갈등은 지금도 진행형이며, 2001년 9·11테러를 계기로 아프가니스탄과 이라크에서 장기간의 전쟁이 시작되었다. 구소련 지역에서도 불길은 계속 타올랐다. 코카서스 지역의 체첸에서는 분리독립을 둘러싼 전쟁이 수차례 벌어져 수만 명이 희생되었으며,[8] 구소련의 변경 곳곳에서도 '얼어붙은 분쟁'들이 계속되었다.

냉전이 끝나면 곧 찾아올 것만 같던 세계 평화는 신기루였다. 이념 대립의 자리에는 민족과 종교 갈등이 다시 자리 잡았다. 강대국의 대리전 대신 내전과 테러가 새로운 위협이 되었다. 역사의 종언 대신 우리가 목격한 것은 '역사의 복수'였다. 그럼에도 우리는 오랫동안, 이 불편한 진실을 외면했다. 발칸의 포성과 중동의 화염, 아프리카의 비명은 그저 소셜미디어상에서만 존재했다. 서방세계의 번화한 일상에서 전쟁은 여전히 화면 속 일이었고, 우리는 그것이 평화라고 착각했다. 하지만 이제 그 위협은 더 이상 화면 너머의 이야기가 아니다. 바로 우리 눈앞까지 다가온 현실이다.

신냉전의 그림자와
불길한 역사적 기시감

현대 국가들은 경제적으로 긴밀하게 얽혀 있다. 복잡한 국제금융 시스템과 글로벌 공급망은 각국을 하나의 거대한 경제 공동체로 묶어 놓았다. 이러한 상호 의존성 때문에 전쟁은 더 이상 합리적 선택이 아니라고 많은 이들이 믿는다. 현대 경제에서 영토 정복은 부를 창출하지 못하며, 오히려 전쟁이 초래하는 경제적 혼란은 승자와 패자를 가리지 않고 모두를 파멸로 이끈다. 설령 무력 충돌이 발생하더라도 주가 폭락과 무역 중단이라는 즉각적인 경제적 타격 앞에서 지도자들은 곧 협상 테이블로 돌아올 수밖에 없다는 것이다. 이것이 바로 오늘날 많은 사람들이 공유하는 생각이다.

그런데 사실 새로운 아이디어는 아니다. 양차 세계대전 이전에도 사람들은 비슷하게 생각했다. 영국의 저명한 언론인이자 정치인이었던 노먼 에인절은 1910년 저서 『거대한 환상The Great Illusion』에서 위와 유사한 논리를 펼쳤다.[9] 책의 제목은 전쟁을 통해 이익을 취할 수 있다는 발상의 비현실성을 꼬집는 것이었다. 그의 주장은 당시 유럽 사회에서 큰 호응을 얻었다. 합리주의와 진보에 대한 믿음이 팽배했고, 많은 이들은 인류가 마침내 전쟁이라는 야만적 관습을 극복하고 새로운 시대로 나아간다고 믿고 싶어 했다. 에인절의 책은 이러한 시대정신을 대변했다.

그러나 역사는 스포일러다. 책이 출간되고 불과 4년 후, 사라예보에서 울린 총성은 이 논리를 무색하게 만들었다. 전쟁이 유용하다는 환상을 지적하며 내일의 평화를 전망했던 에인절의 생각이야말로 '거대한 환상'이었음이 드러났다. 경제적 상호 의존성은 전쟁을 막지 못했고, 오히려 산업화된 경제는 더욱 파괴적인 전쟁을 만들었다.

한 세기가 지난 지금, 우리는 다시 자연스럽게 에인절의 논리를 신봉하고 있다. 디지털 혁명과 금융 세계화는 1910년과는 비교할 수 없을 정도로 각국을 촘촘히 연결했다. 러시아 천연가스에 의존하는 유럽, 반도체 공급으로 복잡하게 얽힌 미·중 관계, 실시간 연동되는 글로벌 주식시장. 이 모든 것이 21세기판 '거대한 환상'을 더욱 견고하게 만들었다. 전쟁은 곧 경제적 자살이라는 믿음이 다시 한번 상식처럼 자리 잡고야 말았다. 그리고 그 상식을 또다시 배반하는 사건이 2022년 벌어지고 말았다.

"나는 특별 군사작전의 수행을 결정했다."

2022년 2월 24일 모스크바 시각으로 오전 5시 30분, 러시아의 대통령 블라디미르 푸틴은 TV 연설을 통해 우크라이나 침공을 선언했다.[10] 그가 내세운 전쟁 명분은 황당했다. 우크라이나 동부의 러시아계 주민들이 '집단학살(genocide)'을 당하고 있으며, '네오나치' 정권으로부터 그들을 구출해야 한다는 것이었다.[11] 그 순간, 많은 이들의 뇌리에 1939년 9월 1일이 떠올랐다. 히틀러가 '독일계 주민 보호'를 명분으로 폴란드를 침공한 바로 그날 말이다. 역사는 놀랍도록 비슷하게 반복되고 있다.

러시아군은 개전과 함께 북쪽, 동쪽, 남쪽 세 방향에서 동시에 국경을 넘었다. 우크라이나의 수도 키이우(Kyiv)를 향해 진격하는 64킬로미터에 달하는 전차 행렬은 나치의 기갑부대가 보여 준 전격전의 한 장면 같았다.[12] 푸틴은 침공 초기 며칠 안에 키이우를 함락시킬 수 있다고 믿었다.[13] 하지만 우크라이나는 굴복하지 않았다. 볼로디미르 젤렌스키 우크라이나 대통령은 미국 정부의 피신 제안에 다음과 같이 결연하게 답하며 키이우에 남았다. "내게 필요한 것은 탄약이지, 차편이 아니다."[14] 또한 그는 키이우 시내와 대통령 집무실에서 직접 촬영한 영상 메시지를 SNS에 올리며 우크라이나 국민의 저항 의지를 크게 고취시켰다. 그 결과 푸틴이 구상했던 전격전 시나리오, 며칠 내 키이우를 함락시키고 우크라이나 정부를 전복시킨다는 계획은 완전히 빗나가고 만다. 대신 전쟁은 끝이 보이지 않는 소모전의 구렁텅이로 빠져들었다. 참호와 포격전으로 대표되는 제1차 세계대전의 망령이 다시 살아난 것만 같다.

푸틴의 우크라이나 침공은 많은 이들에게 2차 세계대전의 악몽을 떠올리게 했다. 히틀러가 체코슬로바키아와 폴란드를 집어삼키던 그 시절 말이다. 유사점은 소름 끼칠 정도로 많다. 우선, 침략의 명분이다. 히틀러는 주데텐란트의 독일계 주민이 박해받고 있다며 체코슬로바키아로부터 이 지역의 분할을 요구했다. 푸틴은 우크라이나 돈바스•

● 돈바스(도네츠크·루한스크 지역)는 우크라이나 동부의 석탄·철강 중심지이자 전략적·경제적으로 매우 중요한 지역이다. 2014년부터 이 지역에서는 친(親)러시아 분리주의 세력과 우크라이나군 간 격전이 벌어졌으며, 2022년 러시아-우크라이나 전쟁에서 동부 전선의 핵심 격전지가 되었다. 2025년 기준으로 러시아 및 러시아가 지원하는 세력이 돈바스의 약 89퍼센트를 실효 지배 하고 있다.

지역의 러시아계 주민이 집단학살 당하고 있다는 명분으로 우크라이나를 침공했다. 둘 다 같은 민족 보호를 구실로 주권국가를 침략한 것이다.

히틀러와 푸틴의 외교적 기만술과 그 뒤에 숨은 단계적 팽창 전략 역시 닮아 있다. 히틀러는 1936년 라인란트 재무장, 1938년 오스트리아 병합, 그리고 같은 해 뮌헨협정을 통해 주데텐란트 지역을 할양받는다. 그는 뮌헨협정에서 "이것이 나의 마지막 영토 요구"라고 약속했지만, 불과 6개월 뒤에 체코슬로바키아 전체를 삼키고 만다.[15] 푸틴역시 2008년 조지아 침공, 2014년 크림반도 합병으로 서방세계의 간을 본 후, 2022년 우크라이나 전면 침공에 나섰다. 당연하게도 침공 직전까지 국경 지대의 대규모 병력 집결을 단순 군사훈련이라 주장하며 서방을 기만했다. 우리는 여기서 질문을 하나 던질 수 있다. 만약 세계가 2014년 러시아의 크림반도 합병에 제대로 대응했다면, 2022년의 전쟁을 막을 수 있지 않았을까? 1938년 뮌헨에서 히틀러에게 양보한 대가가 제2차 세계대전이었듯, 2014년 크림반도를 묵인한 대가가 러시아와 우크라이나의 전면전은 아니었을까?

*
**

문제는 러시아와 우크라이나의 전쟁이 강 건너 불구경할 일이 아니라는 점이다. 유럽 대륙에서 벌어진 제2차 세계대전 이후 최대 규모의 전면전은 그 자체만으로도 충격적이었다. 하지만 더욱 우려스러운

인간 없는 전쟁

것은 냉전 종식 이후 30년간 유지되어 온 국제 질서가 무너져 내리고 있다는 사실이다.

소련 붕괴 이후, 세계는 미국 중심의 단극 체제를 유지해 왔다. 그런데 영원할 것만 같았던 이 구조가 흔들리고 있다. 세계가 거대한 두 진영으로 갈라지고 있는 것이다. 한쪽에는 미국과 유럽연합, 일본, 호주 그리고 한국 등 민주주의 국가들이 서 있다. 이른바 블루(blue)팀이다. 다른 한쪽에는 중국과 러시아를 필두로 이란, 북한 등 권위주의 국가들이 자리 잡았다. 바로 레드(red)팀이다. 양측은 군사동맹을 강화하고, 경제블록을 구축하며, 기술 패권을 놓고 치열하게 경쟁하고 있다.

작금의 국제 정세를 놓고, 전문가들은 한목소리로 우려를 표하고 있다. 하버드대학 석좌교수인 그레이엄 앨리슨은 자신의 저서 『예정된 전쟁』에서 미·중 관계를 '투키디데스 함정 Thucydides trap'이라는 개념으로 설명하고 있다. 이는 미·중 관계를 고대 그리스의 스파르타와 아테네 간 갈등에 빗댄 이론이다. 고대 그리스 역사학자 투키디데스는 신흥 강국 아테네의 부상이 기존 패권국 스파르타를 위협하면서 결국 전쟁으로 이어졌다고 기록했다. 앨리슨 교수는 이처럼 신흥 강대국의 부상이 기존 패권국과의 충돌로 이어지는 구조적 위험을 '투키디데스 함정'이라 명명했다.[16] 지금의 상황을 미국과 중국을 축으로 하는 제2차 냉전 시대라고 단언하는 전문가도 나타나고 있다.[17]

레드팀의 수장 중국은 빠른 속도로 힘을 불리고 있다. 2012년 11월 15일, 중국공산당 총서기에 오른 시진핑은 취임 연설에서 "중화민족의 위대한 부흥"을 선언했다. 그가 말하는 '중국몽中國夢'의 핵심이었다.[18] 시진핑에게 중국 근대사는 '백년국치', 즉 100년의 굴욕이다. 1840년 아편전쟁부터 1949년 중화인민공화국 수립까지, 서구 열강과 일본에 짓밟힌 치욕스러운 역사를 그는 씻어 내고자 한다. 중국을 다시 세계의 중심으로 올려놓겠다는 야심을 품은 것이다.[19] 그 야심은 곧 행동으로 이어져 남중국해, 동중국해, 그리고 무엇보다 대만해협에서 연일 신경전이 벌어지고 있다.

레드팀에는 잃어버린 제국의 영광을 되찾으려는 인물이 또 한 명 있다. "소련 붕괴는 20세기 최대의 지정학적 재앙이었다." 2005년 연례 국정 연설에서 푸틴이 한 말이다.[20] 소련의 정보기관인 국가보안위원회KGB 요원 출신인 그에게 1991년 12월 25일은 악몽 같은 날이었다. 모스크바 크렘린궁 꼭대기에서 소련 국기가 내려오고 러시아 삼색기가 올라간 그날, 푸틴은 무너져 내리는 제국을 부흥시키는 꿈을 꾸지 않았을까? 그의 한탄은 결국 훗날 행동으로 이어진다. 조지아 침공, 크림반도 병합, 그리고 우크라이나 침공으로 말이다.

문제는 블루팀이다. 레드팀이 결속을 다지는 동안, 민주주의 진영은 내부 분열에 시달렸다. '미국 우선주의America First'를 내세운 도널드 트럼프가 2016년 대통령에 당선되면서 혼란이 시작됐다. 미국이 더 이상 세계의 경찰 역할을 하지 않겠다고 선언한 것은 자유주의 국제 질서의 종말을 알리는 신호탄이었다. 같은 해 6월, 영국은 EU 탈퇴를 결정했다. 브렉시트 지지자들은 주권을 되찾았다고 환호했지만, 안보 전문가들은 이를 푸틴에게 준 최고의 선물이라고 평가했다.[21] 분열된 유럽은 러시아의 압력에 제대로 맞설 수 없다는 이유에서였다. 실제로

인간 없는 전쟁

푸틴은 서방의 분열을 놓치지 않았다. 프랑스의 마린 르펜, 이탈리아의 마테오 살비니 같은 극우 포퓰리스트들을 지원하며 균열을 더욱 벌려 놓았다. 그리고 2024년, 트럼프가 8년 만에 재당선되며 트럼프 2기 시대를 열었다. 미국 우선주의가 다시 돌아온 지금, 블루팀의 결속은 다시 한번 시험대에 올랐다.

그리고 2025년 현재, 전 세계는 그야말로 분쟁을 넘어 전쟁의 소용돌이에 휩싸여 있다. 2022년 시작된 러시아와 우크라이나의 전쟁은 여전히 진행 중이다. 트럼프는 취임 후 24시간 이내에 전쟁을 끝내겠다고 호언장담했지만, 결국 공수표로 끝났다.[22] 2023년 발발한 이스라엘과 팔레스타인 무장 단체 하마스 간의 전쟁 역시 2025년 들어서야 잠시 소강상태에 들어갔지만, 충돌과 협상을 거듭하는 불안정한 휴전 협정이 얼마나 이어질지 알 수 없다. 게다가 이스라엘은 하마스와의휴전이 성사되자마자 이란으로 눈을 돌려 핵시설 폭격을 감행하기도 했다. 여기에 미국까지 가세하면서 중동 전체가 일촉즉발의 위기에 처했다. 너무 많은 전쟁 소식에 묻혀 버렸지만, 인도와 파키스탄도 국지전을 벌였고 인도 공군이 프랑스로부터 도입한 최신형 전투기, 다쏘 라팔이 격추되는 사건까지 발생했다. 평화는 이제 먼 나라 이야기가 되어 버렸고, 지구촌 곳곳에서 포성이 울려 퍼지고 있다.

일촉즉발의 분쟁 지역은 또 한 군데 있다. 바로 대만해협이다. 우크라이나전쟁이 유럽의 비극이라면, 대만의 위기는 아시아의 시한폭탄이다. 대만을 둘러싼 중국의 움직임에 대해서는 다양한 분석이 엇갈린다. 혹자는 중국의 대만 침공 시나리오는 더 이상 가정이 아닌 현실적 위협이라고 경고한다.[23] 구체적으로 2027년을 분수령으로 보는 견해도 있다.[24] 공교롭게도 2027년은 인민해방군 창설 100주년이 되는 해다. 중국은 이 시점까지 대만을 무력으로 통일할 수 있는 능력을 갖추겠다며 군사력 현대화에 박차를 가하고 있다.[25]

물론 대만은 우크라이나와 다르다는 주장도 설득력이 있다. 대만해협이라는 천연 방벽, 대만의 철저한 방어 태세, 그리고 무엇보다 미군 개입 가능성이 중국의 계산을 복잡하게 만든다. 하지만 우크라이나 전쟁이 우리에게 준 교훈이 있다. 러시아의 전면 침공을 예측한 블루팀의 전문가는 소수였고, 푸틴 역시 서방의 대응을 완전히 잘못 읽었다. 블루팀과 중국 역시 또다시 오판에 빠질 가능성을 배제할 수 없다. 만약 중국이 대만을 침공한다면, 미국은 정말 군사개입을 할까? 조 바이든 전 대통령은 여러 차례 "그렇다"고 단언했지만,[26] 현 대통령인 트럼프가 실제 위기 상황에서 어떤 결정을 내릴지는 아무도 모른다.

이쯤 되면 어디가 가장 위험한지 짐작할 수 있을 것이다. 1953년 휴전 이후 70년 넘게 평화가 이어지면서 잊기 쉬운 사실이지만, 한반도는 여전히 전쟁이 끝나지 않은 분쟁 지역이다. 남과 북은 비무장지대DMZ를 사이에 두고 세계에서 가장 중무장한 대치 상태를 유지하고 있다. 주변에는 미국·중국·러시아·일본이라는 강대국들이 각자의 이익을 놓고 첨예하게 대립 중이다. 여기에 북한의 핵무기까지 더해지면서 한반도는 국제정치의 거대한 소용돌이 한복판에 놓여 있다. 작은 불씨 하나만으로도 걷잡을 수 없는 화재로 번질 수 있는 화약고인 셈이다. 대만해협에서 튄 불똥이 한반도로 옮겨붙는다면, 그 결과는 상

인간 없는 전쟁

상하기조차 두렵다.

　북한의 핵위협, 미·중 패권 경쟁, 한·미·일 대(對) 북·중·러의 대립 구도가 중첩된 한반도의 안보 지형은 그 자체만으로도 복잡하다. 그런데 여기에 새로운 변수가 등장했다. 바로 첨단 기술의 군사적 활용이다. 특히 이 책의 주제인 AI를 비롯한 신기술들이 전쟁의 판도를 바꾸고 있다는 점이 우려스럽다. 주변 강대국들은 이미 드론, 자율무기, 위성정찰, 사이버전 등에 인공지능을 접목하며 미래전 대비에 열을 올리고 있다. 러시아–우크라이나 전쟁을 비롯해 전 세계 곳곳의 분쟁에서 인공지능은 이미 핵심 전력으로 자리 잡았다. 인공지능이 전장을 지배하는 시대, 그것은 더 이상 SF 영화 속 이야기가 아닌 우리가 마주한 현실이다.

인공지능의 손에 맡겨진 전쟁

21세기 전쟁터의 풍경은 이전 시대와 사뭇 달라졌다. 가장 두드러진 변화는 바로 드론의 등장이다. 드론, 즉 무인항공기는 말 그대로 조종사가 타지 않고 원격으로 조정되는 비행 물체를 뜻한다. 원래는 정찰용으로 개발되어 먼 거리에서 카메라로 정보를 수집하는 데 주로 쓰였지만, 기술의 발전으로 이제는 미사일이나 폭탄을 탑재한 자율무기가 되었다.

　첨단 무기를 적극 활용하는 국가인 미국은 1991년 걸프전에서 이미 드론을 운용한 바 있다. 당시 미 해군의 정찰용 드론인 파이어니어$^{RQ-2 \ Pioneer}$가 쿠웨이트 페일라카섬 상공에 나타나자, 섬에 주둔하던 이라크 군인들이 바로 백기를 내거는 사건이 발생하기도 하였다. 드론이 출격하면 곧이어 포격이 뒤따른다는 것을 알았기에, 항전을 포기하고 바로 항복한 것이다. 이는 역사상 최초로 인간이 드론에 항복한 사례로 기록되었다.[27]

2000년대 초반 테러와의 전쟁에서도 미군은 프레데터^{Predator} 같은 고가의 첨단 드론을 적극 활용한다. 아프가니스탄 산중의 테러리스트를 수천 킬로미터 밖 미군 기지에서 화면으로 보며 공격하는 시대가 열린 것이다. 이후 여러 나라들이 앞다투어 군사용 드론 개발에 뛰어들었다. 이제 드론은 현대 전장의 판도를 바꾸는 '게임 체인저'로 떠올랐다.

드론의 위력을 가장 실감 나게 목격한 사례 중 하나가 러시아-우크라이나 전쟁이다. 2022년 러시아가 우크라이나를 침공했을 당시, 대부분 러시아의 손쉬운 승리를 예상했다. 그러나 애초 열세가 예상되었던 우크라이나는 끈질기게 버티고 있다. 드론의 결정적 역할 덕분이다. 특히 우크라이나가 활용한 드론이 미군이 활용한 첨단의 고가 드론이 아니라는 점에 주목해야 한다. 우크라이나군이 조종하는 저가형 드론은 폭탄을 장착하고서 러시아의 수백만 달러짜리 전차에 직접 달려들었다. 이처럼 우크라이나는 상대적으로 열세인 공군력을 드론으로 만회하는 전략을 취하며, 러시아군의 파상 공세를 겨우 막아 내는 중이다.

우크라이나군이 활용한 터키제 바이락타르 TB2^{Bayraktar TB2} 드론은 전쟁 초반부터 러시아의 탱크 행렬과 방공망을 기습했다. 우크라이나 군이 공개한 영상에는 바이락타르 드론이 러시아 기갑부대를 상공에서 급습하여 도로 위에 검게 그을린 잔해들만 줄지어 남겨 놓은 장면이 포착되었다.[28] 눈에 띄지도 않는 '벌레' 한 마리가 거대한 철갑 괴물을 무력화시키는 광경은 전 세계에 충격을 주었다. 덩달아 이 드론을 찬양하는 노래인 〈바이락타르〉가 인터넷에서 화제가 될 정도로, 드론 한 대의 활약은 전쟁의 새로운 장을 연 상징적 장면이 되었다.[29]

*
**

드론의 등장은 군사전략에도 여러 변화를 불러왔다. 병사 한 명이 조종하는 드론 한 대가 전차부대를 무력화할 수 있는 시대가 되면서, 탱크나 장갑차 중심의 지상전 교리가 재검토되고 있다. 또한 하늘에서 지상을 감시하는 눈인 드론 때문에 은밀한 기동도 어려워졌다. 실제로 러시아-우크라이나 전쟁에서는 포병부대의 위치가 드론 정찰로 발각당하여 몇 분 만에 포격을 받은 사례도 보고되고 있다.

그래서 드론을 잡는 기술도 중요해졌다. 우크라이나가 운용한 저가형 자폭 드론은 기본적으로 군인이 조종한다. 이에 러시아는 드론 조종에 필수적인 전파를 교란하는 전략으로 대응했다. 전파 교란으로 드론 통신을 끊고, 대공포나 미사일로 작은 드론을 요격하는 방공 시스템 개발을 통해 대(對)드론 전술이 수립되고 있다.[30] 효율성의 왕관을 쓰고 나타난 드론이 현대전을 송두리째 뒤흔들자, 이에 대응하기 위한 새로운 전략과 기술 경쟁도 펼쳐지고 있다.

러시아군의 대응 전술에 반격하기 위하여 다시 우크라이나군이 활용한 기술이 바로 AI이다. 기존의 저가형 드론이 러시아군의 전자전electronic warfare●에 당하자, 우크라이나군은 AI가 탑재된 고급 드론을 투입하기 시작했다. 이 드론들은 GPS 신호 없이도 자체적으로 지형을 분석하고 최적 경로를 산출하며 목표물을 정확히 식별해 러시아 전차를 파괴하는 데 성공한다.[31] 더 나아가 우크라이나군은 AI로 구동되는 전술 프로그램과 군집 드론 기술을 접목해 작전 범위를 대폭 확장했다. 이를 통해 러시아군의 공세를 효과적으로 차단했을 뿐 아니라, 국경에서 수백 킬로미터나 떨어진 러시아 본토의 정유 공장까지 정밀 타격하는 성과를 거두었다.

이렇게 AI와 드론이 급부상하게 된 데에는 미국의 팔란티어Palantir와 같은 방산 AI 업체들의 첨단 기술이 있었다. 실제 팔란티어가 개발한 AI 표적 식별 소프트웨어 덕분에 우크라이나 드론 공격의 명중률은 전년 50퍼센트 미만에서 올해 80퍼센트 수준으로 뛰어올랐다.[32] SF 소설이나 영화에서 예견한 'AI가 지휘하는 전쟁'이 우크라이나 들판과 도시 상공에서 현실로 펼쳐지고 있다.

AI 전쟁 시대가 우크라이나에서만 열린 것은 아니다. 중동에서도

● 전자기 스펙트럼을 이용해 적의 통신·레이더·센서를 교란·차단하거나 아군의 전자체계를 보호·복구하는 군사 활동이다. 대표적 수단으로는 전파 교란(재밍), 신호 위조(스푸핑), 신호정보 수집(SIGINT) 등이 있으며 전투의 감지·지휘·통신 능력을 직접적으로 저해·보호한다.

26

AI 전쟁 시대의 서막이 펼쳐지고 있다. 이스라엘과 팔레스타인의 최근 분쟁에서 하늘을 메운 것은 전투기보다 수많은 무인기였다. 팔레스타인의 무장 세력인 하마스는 '가난한 이들의 무기'라 불리는 소형 드론으로 기습 공격을 감행했고, 이스라엘군은 한 걸음 더 나아가 AI로 비행을 제어하는 군집 드론을 실전에 투입한다. 가자지구 교전 당시 이스라엘군은 자율 운용되는 드론들을 한꺼번에 출격시켜 복잡한 도심 속에 숨은 표적을 몇 분 만에 찾아내 파괴하는 군사작전을 성공적으로 마쳤다.[33] 사람이 일일이 조종하지 않아도 한 덩어리처럼 움직이는 드론 부대는 마치 벌떼처럼 표적을 추적했고, 인공지능의 눈은 밤낮없이 움직임을 포착했다. 이제 전쟁은 AI의 게임이 되었고, 인간은 그 판 위에서 점차 주변인으로 밀려나고 있다.

이렇듯 AI가 병사의 역할을 대체하기 시작한 전장에서 드디어 SF 속 단골 악역이 현실에 발을 들여놓았다. 인간의 개입 없이 스스로 살상을 결정하고 실행하는 무기, 이른바 킬러 로봇(killer robot)의 등장이다. 2020년 북아프리카 리비아 내전에서는 역사상 최초로 완전자율무기가 사람을 공격했다는 보고가 나왔다. 당시 투입된 터키제 자폭 드론인 카르구-2 Kargu-2 한 대는 통신이 두절된 상태에서도 스스로 표적을 추적한 끝에 도주하던 적군을 공격하는 데 성공했다.[34] SF 영화 속 한 장면 같았던 이 사건은 더 이상 킬러 로봇이 상상이 아닌 현실의 무기로 등장했음을 알리는 신호탄이었다.

이후로도 전장을 무대로 자율살상무기의 존재감은 커지고 있다. 이스라엘의 엘빗시스템즈가 개발한 자폭 드론 라니우스 Lanius는 AI 기

술을 이용하여 탐색부터 표적 식별, 공격까지 전 과정을 인간의 조작 없이 자동으로 수행할 수 있다.[35]

그리고 그 일이 실제로 일어났다. 2025년 6월, 이스라엘과 이란 사이에 전쟁에 가까운 충돌이 벌어졌고, 개전과 동시에 이란 최고위 장성들이 원격 드론 공격으로 제거됐다. 희생자 명단에는 이란군 합참의장 모하마드 바게리와 혁명수비대 총사령관 호세인 살라미까지 포함되었다. 이어 20여 명의 고위 지휘관 및 이란의 핵심 핵과학자들이 연달아 폭발에 휩싸였다. 누군가는 테헤란 시내 한복판에서, 또 누군가는 이란 서부 지방을 이동하던 중 자폭 드론의 표적이 됐다. 이스라엘로부터 1,000킬로미터 이상 떨어진 곳에서 말이다.[36] 이스라엘이 사용한 기술의 세부 사항은 베일에 싸여 있지만, 위성과 무인 드론, 그리고 AI가 결합한 원거리 정밀 타격이었음은 분명해 보인다.

AI가 단순히 무기 체계에만 적용되는 것이 아니라 전쟁의 모든 측면을 바꾸고 있다는 점이 더 큰 문제다. 우크라이나의 전장이 그 생생한 증거다. 실리콘밸리의 거대 기업 팔란티어는 우크라이나에 자사의 AI 플랫폼을 제공하며 전쟁의 판도를 뒤집고 있다. 위성 이미지, 드론 영상, 공개 정보, 현장 보고서까지 모든 데이터를 인공지능이 실시간으로 분석한다. 그리고 전장 지휘관에게 최적의 표적을 제시한다. 놀랍게도 현재 우크라이나군의 공격 결정 중 다수가 이 시스템의 도움을 받고 있다.[37]

가장 충격적인 변화는 속도다. 표적 발견부터 타격까지의 시간이 단 몇 분으로 단축됐다. 과거에는 며칠, 심지어 몇 주가 걸리던 일이다.

이제 전쟁은 알고리즘의 속도로 진행된다. 마크 밀리 전 미 합동참모본부 의장은 이를 "전투의 성격에 있어 가장 근본적인 변화"라고 평가했다.[38] 그의 말대로 우리는 물리적 전장이 아닌 알고리즘 전장의 시대로 진입하고 있다. 알고리즘의 우위가 곧 전장의 우위가 되는 시대, 그것이 바로 지금이다.

*
**

AI 무기의 등장은 군사기술의 판도를 완전히 뒤집고 있다. 전통적인 무기는 방아쇠를 당기는 마지막 순간까지 인간이 통제했다. 하지만 AI 무기는 다르다. 알고리즘이 스스로 표적을 식별하고, 공격 여부를 결정한다. 생사를 가르는 순간에 인간이 배제되는 것이다.

국제사회는 이미 심각한 우려를 표명하고 있다. "알고리즘에 인간의 생명을 맡겨도 되는가?" 유엔 사무총장은 인간의 통제를 벗어난 자율살상무기를 "정치적으로 용납할 수 없고 도덕적으로 혐오스럽다"고 규탄했다. 한 유엔 회의 참가자는 아일랜드의 시인 예이츠의 시구를 인용해 "매가 매사냥꾼의 소리를 듣지 못하면" 세상이 혼돈에 빠진다고 경고했다.[39] 창조물이 창조자의 손을 벗어나는 순간, 재앙이 시작된다는 뜻이다.

대부분의 국가들은 이런 '킬러 로봇'을 지뢰처럼 금지해야 한다고 목소리를 높이고 있다. 하지만 군사 강국들의 반대로 국제적 합의는 요원하다. 그사이 기술은 계속 진화하고 있다. 인간의 윤리가 닿지 않는 곳에서 죽음이 결정되는 시대가 성큼 다가왔다.

　인류의 무기 발전사, 아니 역사 전체가 거대한 변곡점에 도달했다. 돌도끼에서 화약으로, 화약에서 핵무기로 이어진 긴 여정 끝에, 마침내 우리는 살상의 결정권마저 기계에게 넘기는 단계에 이르렀다. 문제는 이 기술이 더 이상 인간의 통제 아래 머물지 않을 수도 있다는 점이다. 과연 우리는 스스로 만들어 낸 이 괴물을 감당할 준비가 되어 있을까? 그렇다면 AI 무기는 어떻게 탄생했고, 왜 지금 전장의 게임 체인저가 되었을까? 그 여정을 찬찬히 따라가 보자.

1부.

전쟁과
기술이
만날
때

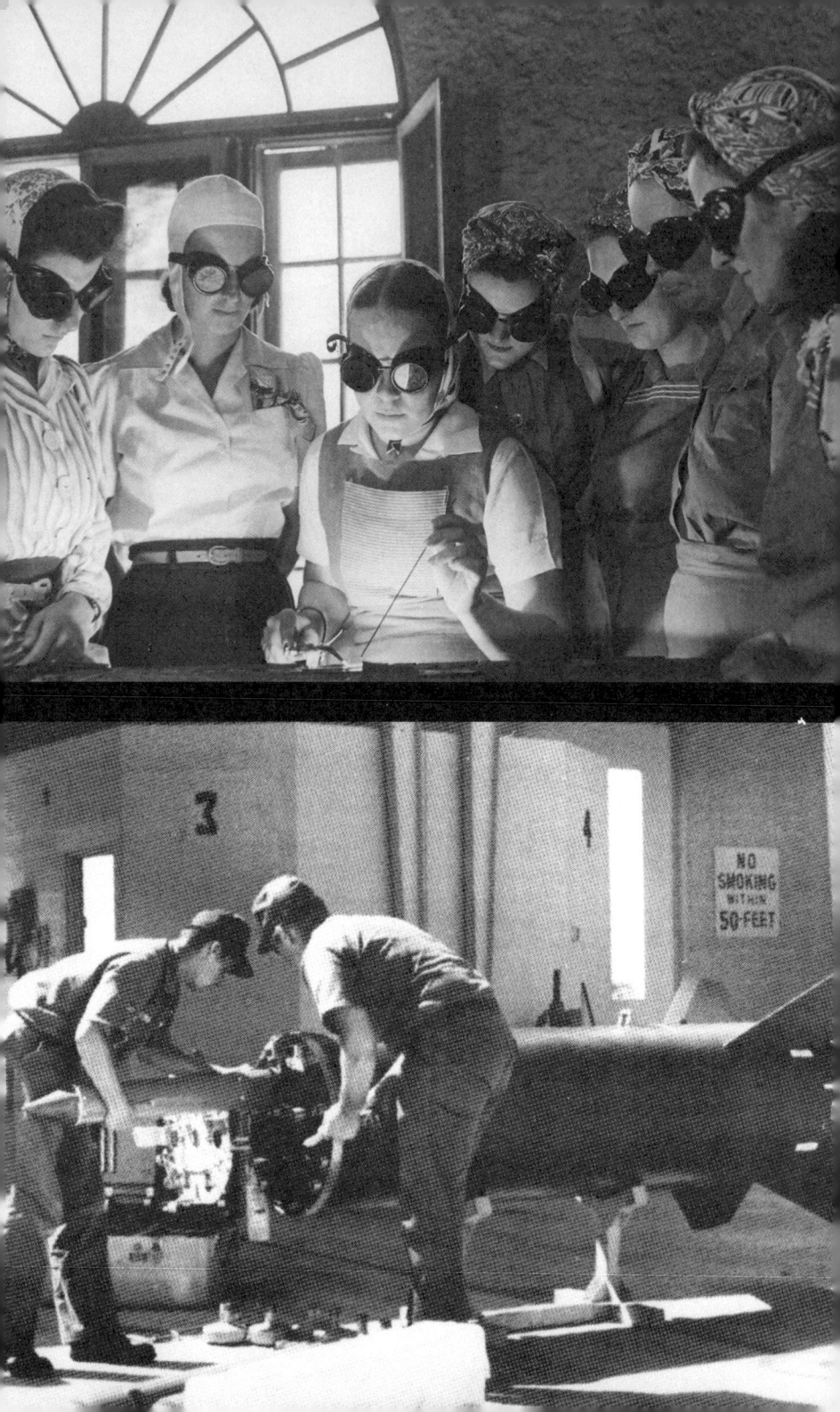

1장.
전쟁의 서막,
역사를 되돌아보다

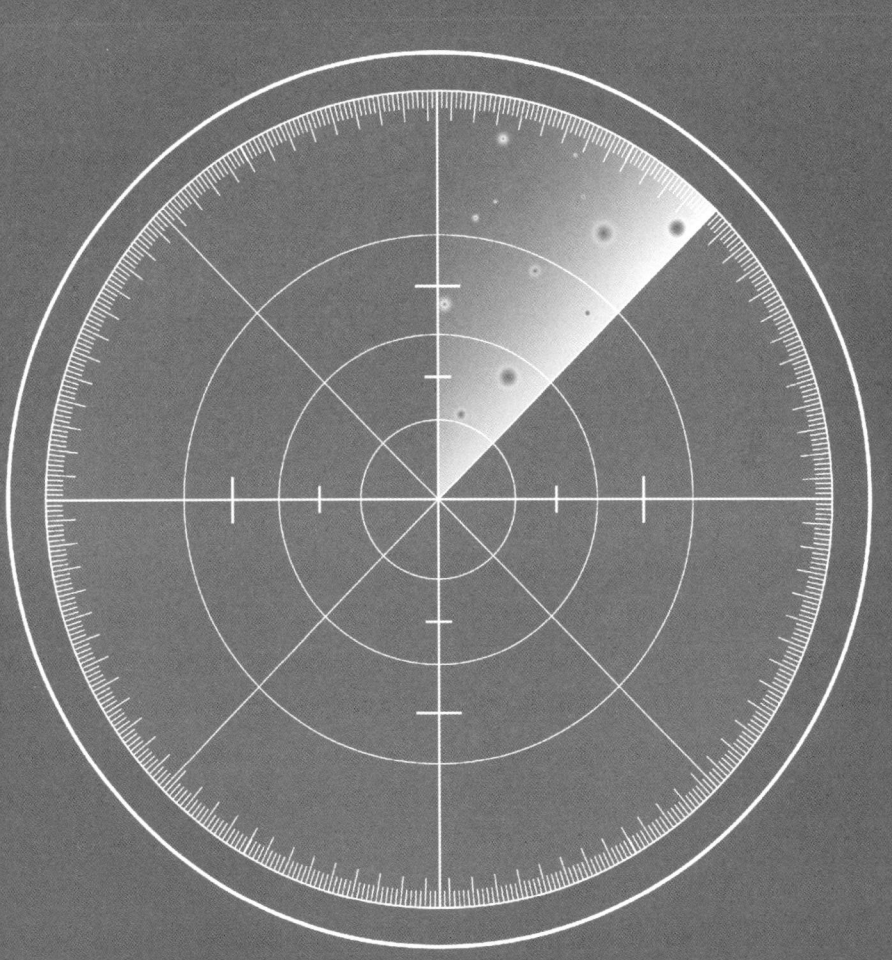

1.
산업혁명을 지배하는 자,
세계를 제패하다

영국, 1차 산업혁명으로
'해가 지지 않는 제국'을 구축하다

1840년 11월, 중국 광둥성 앞바다에 검은 연기를 뿜으며 철제 괴물이 나타났다. 영국의 증기 군함 네메시스호였다. 1년 전 영국을 떠나 아프리카를 돌아온 네메시스호가 등장할 당시, 영국과 청나라는 묘한 대치 상황을 이어 가고 있었다. 아편전쟁 초기 영국이 중국을 상대로 승리를 거두며 홍콩 할양과 배상금 지급까지 약속받았지만, 양국 지도자들이 이 조건에 만족하지 못해 합의가 무산되었고, 전투는 계속되었다.

그리고 1841년 1월, 주강 삼각주에서 전투가 벌어졌다. 청나라는 수백 척의 범선과 300문의 대포로 무장한 후먼 포대로 맞섰다. 하지만 네메시스호 앞에선 무용지물이었다. 이 철선은 선체가 물에 잠기는 깊이인 홀수가 불과 6피트(약 1.8미터)에 불과하였기에[1], 대형 범선은 접근할 수 없었던 얕은 강과 해안까지 거침없이 진격할 수 있었다. 거기에 바람을 기다려야 하는 범선과 달리, 증기기관을 달았기에 조류와 바람을 무시하고 원하는 곳까지 갈 수 있었다.

진지 앞까지 접근한 네메시스호는 회전식 32파운드 포와 로켓포로 청나라의 목선과 진지를 박살 낸다. 결국 영국은 상륙작전에 성공하며 청나라의 항복을 받아 냈다. 네메시스호가 주강을 거슬러 올라 광저우로 향하자, 중국인들은 경악했다. 거대한 전함이 얕은 강을 거슬러 올라오는 모습을 본 그들은 이 배를 영어 뜻을 따라 '복수의 여신호', '악마의 배'라 불렀다.[2]

이 하루의 전투는 아시아의 운명을 바꿔 놓는다. 수천 년 중화 제국의 자존심이 철제 증기선 한 척에 무너져 내리고 말았다. 본토 크기 기준으로 청나라는 영국보다 약 53배나 넓은 영토를 가지고 있었다. 유럽 대륙 끄트머리의 작은 섬나라에 아시아의 대제국이 무너진 것이다. 그렇다면 그 이유는 무엇일까? 네메시스호 한 척 때문일까? 영국의 진짜 무기는 단순한 배 한 척이 아니라 그것을 만들어 낸 기술력이었다.

아편전쟁이 벌어진 19세기, 빅토리아 여왕 시대의 영국은 '해가 지지 않는 제국'이라 불렸다. 작은 섬나라가 전 세계를 손아귀에 넣을 수 있었던 이유는 바로 1차 산업혁명을 주도했기 때문이다. 1차 산업혁명이 촉발한 기술 혁신으로 철과 증기의 시대가 열렸고, 수 세기 동안 대항해시대를 지배해 온 목조 범선의 시대가 저물며 철제 증기선의

'악마의 배', 영국 동인도회사의 네메시스호(위)
1841년 제1차 아편전쟁 당시 천비해전에서 네메시스호의 모습(아래)

인간 없는 전쟁

시대로 접어들었다. 영국은 이러한 기술 혁명을 선도하며 전 세계 바다를 자신의 앞마당처럼 누비고 다녔다. 그 결과 대영제국의 전성기에는 본토 대비 100배가 넘는 면적의 식민지를 확보할 수 있었으며, 이는 전 세계 육지의 약 24퍼센트에 해당하는 규모였다.[3]

18세기 산업혁명의 상징은 누가 뭐라 해도 제임스 와트의 증기기관이다. 위인전을 통해 배운 내용대로라면 산업혁명의 전부가 제임스 와트로부터 시작된 것만 같다. 하지만 사실 와트의 증기기관은 정밀 기계 기술의 발전이 있었기에 빛을 볼 수 있었다. 와트 이전의 뉴커먼 증기기관은 실린더와 피스톤 사이의 간격을 정교하게 가공하지 못해 증기가 줄줄 새는 문제를 안고 있었다.[4] 와트 역시 이 문제를 해결하느라 골머리를 앓았다.

이때 문제를 해결한 인물이 바로 존 윌킨슨이다. 대포 제작자였던 그는 1774년 양쪽 끝에서 커터를 단단히 고정해 떨림 없이 실린더 내부를 깎아 내는 '보링 머신'을 발명했다. 윌킨슨이 대포를 깎기 위해 만들어 낸 기계를, 와트는 실린더 내부를 깎는 데 활용했다. 그리고 결국 와트는 아주 작은 오차로 실린더를 뚫어 내는 데 성공했다. 마침내 증기기관은 제 성능을 발휘할 수 있을 만한 정밀도를 확보했다.[5] 이렇듯 당대 정밀 공학의 혁신 없이는 와트의 증기기관 역시 산업혁명의 동력원이 될 수 없었다.

물론 정밀한 기술은 산업에만 활용되지 않았다. 와트가 증기기관을 발전시키는 동안, 윌킨슨은 신형 대포를 만들어 내는 데 골몰했다. 속이 빈 통 형태로 대포를 주조한 뒤, 보링 머신으로 내벽을 매끈하게 깎아 냈다. 이렇게 탄생한 것이 바로 '캐러네이드^{carronade}'라는 신형 대포였다. 작고 가벼우면서도 구경이 커서 파괴력은 기존 대포를 압도했다.[6] 그리고 이 대포는 역사를 바꾸는 데 일조한다.

1805년 트라팔가르해전. 영국의 호레이쇼 넬슨 제독의 기함 HMS 빅토리호는 선박의 앞부분에 장착된 두 문의 캐러네이드 포로 프랑스 기함 부센토르호에 치명적인 타격을 가했다.[7] 극한의 정밀도로 제작된 대포가 해전의 승패를 갈랐고, 트라팔가르해전의 패배로 나폴레옹은 영국 본토 침공을 포기하고 대륙봉쇄령으로 전략을 전환하게 된다. 이순신 장군의 최후를 닮은 넬슨 제독의 장렬한 죽음에 가려지기 쉬운 사실은, 당시 영국의 정밀 기술이 해상 패권 장악에 결정적 역할을 했다는 점이다.

HMS 빅토리호와 HMS 워리어호는 영국 해군을 상징하는 대표적인 군함 두 척이다. 이 둘을 비교해 보면, 산업혁명 전후 기술 격차를 극명히 관찰할 수 있다. 빅토리호는 1765년 진수된 넬슨 제독의 기함으로, 참나무 2,000그루로 만든 목조 범선이었다. 캐러네이드포를 포함한 100문이 넘는 포를 실었지만, 바람이 없으면 꼼짝도 못 했다.[8]

반면 1860년에 등장한 워리어호는 산업혁명 시대가 낳은 최첨단 철갑 함이었다. 선체부터 장갑까지 모두 철로 만들었다. 길이만 128미터에 배수량[●]은 9,000톤에 달했다. 증기기관을 동력 삼아 시속 26킬로

● 배수량은 선박이 물에 뜰 때 밀어낸 물의 무게로, 선박의 총 중량을 의미한다. 배수량이 클수록 더 많은 무기와 연료를 실을 수 있어 전투 지속 능력과 안정성이 높다. 워리어호의 배수량 9,000톤은 현대 한국 해군의 정조대왕급 이지스함(약 8,200톤)과 비슷한 규모다.

인간 없는 전쟁

미터로 달렸다. 가장 무서운 점은 적의 포탄을 튕겨 내는 두께 11.4센티미터의 철갑이었다.[9] 워리어호의 등장과 함께 전 세계의 모든 목조 군함은 하루아침에 고물이 되어 버렸다.

산업혁명을 배경으로 한 해군력의 우세는 곧 대영제국의 팽창과 세계 지배로 이어졌다. 영국 해군은 광대한 해상 무역로의 제해권을 장악하고 전 세계의 대양을 영국의 앞바다처럼 쏘다녔다. 심지어 19세기 말에는 의회도 놀라운 결정을 내리며 힘을 보탰다. "우리 해군은 세계 2위와 3위 해군을 합친 것보다 강해야 한다." 말이 쉽지, 이건 엄청난 자신감이었다. 하지만 영국은 결국 해냈다. 4년 만에 전함 10척, 순양함 38척을 포함해 70척이 넘는 최신 군함을 찍어 냈다.[10] 하지만 이런 건함 경쟁은 결국 독일과의 해군 군비경쟁을 불러왔고, 1차 세계대전의 불씨가 되었다.

역사는 늘 교훈을 준다. 산업혁명을 주도한 나라가 세계를 지배한다는 사실 말이다. 영국은 1차 산업혁명을 주도하면서 그 포문을 열었다. 증기기관과 정밀 기술로 기술 패권을 확보하면서 국제 질서를 주도할 수 있었다. 그 결과 1815년 나폴레옹전쟁 종결 이후부터 1914년 제1차 세계대전 발발 전까지, 영국은 세계의 바다를 지배하며 100년이 넘는 기간 동안 압도적 우세를 누렸다. 그렇다면 대영제국의 해는 정말로 지지 않았을까?

미국, 2차 산업혁명으로
세계 최강국에 등극하다

1913년 미국 디트로이트의 포드 자동차 공장에서는 세계 최초의 이동식 조립 공정이 가동을 시작했다. 컨베이어 벨트 위로 자동차 부품이 옮겨지고, 노동자들은 제자리에서 정해진 한 가지 공정만 반복 수행했다. 결과는 충격적이었다. 자동차 한 대를 조립하는 시간이 기존 12시간에서 93분으로 단축된 것이다.[11]

포드모터컴퍼니를 설립한 헨리 포드는 자동차 보급을 위해 생산 효율을 극한까지 높이고자 했고, 부품의 규격화와 작업의 분업화를 추진했다. 그 결과 포드의 모델 T는 850달러에서 시작해 260달러까지 가격이 내려갔다.[12] 자동차가 부자들의 장난감에서 서민의 발이 된 순간이었다. 포드의 혁신적인 조립 공정 도입 이후, 새로운 생산 패러다임이 확립되었고, 수많은 제조업 분야가 앞다투어 이 방법을 받아들였다. 바로 2차 산업혁명의 핵심인 '대량생산' 시대가 열린 것이다.

사실 포드의 컨베이어 벨트는 2차 산업혁명 시기 폭발적으로 발전한 전기 기술 덕분에 가능했다. 전기 하면 가장 먼저 떠오르는 인물은 토머스 에디슨이다. 그리고 최근 동명의 자동차 회사로 더욱 유명해진 니콜라 테슬라도 있다. 이 두 사람은 '전류 전쟁'이라 불리는 역사적 대결을 벌였고, 최종적으로 경제성이 뛰어난 테슬라의 교류 방식이 승리했다. 드디어 미국 전역 어디든 전기를 공급할 수 있게 되었다.

전기가 불러온 변화는 혁명적이었다. 공장들은 천장에 매달린 거대한 회전축과 벨트로 모든 기계를 돌리던 구식 방법에서 완전히 벗어났다. 이제 기계마다 개별 전기 모터를 장착할 수 있었다. 공장 설계에 자유도가 생겼고, 생산성은 기하급수적으로 증가했다. 포드는 바로 이런 시대적 흐름에 앞장서 올라탄 사람이었다.

그리고 1941년 12월 7일, 일본이 미국의 진주만 기지를 공습했다. 2차 산업혁명을 선도한 잠자는 사자가 깨어난 순간이었다. 당시 미국의 경제력과 군사적 잠재력은 이미 세계 최고 수준이었지만, 전 세계는 물론 미국 스스로도 자국의 역량을 명확하게 파악하지 못하고 있었다. 그도 그럴 것이, 제1차 세계대전 이후에도 미국은 고립주의 노선을 고수하며 유럽이나 아시아에서 리더십을 발휘하지 못했기 때문이다. 다른 나라들의 시선에서 미국은 막강한 경제력에도 불구하고 국제적 주도력이 부족한 신흥 강대국 정도였다. 하지만 역사는 결국 이 잠자는 거인을 세계 무대의 중심으로 끌어냈다.

산업혁명이라는 물결에 제대로 올라탄 미국의 진가는 1941년 3월 11일 발효된 랜드리스 법안Lend-Lease Act에서도 여실히 드러났다. 아직 공식적으로 참전하기 전이었지만, 나치에 의해 풍전등화의 위기에 놓인 유럽을 구원하기 위해 무기와 물자를 사실상 무제한으로 지원하는 법안을 미국 의회가 통과시킨 것이다. 프랭클린 루스벨트 미국 대통령은 "이웃집에 불이 나면 호스를 돈 받고 팔 시간이 없다. 당장 빌려주고 불을 끄도록 도와야 한다."라고 랜드리스 법안의 취지를 설명했다.[13]

결국 미국은 민주주의의 병기고로서 전쟁 물자를 쏟아 내기 시작했다. 상상을 초월하는 물량이 미국에서 유럽으로 흘러들었다. 랜드리스 프로그램하에서 미국은 30여 개국에 약 500억 달러 상당의 물자를 제공했는데, 이는 2020년대 가치로 환산하면 수천조 원에 달한다.[14] 특히 독소전쟁으로 극한의 위기에 몰린 소련에만 지프와 트럭 등 차량 40만 대, 항공기 1만 4,000대, 전차 1만 3,000대, 대포와 박격포 수천 문, 탄약 수백만 톤을 지원했다. 소련이 전쟁 중 생산한 트럭이 20만 대도 안 됐으니, 미국이 보낸 트럭이 두 배나 많았던 셈이다. 스탈린그라드전투 이후 소련군의 대반격이 가능했던 것도 미제 '두돈반(2.5 톤) 트럭' 스터드베이커 덕분이라는 평가가 있다.[15] 본토 항공전과 북아프리카 전역을 치르며 빈사 상태에 빠졌던 영국 역시 군용기, 함선, 연료, 식량 등을 가리지 않고 공급한 미국의 지원에 힘입어 버텨 낼 수 있었다. 윈스턴 처칠 영국 총리는 랜드리스 프로그램을 두고 "기록된 역사를 통틀어 가장 비(非)이기적인 행동"이라며 극찬했다.[16]

랜드리스로 인해 미국 본토의 공장들은 전쟁 물자 생산을 위한 완전 가동 체제에 돌입했다. 포드모터컴퍼니 역시 마찬가지였다. 그들은 디트로이트 근교에 거대한 윌로우 런 공장을 세우고 B-24 리버레이터 폭격기를 시간당 한 대꼴로 생산하겠다는 야심 찬 계획을 실행했다. 기존 방식으로는 달마다 한 대씩 만들기도 힘들던 4발 대형 폭격기를 자동차처럼 조립 공정에 올려 대량생산 하겠다는 발상은 처음에는 무모해 보였다. 하지만 포드는 해냈다. 하루 최대 25대를 생산하는 기록과 함께 전쟁 기간에만 총 8,685대를 찍어 냈다.[17]

이처럼 미국 산업계의 생산능력은 벼랑 끝에 몰린 연합국 전체를

인간 없는 전쟁

구해 냈으며, 결국 생산 면에서 추격할 수 없어진 추축국은 물량전에 압도당하고 말았다. 소련의 서기장이었던 이오시프 스탈린은 1943년 테헤란회담에서 루스벨트와 처칠에게 미국의 생산력이 승리의 결정적 요소라고 인정했으며, 훗날 2차 대전에서의 승리는 소련의 피와 미국의 물자로 이뤄졌다고 회고하기도 했다.[18] 바로 이것이 2차 산업혁명이 가져온 대량생산의 위력이었다. 기술혁신을 통한 생산능력의 폭발적 증가가 전쟁의 승패를 갈랐다. 그리고 미국은 명실상부 세계 최강국의 위치에 올라서게 되었다.

하지만 미국 앞에는 이제 새로운 도전자가 나타났다. 바로 소련이다. 2차 대전의 동맹국이었던 두 거대한 초강대국은 이념과 체제를 놓고 대립하기 시작했다. 냉전의 개막이다. 그렇다면 이 거대한 대결에서 미국은 어떻게 최종 승리를 거둘 수 있었을까?

3차 산업혁명이 가져온 냉전 승리

1983년, 소련군 참모총장 니콜라이 오가르코프는 비공식 석상에서 미국 관계자에게 충격적인 고백을 했다. 이제 소련은 미국 무기의 질적 우위를 따라잡을 수 없다는 것이었다. 병력과 무기의 숫자는 더 이상 의미가 없으며, 아이들까지 컴퓨터를 가지고 노는 미국과 달리 소련 국방성 사무실에는 컴퓨터 한 대조차 없다고 털어놓았다. 사실상 냉전

의 승패가 총탄이 아닌 기술 혁명, 즉 '3차 산업혁명'으로 기울고 있음을 인정한 순간이었다.[19]

미국과 소련의 치열했던 냉전은 단순한 군비경쟁을 넘어 과학기술혁신의 경쟁 무대이기도 했다. 반도체와 컴퓨터, 통신 네트워크, 우주 기술의 비약적 발전을 가져온 3차 산업혁명은 미국에 압도적인 기술 우위를 안겨 주었고, 이는 결국 냉전 승리의 발판이 되었다. 총성 없는 패배였다. 거대한 제국과도 같았던 소련은 핵폭탄이 아닌 작은 반도체 칩 앞에 무릎을 꿇고 말았다.

이야기는 1950년대 말로 거슬러 올라간다. 소련이 인류 최초의 인공위성 스푸트니크를 쏘아 올리자, 미국은 커다란 충격에 빠졌다. 하루 약 7회 미국 상공을 통과하며 전자음을 송출하는 스푸트니크에 미국은 그야말로 생존의 위협을 느꼈다.[20] 그리고 미국은 로켓과 미사일 기술뿐만 아니라 전자공학과 반도체 분야에 대대적인 투자를 시작했다. 때마침 1958년 텍사스인스트루먼트의 잭 킬비와 1959년 페어차일드반도체의 로버트 노이스가 비슷한 시기에 최초의 집적회로(IC, integrated circuit)를 발명했다.[21] 손톱만 한 칩 하나에 수백 개의 트랜지스터를 집약시킨 것이다.

처음엔 누구도 집적회로에 관심이 없었다. 너무 비쌌고 용도도 애매했다. 전환점은 미국 정부의 대규모 주문이었다. 펜타곤(미 국방부)과 NASA가 움직이기 시작했다. 미 공군의 대륙간탄도미사일 미니트맨과 아폴로 달 탐사선의 유도 컴퓨터에 반도체가 탑재되며 IC 산업이 생존할 수 있었다. 민간에선 아무도 사지 않던 비싼 칩을 정부가 대

인간 없는 전쟁

량으로 사들인 것이다. 텍사스인스트루먼트는 1965년 매출의 60퍼센트를 공군 칩 주문으로 채웠다.[22] 미국의 반도체 기업들이 초기 손실을 감수하고 기술을 발전시킬 수 있었던 건 순전히 군사 수요 덕분이었다. 그 결과 1971년 인텔이 마이크로프로세서를 만들어 냈고, 컴퓨터 혁명이 시작됐다.

반면 소련은 어땠을까? 처음엔 자체 개발을 시도했다. 하지만 곧 포기하고 1970년대에 이르러서는 서방 기술을 훔치는 데 집중했다. 실제로 소련 정보기관은 냉전 기간 내내 미국의 칩과 설계도를 빼돌렸다. 하지만 훔친 기술로는 한계가 있었다. 복제는 할 수 있어도 혁신은 할 수 없었다. 1980년대가 되자 격차는 걷잡을 수 없이 벌어졌다.[23] 미국은 어린이 장난감에도 칩을 넣었지만, 소련은 군 수뇌부조차 개인 컴퓨터가 없었다. 미국 전투기는 디지털 컴퓨터로 정밀 폭격을 했지만, 소련은 수십만 개의 진공관으로 이뤄진 구형 컴퓨터를 간신히 집적회로로 바꾸는 수준에 머물렀다.[24]

반도체만이 아니었다. 1962년 쿠바 미사일 위기는 미국에 중요한 교훈을 남겼다. 정보가 제대로 공유되지 않으면 핵전쟁이 터질 수도 있다는 것이었다. 이를 계기로 미국은 세계 최초의 컴퓨터 네트워크 구축에 나섰다. 랜드연구소의 폴 배런이 핵심 아이디어를 제시했다. 어느 한 곳이 파괴되어도 우회해서 메시지를 전달하는, 마치 뇌 신경망과 유사한 분산형 네트워크였다. 미국 국방부의 고등연구계획국ARPA은 이 개념을 발전시켜 연구 기관들을 전화선으로 연결하는 획기적인 컴퓨터 통신망을 구축하기 시작했다. 마침내 1969년 10월, 캘리포니

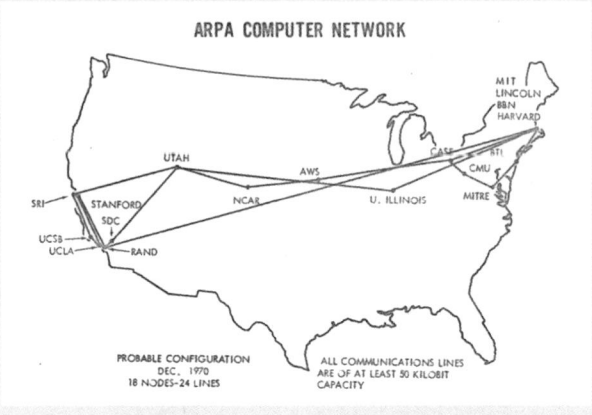

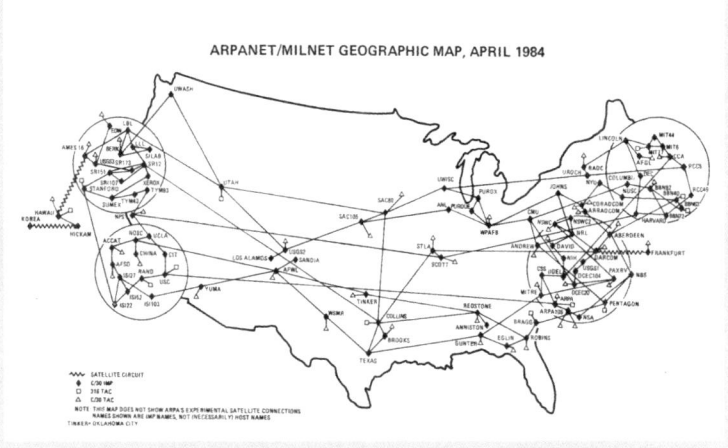

인터넷의 기술적 기반이 된 아파넷의 1970년 당시 네트워크 접속 포인트(위)와
1984년 네트워크 접속 포인트(아래)

인간 없는 전쟁

아 UCLA와 스탠퍼드를 연결하는 아파넷ARPANET이 탄생했다. 인터넷의 시초였다. 그리고 인터넷은 단순한 군사용 통신망의 범위를 훌쩍 뛰어 넘어 인류 문명 전체를 뒤바꿀 혁명의 도화선이 되었다. 연구 기관과 대학으로 확산되기 시작한 네트워크는 곧 민간 부문까지 파고들며 정보 공유와 소통의 방식을 근본적으로 뒤바꾸게 되었다. 냉전의 산물로 태어난 기술이 결국 전 세계를 하나로 연결하는 거대한 혁신으로 발전한 것이다.

당연히 소련도 비슷한 시도를 했다. 아나톨리 키토프라는 군 공학자가 전국 컴퓨터 통합망을 제안했다. 군사망과 민간 경제를 연결해 자원 배분을 최적화하는, 오늘날 인터넷과 비슷한 개념이었다. 하지만 소련 상부는 이를 불온하게 여겨 키토프를 해임한다. 당적까지 박탈하면서 말이다.[25]

결과는 명확했다. 미국은 통합된 네트워크로 정보를 실시간으로 공유했고, 이때 발전시킨 인터넷 기술을 민간 부문에서도 활용하며 관련 산업을 선도하기에 이르렀다. 반면 소련은 공군 방공망, 미사일 경보망, 우주 감시망을 각각 따로 운영했다. 파편화된 파이프식 시스템을 고집한 탓에 정보 공유와 종합 분석이 어려웠다. 실제로 1972년 미 중앙정보국CIA은 소련의 탄도미사일 조기경보망이 대규모 공격에 거의 무력하다고 평가했다.[26] 수천 기의 핵미사일을 보유하고도 정작 상대의 공격 징후를 제대로 감지하지 못하는 기이한 약점을 드러낸 셈이었다.

하늘에서도 격차는 벌어졌다. 전략 정찰은 2차 대전 때부터 승패를 좌우하는 결정적 요소였다. 냉전 시대에도 마찬가지였다. 1950년

대 말까지 미국은 U-2 같은 고고도 정찰기로 소련 영공을 날며 사진을 찍었다. 하지만 1960년 5월 1일, 소련이 U-2기를 격추하면서 상황이 급변했다. 미국은 곧바로 우주로 눈을 돌렸다. '코로나'라는 극비 정찰위성 프로젝트가 시작됐다. 초기엔 디지털카메라가 없어서 촬영한 필름을 캡슐에 담아 지상으로 떨어뜨려야 했다. 문제는 이 캡슐을 어떻게 회수하느냐였다. 해법은 영화 같았다. 하와이 상공을 지나는 캡슐을 공중에서 낚아채는 특수부대를 만든 것이다. 수송기 뒤에 갈고리를 매달고, 낙하산을 펼친 캡슐을 공중에서 낚아챘다. 이 부대의 모토가 걸작이었다. "별똥별을 낚아채라!(Catch a falling star!)"[27]

원시적이었지만 효과는 확실했다. 1960년대 미국은 심각한 공포에 빠져 있었다. 소련이 자신들보다 훨씬 많은 대륙간탄도미사일^{ICBM}을 보유하고 있다는 '미사일 갭' 논란이었다. 당시 소련의 서기장이었던 니키타 흐루쇼프는 미사일을 "소시지처럼 찍어 낸다"라고 호언장담했고, 미국은 실제로 뒤처지고 있다고 믿었다. 하지만 코로나 정찰위성이 보내온 사진이 진실을 밝혀냈다. 소련의 미사일 기지를 촬영한 결과, 실제 ICBM 숫자는 미국의 우려보다 훨씬 적었다. 과장된 공포는 정확한 정보 앞에서 사라졌다.

기술은 계속 발전했다. 1970년대 운용된 KH-9 헥사곤 위성은 아예 버스만 한 크기였다. 길이 16미터, 무게 13톤. 거대한 카메라로 소련 전역을 정밀 촬영 했다. 필름 카세트도 최대 16개까지 탑재해 차례대로 떨어뜨릴 수 있었다. 진짜 혁명은 1976년 발사한 KH-11 케넌 위성이었다. 디지털 센서를 탑재해 촬영 즉시 지상으로 전송할 수 있게

된 것이다. 이제 미국은 단 몇 시간 안에 세계 어디서든 일어나는 일을 파악할 수 있었다.[28]

위성이 제공한 정확한 정보는 게임 체인저였다. 미국 지도자들은 이제 추측이 아닌 사실에 근거해 정책을 결정할 수 있었다. 전략무기제한협정● 협상장에서도 미국 대표단은 소련의 모든 미사일 기지 위치를 알고 있었다.[29] 당연히 유리한 고지를 점할 수밖에 없었다. CIA는 이러한 정찰위성 정보의 가치를 "계산 불가능"이라고 평가했다. 돈으로 환산할 수 없을 만큼 귀중하다는 뜻이었다.

*
* *

이 모든 첨단 기술 우위의 배후엔 한 기관이 있었다. 국방고등연구계획국, DARPA ^{Defense ARPA}다. 1958년 스푸트니크 충격 직후, 미국의 드와이트 아이젠하워 대통령은 단호한 명령을 내렸다. "또 다른 기술기습을 당하지 말라." 그는 우주 분야엔 NASA를, 국방 분야엔 ARPA(훗날 DARPA)를 설립했다. DARPA는 독특했다. 조직은 작았지만 움직임은 빨랐다. 실패 위험이 크더라도 판도를 바꿀 수 있는 프로젝트라면 과감히 투자했다. 전통적인 군사기술 개발 부서와는 완전히 다른 접근이었다.

● 전략무기제한협정(SALT, Strategic Arms Limitation Talks)은 1969년부터 시작된 미국과 소련이 핵무기 및 대륙간탄도미사일(ICBM) 등의 전략무기 개발·배치를 제한하기 위해 진행한 냉전기 핵군축 협상이다. SALT 협상은 총 두 차례로, SALT I(1972년 체결)과 SALT II(1979년 체결)로 불리며, 현대사에서 큰 이정표가 되었다.

특히 DARPA는 베트남전에서 여러 신기술을 실험했다. 가장 대표적인 것이 이글루 화이트 작전이었다. 라오스 정글의 호찌민루트를 따라 수만 개의 음향 센서를 뿌려 놓고, 센서가 감지한 소리를 하늘의 중계기로 전송했다. 태국에 있는 컴퓨터 센터가 이를 분석해 적 차량이나 병력의 움직임을 파악하면, 곧바로 전폭기에 공격 지시를 내렸다. 세계 최초의 실시간 전자전 시스템이었다. 당시로선 획기적인 시도였지만 비용은 18억 달러나 들었고, 베트남전의 결과에 미친 영향은 미미했다. 장성들은 이 작전을 주도한 로버트 맥너마라 국방부 장관의 이름을 따 "맥너마라의 전자 울타리"라고 비아냥거렸다.

하지만 시간이 지나면서 평가가 달라졌다. 1980년대엔 선구적 시도로 재평가받았고, 1990년대 들어서는 전자전이 수소폭탄 이래 20세기의 가장 혁신적인 군사기술로 인정받기 시작했다.[30] 오늘날 드론 감시와 정밀 타격의 원형이 바로 이 작전이었다.

무인기도 빼놓을 수 없다. 1964년부터 '라이트닝 버그' 무인기가 베트남과 중국 상공을 날았다. 극비여서 당시엔 알려지지 않았지만, 베트남전은 역사상 최초로 무인기가 광범위하게 운용된 전쟁이었다. 이 무인기들은 적 방공망이 발사한 SA-2 지대공미사일의 전파를 녹음해 미군의 전자전 대책 수립에 결정적 기여를 했다.[31]

또한 DARPA는 경량화 자동소총 M16의 실전 테스트를 주도했고, 레이저유도폭탄 개발에도 깊이 관여했다. 1972년 실전 투입된 페이브웨이 레이저유도폭탄은 기존 폭탄보다 100배나 정확했다. 몇 년간 파괴하지 못했던 하노이 인근의 '용의 턱' 철교를 단번에 무너뜨렸다. 이처럼 DARPA는 베트남전을 통해 미래 전쟁의 모습을 미리 실험했다. 당시엔 비용 대비 효과가 의심스러웠지만, 이 기술들은 훗날 걸프전과 이라크전에서 압도적 위력을 발휘하며 현대전의 표준이 되었다.

학계와 산업계, 그리고 군을 연결하는 가교 구실을 하며 소규모 투자로 엄청난 혁신을 끌어낸 DARPA. 그들의 성공 방식은 '다르파 웨이'라 불리며 오늘날까지 회자된다. ARPA는 설립 당시 미국 전체 컴퓨터 연구비의 70퍼센트를 지원하면서도, 관료적 통제는 최소화하고 연구자들에게 자유를 보장했다. 실패를 두려워하지 않았고, 성공한 기술은 군이 즉시 채택하도록 조율했다.³² DARPA가 개발을 이끈 기술은 시간이 흐르며 군을 넘어 민간 산업까지 혁신했다. 인터넷, GPS, 음성 인식, 자율주행차. 우리 일상을 바꾼 기술 대부분이 냉전 시절 DARPA 프로젝트에서 시작됐다.

1980년대 미국의 전략은 명확했다. 정부 주도의 기술혁신으로 소련의 양적 우위를 무력화하는 것이었다. "보이는 건 맞힐 수 있고, 맞힐 수 있는 건 파괴할 수 있다"라는 구호 아래, 미군은 스텔스기로 적의 방공망을 뚫고, 위성으로 전장을 손바닥 보듯 감시하며, 정밀유도무기로 핵무기 없이도 소련군을 제압할 수 있음을 과시했다.

소련 군부는 절망할 수밖에 없었다. 나폴레옹과 히틀러를 막아낸 전통적인 양적 우위가 더 이상 통하지 않았다. 고르바초프의 페레스트로이카(개혁·개방 정책)도 이미 늦었다. 오가르코프가 통찰했듯이, 정치적 개혁 없이는 기술 혁명을 따라잡을 수 없었다. 그리고 제때를 놓친 뒤늦은 개혁은 결국 체제 자체의 붕괴로 이어졌다.

1991년 소련이 무너졌을 때, 많은 이들이 경제 실패를 원인으로 꼽았다. 틀린 말은 아니다. 하지만 그 경제 실패의 근저에는 기술 경쟁의 패배가 있었다. 미국은 디지털 혁명을 통해 경제와 군사력을 동시에 발전시켰지만, 소련은 낡은 산업구조와 과도한 군비 지출에 짓눌려 있었다. 미국은 대학, 기업, 정부가 유기적으로 협력하는 개방적이고 창의적인 혁신 생태계를 구축했다. 반면 소련의 경직된 관료 체제는 인재의 활용과 새로운 아이디어의 확산을 가로막았다. 냉전의 승부는 이미 총성 없이 결정되고 있었다.

미국의 승리는 군사력의 승리가 아니었다. 과학기술과 혁신 시스템의 승리였다. 자그마한 반도체 칩이 거대한 소련 제국을 무너뜨린 것이다.

4차 산업혁명을 주도하고
세계를 제패할 국가는 어디일까?

2025년 1월의 어느 날, 한 스타트업이 놀라운 성능을 내는 새로운 AI 모델을 공개했다. 그런데 더 놀라운 건 이 회사가 미국이 아닌 중국 기업이었다는 점이다. 딥시크^{DeepSeek}라는 이름의 이 회사는 미국의 반도체 봉쇄령 속에서도 제한된 컴퓨팅 자원만으로 놀라운 성능의 AI를 만들어 냈다. 마치 1960년대 미국의 기술 우위를 뒤흔든 소련의 스푸트니크처럼, 이 사건은 미국을 넘어 전 세계에 충격파를 던졌다.[33]

역사는 반복된다. 네 번의 산업혁명마다 새로운 기술을 먼저 손에 쥔 나라가 전쟁의 양상을 바꾸고, 세계의 판도를 뒤집었다. 증기기관을 앞세운 영국의 철갑선이 전 세계 바다를 앞마당처럼 누비고 다녔고, 대량생산 시스템을 완성한 미국의 폭격기가 2차 대전을 승리로 이끌었으며, 반도체와 정밀유도무기로 무장한 미국이 소련을 무너뜨렸다. 그리고 지금, 4차 산업혁명의 핵심인 AI를 둘러싼 새로운 '전쟁'이 시작됐다.

4차 산업혁명에 대해서는 정의가 분분하지만, 이 개념이 처음 명확히 제시된 것은 2016년 세계경제포럼에서였다. 포럼의 창립자이자 회장을 지낸 클라우스 슈밥은 4차 산업혁명을 물리적 세계와 디지털 세계, 생물학적 세계를 융합하는 거대한 변화로 정의했다.[34] 사물인터넷[IoT]이 모든 사물을 네트워크로 연결하고, 지능형 로봇이 생산과 일상 곳곳에 스며들며, 빅데이터가 새로운 자원으로 활용되고, 클라우드 컴퓨팅이 글로벌 서비스의 기반이 된다. 그리고 이 최첨단 기술들을 서로 결합하고 융합하는 과정에서 두뇌 역할을 하는 것이 바로 AI다. 마치 4차 산업혁명의 각 요소가 궤도를 그리며 공전하고, AI가 태양처럼 중심에 자리 잡은 형국이다.

이러한 변화의 소용돌이 속에서 AI를 손에 쥔 자가 미래를 지배한다는 인식이 세계 각국에 퍼지고 있다. 2017년 러시아의 푸틴 대통령은 "인공지능 분야에서 돌파구를 먼저 마련하는 자가 세계를 지배할 것"이라고 단언했다.[35] 그만큼 AI 기술 우위는 국제 질서의 판도를 바꿀 전략적 열쇠로 여겨진다. 특히 미국과 중국은 이를 일찍부터 간파하고, 신(新)냉전을 방불케 하는 AI 패권 경쟁에 뛰어들었다. 단순한 기술 개발 경쟁을 넘어 외교·안보·경제를 아우르는 총력전의 양상을 띠고 있다.

*
**

2024년 10월, 미국 백악관은 역사적인 문서를 발표했다. AI를 '핵무기급 전략 자산'으로 지정한 것이다. 미국 정부는 사상 처음으로 AI에 관한 국가안보각서[NSM●]를 내놓았다. 문서의 핵심은 명확했다. AI를 핵무기나 우주 기술과 같은 수준의 국가 전략 자산으로 다루겠다는 선언이었다.[36] 제이크 설리번 국가안보좌관은 이렇게 말했다. "향후 몇 년 동안 AI보다 더 중요한 기술은 없을 것이다." 그의 말에는 절박함이 묻어났다. 왜일까? 답은 간단하다. 중국이 무서운 속도로 추격해 오고 있기 때문이다. 특히 군사 분야에서 AI의 활용은 화약의 발명처럼 전쟁의 개념 자체를 바꿀 잠재력을 지니고 있다.

미국의 싱크탱크 전략국제문제연구소[CSIS]는 이 상황을 1950년대 초 냉전 시대에 비유했다. 당시 소련이 핵무기를 개발하자 미국은 NSC-68이라는 극비 문서를 만들어 대대적인 군비 증강에 나섰다. 지금 미국이 AI를 대하는 태도가 정확히 그때와 같다는 것이다.[37] 차이가

● 실제로 이 각서 내에 AI를 '핵무기' 그 자체와 동일선상에서 명시적으로 규정한 것은 아니나, 관리·우선순위·전략자원 측면에서 동등하게 취급하겠다는 정책 메시지가 강조되었다.

인간 없는 전쟁

있다면, 핵무기는 가지고 있는 것만으로도 충돌을 제어하는 억지력의 무기였지만 AI는 실제로 매일 사용되는 무기라는 점이다.

이미 미국과 중국의 AI 패권 경쟁은 시작되었다. 먼저 반도체 분야에서다. AI 시대에 반도체는 산업혁명 시대의 석유에 비견될 정도로 중요한 전략물자가 됐다. 특히 엔비디아[NVIDIA]의 GPU 같은 AI용 칩은 현대전의 '디지털 화약'으로 불릴 만큼 귀중한 군사 자원이 됐다. 이 칩이 없으면 그 어떤 AI 기반 서비스도 운영할 수 없다. 당연히 자율드론도, AI 기반 미사일 방어 시스템도, 사이버전 AI도 작동할 수 없다.

바이든 행정부 시절인 2022년 10월, 미국은 전례 없는 '기술 전쟁'을 선포했다. 중국으로 향하는 첨단 반도체 수출을 전면 차단한 것이다. 엔비디아의 최신 AI 칩뿐만 아니라, 이를 만드는 장비까지 모조리 금수조치 했다. 심지어 미국 시민이나 기업이 중국 반도체 공장을 지원하는 행위까지 금지했다. 이는 2차 대전 당시 연합국이 추축국에 석유와 고무를 금수조치 한 것과 같은 맥락이었다. 실제로 백악관과 국방부의 여러 공식 문서에서 미국의 첨단 AI 칩이 국가 경제와 안보의 필수 자산임을 분명히 하고 있으며, 적의 손에 넘어가는 것을 막아야 한다고 강조한다.[38] 여기에 네덜란드와 일본까지 끌어들여 반도체 장비 수출을 막았고, 한국과 대만에는 중국과의 거래를 제한하라고 압박했다. 마치 냉전 시대 코콤[●] 체제로 소련의 기술 획득을 차단했듯이,

● 코콤(COCOM, Coordinating Committee for Multilateral Export Controls)은 냉전기 서방국들이 소련·동구권으로의 전략물자·첨단기술 수출을 다자간으로 통제하고 허가 기준을 조정하기 위해 운영한 실무 협의체이다.

이제는 반도체로 중국을 포위하는 새로운 기술 봉쇄 전략이 펼쳐진 것이다.[39]

하지만 역사는 이번에도 우리에게 중요한 교훈을 준다. 기술 봉쇄가 항상 성공하는 것은 아니라는 점이다. 소련이 미국의 봉쇄를 뚫고 핵무기를 개발했듯이, 중국도 나름의 돌파구를 찾고 있다. 처음엔 웃지 못할 방법도 동원했다. 미국 유학생들이 방학 때 귀국하면서 엔비디아 칩을 여행 가방에 숨겨 들여오는 식이었다.[40] 개인이 구매할 수 있는 수량으로는 한계가 있었지만, 없는 것보단 나았다.

물론 이런 임시방편은 근본적인 해결책이 될 수 없었다. 중국은 더 큰 그림을 그리기 시작했다. 앞서 본 딥시크의 사례가 대표적이다. 제한된 하드웨어로도 놀라운 성능을 끌어낸 것이다. 화웨이의 반격도 주목할 만하다. 미국의 제재로 최첨단 칩 공급이 끊기자, 화웨이는 '기술 자주'의 깃발을 들었다. 그리고 2023년, 모두의 예상을 뒤엎고 7나노미터 공정의 스마트폰 칩을 자체 생산하는 데 성공했다. 중국 언론은 이를 "21세기 대장정"이라 불렀다.[41] 마오쩌둥의 홍군이 국민당의 포위를 뚫고 연안에 도착했듯이, 중국의 기술진이 미국의 기술 봉쇄를 돌파했다는 의미였다.

더 놀라운 건 군사 AI 분야에서의 움직임이었다. 중국군은 '지능화 전쟁intelligentized warfare' 개념을 발표하며, AI를 활용한 새로운 전쟁 양상을 준비하고 있었다. 무려 2019년부터 말이다.[42] 거기에 러시아-우크라이나 전쟁에서 게임 체인저로 등장한 드론 기술에서는 이미 미국을 앞서고 있다는 평가까지 나온다. 2024년 주하이 에어쇼에서 중국이 공개한 기술은 충격적이었다. AI 기반 대형 무인항공기가 자율적으로 소형 드론 떼를 발진시켜 군집 공격을 펼치는 장면이었다. 이른바 '드론 모선(母船)'이 수십 대의 작은 드론들을 지휘하며 적을 포위하는 모습은 SF 영화를 현실로 옮겨 놓은 듯했다.[43] 서방 군사 전문가들이 긴장할 수밖에 없었던 이유다.

시진핑 주석은 2025년 초 중앙군사위원회 확대회의에서 "AI는 미래 전쟁의 제고점(制高點)"이라며 "자주적이고 통제할 수 있는 군사 AI 체계"를 구축하겠다고 선언했다. 중국 정부는 무려 82억 달러 규모의 국가 AI 투자 기금을 조성했는데, 이 중 상당 부분이 군사 AI 개발에 투입될 것으로 전망됐다.[44]

미국과 중국의 행보에 세계가 불안한 시선을 보내는 건 AI가 이미 보이지 않는 전선에서 활약하고 있기 때문이다. 미국 사이버사령부는 AI를 활용한 사이버 방어 시스템을 구축했고, 중국의 전략지원부대도 AI 기반 사이버전 능력을 키우고 있다. 러시아는 2022년 우크라이나 침공 이후 AI로 가짜뉴스를 생성하고 여론을 조작하는 정보전을 펼쳤다. 이미 세계 각국에서 AI는 선거 개입과 사회 분열 조장의 도구로 쓰이고 있다.

더 충격적인 건 AI가 실제 전장에서도 총알처럼 날아다닌다는 사실이다. 러시아-우크라이나 전쟁은 인류 최초의 'AI 전쟁'이 되었다. 우크라이나군은 미국의 지원을 받아 AI를 활용해 러시아군의 움직임을 예측하고, 드론 공격 경로를 최적화하며, 포격 좌표를 실시간으로 계산한다. AI가 전쟁의 주역으로 떠오르기 시작한 것이다.

인류 역사에서 불의 발견은 문명의 시작이었다. 동시에 전쟁의 시작이기도 했다. 불타는 화살이 성벽을 넘었고, 그리스의 불[*]이 비잔틴제국을 지켰으며, 화약이 중세의 성을 무너뜨렸다. 전기는 레이더와 암호 해독기를 만들어 2차 대전의 향방을 갈랐다. 원자력은 히로시마와 나가사키에서 그 파괴력을 드러냈다.

이제 AI라는 제4의 불이 타오르고 있다. 이 거대한 불길 앞에서 인류는 또다시 선택의 기로에 섰다. 이 불을 어둠을 밝히는 등불로 삼을 것인가, 아니면 그 불길에 스스로를 태울 것인가?

앞으로 전개될 역사를 예측하기 전에, 잠시 과거로 눈을 돌려 보자. 그곳에는 묘한 평행선이 있다. 인류에게 제3의 불을 가져다준 뒤 평생 그 무게에 짓눌린 한 과학자, 그리고 제4의 불을 밝힌 뒤 이제는 그 위험을 경고하며 돌아다니는 또 다른 과학자. 두 프로메테우스의 엇갈린 운명이 우리에게 무엇을 말해 주는지 귀를 기울여 보자.

● 동로마제국이 사용했다고 알려진 화학병기. 원시적인 화염방사기로 추정된다.

인간 없는 전쟁

2.
두 명의 프로메테우스,
세계를 뒤흔든 불씨를 들다

맨해튼의 불꽃,
히로시마의 재가 되다

2024년 10월 8일, 스웨덴 왕립과학원이 노벨물리학상 수상자를 발표했다. 수상자는 놀랍게도 물리학자가 아니었다. 컴퓨터과학자이자 AI 계의 대부 제프리 힌턴이 선정된 것이다. 77세의 노학자는 "정말 놀랍다"라며 수상 소감을 밝혔다. 하지만 더 놀라운 건 이어지는 발언이었다. "AI가 인간보다 더 똑똑해질 수 있고, 우리는 통제력을 잃을 수 있다." 노벨상 수상이라는 영광의 순간에도 그는 경고의 메시지를 잊지 않았다.[45]

시간을 80여 년 전으로 되돌려 보자. 1945년 7월 16일 새벽 5시 29분, 미국 뉴멕시코 사막에서 인류 역사상 첫 핵실험이 성공했다. 맨해튼 프로젝트를 이끈 로버트 오펜하이머는 하늘을 뒤덮은 버섯구름을 보며 힌두교 경전 바가바드기타의 한 구절을 떠올렸다. "나는 이제 죽음이요, 세계의 파괴자가 되었다."[46]

두 명의 과학자, 두 시대, 두 개의 불. 한 명은 원자력이라는 제3의 불을, 다른 한 명은 AI라는 제4의 불을 인류에게 건네 주었다. 그리고 놀랍게도 두 사람 모두 자신이 만든 불길 앞에서 똑같은 두려움에 떨었다.

로버트 오펜하이머는 처음부터 파괴자가 되려 했던 건 아니었다. 1904년 뉴욕의 부유한 유대인 가정에서 태어난 그는 하버드와 케임브리지, 괴팅겐을 거치며 당대 최고의 물리학자로 성장했다. 양자역학의 황금기를 살았던 그에게 과학은 순수한 지적 탐구의 대상이었다. 하지만 1939년 아인슈타인이 루스벨트 대통령에게 보낸 편지가 모든 걸 바꿔 놓았다. 나치 독일이 핵무기를 개발하고 있다는 경고였다. 만약 히틀러가 원자폭탄을 먼저 손에 넣는다면? 상상만으로도 끔찍했다. 미국은 곧 맨해튼 프로젝트에 착수했고, 오펜하이머가 과학 책임자로 임명됐다.

뉴멕시코 로스앨러모스의 비밀 연구소에는 당대 최고의 과학자들이 모였다. 엔리코 페르미, 닐스 보어, 리처드 파인먼 등 천재들의 집합소였다. 오펜하이머는 이들을 이끌며 불가능에 도전했다. 원자핵을 쪼개 엄청난 에너지를 방출시키는 것. 이론적으로는 가능했지만 실제 구현은 별개 문제였다.

그리고 마침내 1945년 7월 16일, '트리니티'라 명명된 첫 핵실험이 성공했다. 20킬로톤의 위력. TNT 2만 톤이 한꺼번에 폭발하는 것과 같았다. 목격자들은 "태양보다 밝은 빛"을 봤다고 증언했다. 실험 현장 총책임자였던 케네스 베인브리지는 오펜하이머에게 다가가 말했다. "이제 우리는 모두 개자식이 됐군요."[47]

3주 후, 그 불꽃은 일본 하늘에서 작열했다. 히로시마와 나가사키. 두 도시는 잿더미가 됐고, 20만 명이 넘는 사람들이 목숨을 잃었다. 오펜하이머는 승리의 기쁨 대신 깊은 죄책감에 빠졌다. 전쟁이 끝난 직후인 1945년 10월, 그는 해리 트루먼 대통령을 만나 "내 손에는 피가 묻어 있습니다"라고 고백했다. 트루먼은 화를 내며 그를 내쫓았고, 나중에 보좌관들에게 "그 울보 같은 놈을 다시는 데려오지 마라"고 지시했다.[48]

오펜하이머의 고뇌는 깊어만 갔다. 그는 국제적 핵 통제를 주장했고, 더 강력한 수소폭탄 개발에 반대했다. 하지만 이미 때는 늦었다. 판도라의 상자는 열렸고, 핵무기 경쟁은 가속화됐다. 1952년 미국이 첫 수소폭탄 실험에 성공했고, 소련이 뒤를 따랐다. 오펜하이머가 우려한 괴물이 태어난 것이다. 히로시마 원폭의 1,000배 위력을 가진 무기들이 양산되기 시작했다.

냉전이 시작되면서 그의 신중론은 배신으로 낙인찍혔다. 1954년, 매카시즘의 광풍 속에서 과거 좌파 연루 의혹과 수소폭탄 개발을 방해했다는 이유로 '안보 위험인물'로 지목돼 모든 기밀 취급 인가를 박탈당했다. 청문회에서는 "당신은 수소폭탄 개발을 방해했습니까?"라는 질문이 나왔고, 오펜하이머는 이렇게 답했다. "저는 이 무기가 전략적으로 사용될 경우 수백만의 사망자를 낳고 비도덕적일 수 있다고 생각했습니다. 우리는 어떤 무기든 결국 사용되리라는 것을 깨달았기에, 수소폭탄 개발에 동의할 수 없었습니다."

말년의 오펜하이머는 프린스턴 고등연구소에서 조용히 지냈다. 하지만 그는 끝까지 경고를 멈추지 않았다. 여러 매체와의 인터뷰에서 그는 인류가 돌이킬 수 없는 일을 저질렀으며, 이제 스스로를 파괴할 수 있는 능력을 갖추게 되었다고 거듭 경고했다.

토론토의 불씨,
실리콘밸리를 태우다

2023년 5월 1일, 75세의 제프리 힌턴은 구글을 떠났다. 10년간 몸담았던 회사를 나오며 그는 《뉴욕타임스》와의 인터뷰에서 충격적인 고백을 했다. "내 인생의 연구가 인류에게 해를 끼칠 수 있다는 생각에 후회가 든다."[49]

그의 말이 더욱 무게를 갖는 이유는 힌턴이 바로 현대 AI 혁명의 아버지이기 때문이다. 1970년대부터 그는 인간의 뇌를 모방한 인공신경망 연구에 매달렸다. 당시 학계는 회의적이었다. 동료들은 뇌를 흉내 내어 지능을 개발하겠다는 힌턴의 아이디어를 비웃었고, 연구비는 끊겼다. 하지만 힌턴은 포기하지 않았다. 토론토대학에 자리를 잡은 그는 묵묵히 연구를 이어 갔다. 그리고 2012년, 기적이 일어났다. 그의 제자들과 함께 만든 '알렉스넷'●이 이미지 인식 대회에서 압도적 우승을 차지한 것이다. 기존 방식보다 오류율을 42퍼센트까지 절감한 혁명적 성과였다.[50]

이 순간이 바로 AI 빅뱅의 시작이었다. 구글, 메타, 마이크로소프트가 앞다퉈 AI 연구자들을 영입했고, 힌턴의 작은 스타트업인 DNN 리서치는 구글에 4,400만 달러에 인수됐다. '딥러닝'이라 불리는 이 기술은 순식간에 세상을 바꿔 놓기 시작했다. 스마트폰이 얼굴을 인식하고, 자동차가 스스로 운전하며, 의사보다 정확하게 암을 진단하는 AI가 등장했다. 2016년 구글 딥마인드의 알파고가 이세돌을 꺾었을 때, 전 세계는 AI 시대의 도래를 실감했다. 그리고 2022년 챗GPT의 등장은 또 한 번의 충격파를 던졌다. 마치 사람처럼 대화하는 AI의 모습에 사람들은 경탄과 두려움을 동시에 느꼈다.

하지만 정작 이 혁명을 이끈 힌턴의 표정은 어두워져 갔다. 특히 2022년부터 그의 우려는 급격히 커졌다. AI가 너무 빨리, 너무 강력해지고 있었기 때문이다. 그가 예상했던 것보다 수십 년은 앞서 있었다. 그는 AI가 인간보다 똑똑해지는 데 50년은 걸릴 것으로 생각했지만, 이제는 20년, 어쩌면 더 빨리 올 것으로 보고 있다고 밝혔다. 특히 그를 불안하게 만든 건 AI의 군사적 활용이었다.[51]

2024년 노벨상 수상 연설에서 힌턴은 더욱 구체적인 경고를 내놓았다. 그는 AI의 급속한 발전이 여러 단기적 위험을 가져오고 있다

● 알렉스넷은 GPU 병렬 연산을 기반으로 하는 심층 합성곱신경망(CNN)으로, 딥러닝 시대와 AI가 GPU를 본격적으로 활용하게 된 시대를 연 획기적 모델이다.

고 지적했다. AI가 이미 사람들을 분노하게 만드는 콘텐츠를 제공해 사회를 분열시키고 있으며, 권위주의 정부들이 대규모 감시에 활용하고 사이버 범죄자들이 피싱 공격에 이용하고 있다고 우려했다. 그는 가까운 미래에 AI가 끔찍한 바이러스를 만들거나, 누구를 죽이고 해칠지 스스로 결정하는 치명적인 무기를 개발하는 데 사용될 수 있다고 경고했다. 또한 더 장기적으로는 인간보다 더 똑똑한 디지털 존재가 만들어질 때 발생할 실존적 위협에 대해서도 언급했다. 그는 우리가 이들을 통제할 수 있을지 확신할 수 없으며, 단기적 이익에 눈먼 기업들이 책임질 수 없는 존재를 만들어 낸다면 인류의 안전이 위협받을 것이라고 우려했다.[52]

실제로 그의 우려는 현실이 되고 있다. 전쟁터에서 AI는 이미 생사를 가르는 결정을 내리고 있다.

불을 든 자들의 고뇌, 프로메테우스의 선택

오펜하이머와 힌턴. 두 과학자는 시공간을 뛰어넘어 놀라울 정도로 비슷한 궤적을 그렸다. 처음엔 순수한 과학적 호기심이었다. 오펜하이머에게 원자핵 분열은 우주의 비밀을 푸는 열쇠였고, 힌턴에게 인공신경망은 인간 지능의 신비를 밝히는 도구였다. 하지만 전쟁이 그들을 다른 길로 이끌었다. 오펜하이머는 나치와 소련의 위협 앞에서, 힌턴은 기술 패권 경쟁의 소용돌이 속에서 자신의 연구가 무기가 되는 걸 목격했다.

결국 오펜하이머는 핵무기 통제를 주장하다 매국노로 낙인찍혔고, 힌턴은 AI의 위험성을 경고하다 '기술 비관론자'라는 비난을 받았다. 하지만 역사는 이들의 경고가 옳았음을 증명한다. 핵무기는 냉전 시대 내내 인류를 공포에 떨게 했다. 쿠바 미사일 위기 때는 정말로 세계가 멸망 직전까지 갔다. 1962년 10월 27일, 소련 핵잠수함 B-59의 부함장 바실리 아르히포프가 핵 어뢰 발사를 거부하지 않았다면, 우리는 지금 이 글을 읽고 있지 못했을 것이다.[53] •

AI의 위험은 아직 완전히 드러나지 않았다. 하지만 징조는 곳곳에서 나타나고 있다. 더 무서운 건 AI 발전 속도다. 핵무기는 국가 차원의 막대한 자원이 필요했지만, AI는 상대적으로 접근이 쉽다. 민간 기업이나 소규모 연구팀도 충분히 개발할 수 있다는 점에서 핵무기와는 본질적으로 다르다. 실제로 2025년 초 중국의 딥시크가 보여 준 것처럼, 제한된 자원으로도 놀라운 성과를 낼 수 있다.

그리스신화에서 프로메테우스는 인간에게 불을 가져다준 죄로 독수리에게 간을 쪼이는 형벌을 받았다. 오펜하이머와 힌턴도 마찬가지였다. 인류에게 새로운 불을 가져다준 대가로 그들은 평생 죄책감과 두려움에 시달렸다. 하지만 우리가 기억해야 할 것은 불이 그 자체로

● 쿠바 미사일 위기 당시, 미 해군의 폭뢰 공격을 핵공격으로 오인한 소련 잠수함 B-59에서 핵 어뢰 발사가 논의됐으나, 부함장 아르히포프가 "명확한 명령 없이는 발사할 수 없다"고 주장하며 거부해 핵전쟁을 막았다.

쿠바 미사일 위기 당시 미국 근해에 떠오른 소련의 B-59 잠수함

인간 없는 전쟁

악은 아니라는 점이다. 불은 추위를 쫓고, 음식을 익히며, 문명을 밝혔다. 원자력도 마찬가지다. 핵무기로 쓰일 수도 있지만, 원자력발전으로 수백만 가정에 전기를 공급하기도 한다.

AI 역시 양날의 검이다. 의료 진단을 혁신하고, 기후변화를 예측하며, 업무를 효율화할 수 있다. 동시에 감시의 도구가 되고, 일자리를 빼앗으며, 전쟁을 더욱 잔혹하게 만들 수도 있다. 중요한 건 선택이다. 오펜하이머가 남긴 교훈은 명확하다. 기술이 통제를 벗어나기 전에 인류가 먼저 통제해야 한다는 것이다. 핵확산금지조약NPT이 핵전쟁을 막아 온 것처럼, AI도 국제적 규범과 통제가 필요하다.

이제 우리 앞의 선택지는 분명하다. AI라는 새로운 불을 등불로 삼아 인류의 앞길을 밝힐 것인가, 아니면 통제 불능의 불길로 키워 스스로를 태울 것인가? 전쟁의 역사는 기술의 역사이기도 했다. 그리고 지금 이 순간에도 역사는 기술에 의해 새롭게 쓰이고 있다. 두 프로메테우스가 우리에게 던지는 질문은 같다. "당신들은 이 불을 어떻게 쓸 것인가?"

대답은 지금 우리의 선택에 달려 있다.

3.
민간이 주도하는 AI,
새로운 위험의 등장

대포왕이 보여 준
민간 군수산업의 서막

1870년 9월 1일 새벽, 프랑스 스당 근교의 안개 자욱한 들판이 굉음으로 진동했다. 프로이센군의 포격이 시작된 것이다. 그런데 이상했다. 프랑스군이 아무리 눈을 비비고 봐도 적의 포병대가 보이지 않았다. 포탄은 마치 하늘에서 떨어지는 것처럼 쏟아졌다. 당시 프랑스군의 청동 대포로는 도저히 닿을 수 없는 거리에서 날아온 것이다.

결국 프랑스 황제 나폴레옹 3세는 백기를 들었다. 10만 명의 프랑스군이 항복했고, 황제 자신도 포로가 되었다. 프랑스 제2 제정의 몰락이었다. 이 충격적인 패배의 배후에는 한 민간 기업가가 있었다. 바로 '대포왕' 알프레드 크루프였다.[54]

크루프는 원래 숟가락이나 포크 같은 식기를 만들던 작은 공장주였다. 하지만 그에게는 남다른 야망이 있었다. 최고 품질의 강철을 만들어 내는 것. 당시만 해도 대포는 청동으로 만드는 게 상식이었다. 강철은 너무 단단해서 가공이 어려웠고, 균일한 품질을 보장하기도 힘들었다. 하지만 크루프는 20년 넘는 연구 끝에 마침내 완벽한 주강(鑄鋼) 기술을 개발했다.[55]

그는 자신이 만든 강철제 강선포(크루프 대포)를 프로이센군에 대규모로 공급하였다. 그의 강철포는 가히 혁명적이었다. 청동포보다 가벼우면서도 더 강력했고, 무엇보다 포신 뒤쪽에서 포탄을 장전하는 후장식 구조로 제작할 수 있었다. 프랑스군이 포구로 힘겹게 화약과 포탄을 밀어 넣는 동안, 프로이센군은 레버 하나로 신속하게 재장전했다. 사거리 역시 프랑스 청동포에 비해 1킬로미터 정도 길었다.[56] 프랑스군은 닿지 않는 적에게 일방적으로 두들겨 맞을 수밖에 없었다.

스당전투 이후 크루프의 이름은 전 유럽에 알려졌다. 각국 정부가 앞다퉈 그의 대포를 주문했다. 러시아 차르도, 오스만제국 술탄도, 심지어 패전국 프랑스까지도 크루프제 대포를 샀다. 에센의 작은 공장은 어느새 2만 명이 일하는 거대 기업으로 성장했다. 크루프는 자신의 공장 도시에 노동자를 위한 주택과 학교, 병원까지 지었다. 마치 작은 왕국 같았다.

하지만 크루프의 성공에는 어두운 그림자가 드리워져 있었다. 그가 만든 대포는 결국 사람을 죽이는 도구였다. 제1차 세계대전 때는 그의 후계자들이 만든 420밀리미터 구경의 초대형 포 '빅 베르타'가

제1차 세계대전 때 활용된 '빅 베르타' 대포

인간 없는 전쟁

벨기에 요새들을 무너뜨렸다. 파리를 포격한 초장거리포, 일명 '파리포' 역시 크루프제였다. 제2차 세계대전 때도 독일의 전차, 야포, 대포는 물론 유보트까지 130척이나 생산하며 막대한 부를 축적했다. 동시에 수백만 명의 죽음에 일조했다는 비난도 피할 수 없었다. 종전 후 크루프 경영진은 전범 재판에서 유죄판결을 받았으며, 재산 몰수 처분을 받은 이도 있었다.

크루프의 사례는 민간 기업이 전쟁 기술 개발에 참여하여 역사를 바꾼 극히 이례적인 경우였다. 기술 개발 자체는 크루프사의 업적이지만, 그 기술을 대량생산 하고 전장에 투입한 주체는 국가였다. 근현대 전쟁 기술의 발전사는 대부분 정부와 군대의 주도로 이루어졌다.

맨해튼 프로젝트가 대표적이다. 원자폭탄 개발에는 무려 13만 명이 동원됐고, 현재 가치로 환산하면 약 280억 달러라는 천문학적 금액이 쏟아졌다. 로스앨러모스의 비밀 연구소부터 테네시의 우라늄 농축 시설, 워싱턴의 플루토늄 생산 공장까지 미국 전역에 걸친 거대한 프로젝트였다. 민간 기업은커녕 웬만한 국가도 엄두를 낼 수 없는 규모였다.

반도체의 역사도 비슷하다. 앞서 살펴본 것처럼 정부와 군대에서 반도체를 구매하지 않았다면, 반도체산업 자체는 태동하지 못했을 것이다. 냉전의 상징과도 같은 ICBM이나 핵잠수함은 더 말할 것도 없다. 한 발에 도시를 날려 버리는 미사일, 몇 달간 잠수한 채 대양을 누비는 잠수함. 이런 무기들은 국가가 총력을 기울여야만 개발할 수 있었다. 소련은 우주개발을 포기하면서까지 핵잠수함 건조에 매달렸고, 미국은 복지 예산을 깎아 가며 미사일 방어 시스템을 구축했다. 초강대국 조차 숨이 막힐 정도의 투자였다. 하지만 아이러니하게도 이렇게 막대한 세금을 쏟아부은 군사기술들은 결국 민간의 삶을 혁명적으로 바꿔놓았다. 원자력은 전기를 생산했고, 반도체는 컴퓨터와 스마트폰을 만들었다. 미사일 기술은 인공위성을 쏘아 올렸다. 파괴를 위해 태어난 기술이 문명의 도약대가 된 것이다.

앞서 다룬 DARPA는 정부 주도 기술 개발의 정점을 보여 준 사례다. 이들이 만든 아파넷, GPS, 스텔스 기술, 드론 등은 현대 문명을 바꿨다고 해도 과언이 아니다. 이런 기술들의 공통점은 처음에는 군사목적으로 개발됐다가 나중에 민간으로 확산됐다는 것이다. 인터넷은 핵전쟁에서도 살아남을 통신망으로 시작했고, GPS는 미사일을 정확히 유도하기 위한 시스템이었다. 실제로 GPS는 걸프전 당시 군사 전략의 정밀도를 높이는 데 결정적 역할을 했다.

그런데 아이러니하게도 걸프전에서는 군사용 GPS 장비가 부족해 민간용 GPS 장비를 대량으로 사용해야 했다. 당시 민간용 GPS는 선택적 가용성SA, Selective Availability이라는 의도적 오차 삽입으로 최대 100미터 정도의 오차가 있었다.[57] 하지만 걸프전을 계기로 SA 제거에 대한 요구가 지속적으로 나왔으며, 결국 2000년 5월 1일 클린턴 대통령이 SA를 완전히 해제하면서 민간도 군사적 제약 없이 정확한 GPS를 사용할 수 있게 되었다. 이로써 우리는 지금의 정밀한 내비게이션과 위치 서비스를 누릴 수 있게 된 것이다.

정부가 먼저 개발하고, 통제하고, 필요에 따라 민간에 개방하는 방식. 이것이 20세기 기술혁신의 철칙이었다. 정부의 손에서 태어난 기술이 수십 년의 시간을 거쳐 천천히 민간으로 흘러들었다. 이런 압도적 성과 덕분에 《이코노미스트》는 DARPA를 '현대 세계를 설계한 기관'이라고까지 평가했다.[58] 이런 상황에서 개인이나 민간 기업이 홀로 전쟁의 판도를 바꾼다는 건 상상조차 하기 어려운 일이었다. 기술은 곧 권력이었고, 권력은 국가가 독점했다.

하지만 21세기 들어 이 견고한 질서에 균열이 생기기 시작했다. 실리콘밸리의 차고에서, 대학 기숙사에서, 심지어 십 대들의 방에서 세상을 뒤흔들 기술들이 탄생하기 시작한 것이다. 그리고 놀랍게도, 이제는 SNS에서 농담을 던지다가 로켓을 쏘아 올리는 괴짜 CEO나 벤처캐피털의 지원을 받는 스타트업이 전쟁의 미래를 좌우하는 시대가 열렸다. 국가의 독점이 무너지고, 민간의 시대가 시작된 것이다.

전쟁을 바꾸는
한 남자의 결정

2022년 2월 26일, 우크라이나의 부총리이자 디지털전환부 장관 미하일로 페도로프는 절박한 심정이었다. 러시아군의 집중 폭격으로 우크라이나의 통신망은 하나둘 무너지는 상황. 평시라면 국제 협력 요청서를 작성하고, 외교 채널을 통해 승인을 받고, 긴 협상을 거쳐 외국의 원조를 요청해야 했다. 하지만 전쟁에는 그런 여유가 없었다.

서른한 살의 젊은 부총리였던 페도로프는 트위터(현 X)를 활로로 택했다. 그는 테슬라와 스페이스X의 CEO인 일론 머스크에게 바로 트윗을 보냈다. "당신이 화성을 식민지로 만드는 동안, 러시아는 우크라이나를 점령하려 하고 있습니다! 당신의 로켓이 우주에서 성공적으로 착륙하는 동안, 러시아의 로켓은 우크라이나 민간인을 공격하고 있습니다."[59] 공개된 SNS 플랫폼에서 한 국가의 장관이 민간 기업 CEO에게 직접 도움을 요청한 것이다. 전례가 없는 일이었다.

놀랍게도 머스크의 답은 빨랐다. 단 10시간 만에 그는 "스타링크 서비스가 우크라이나에서 활성화됐다"라고 답했다. 그리고 이틀 후인 2월 28일, 트럭 가득 실린 스타링크 단말기가 우크라이나에 도착했다. 페도로프가 올린 트위터 사진 속 상자들은 전쟁 초기 러시아 미사일 공격으로 마비된 우크라이나 통신시스템을 빠르게 복구하는 데 핵심 역할을 했다.

스타링크는 스페이스X가 쏘아 올린 수천 개의 저궤도 위성으로 구성된 인터넷 서비스다. 지상 인프라가 파괴되어도 하늘의 위성과 직접 통신하기에 끊어지지 않는다. 러시아군이 기지국을 폭격하고 케이블을 절단해도 소용없다. 우크라이나군은 참호에서도, 폐허가 된 도시에서도 인터넷에 접속할 수 있었다.

효과는 즉각적이었다. 최전선 부대들은 실시간으로 정보를 공유할 수 있었다. 스타링크 연결망을 통해 우크라이나군은 드론을 조종하였고, 포병부대는 드론이 전송한 영상을 보며 정확한 좌표를 입력했다. 암호화된 스타링크 네트워크에서 지휘관과 병사들은 현장에서 찍은 사진과 좌표를 주고받으며 공격 목표를 신속히 선정할 수 있었다. 2023년 말까지 우크라이나는 총 4만 7,000여 개의 스타링크 단말기를 확보했으며, 스타링크는 사실상 우크라이나군 통신의 표준 인프라로 자리 잡으며 목숨줄이 되었다.[60]

하지만, 이 목숨줄의 스위치를 쥐고 있는 건 머스크 개인이었다. 2022년 가을, 우크라이나군이 크림반도 근처 러시아 흑해함대를 공격하려던 순간이었다. 해상 드론(무인 수상정)이 목표물에 접근하던 중 갑자기 통신이 끊겼다. 우크라이나 정부는 당시 흑해함대가 주둔한 세바스토폴● 일대에서 스타링크를 활성화해 달라고 긴급 요청했으나, 머스크는 이를 거부했다. 그는 나중에 이 공격을 러시아 측이 핵전쟁으로 여길 수 있었다며 자신의 결정을 정당화했다.[61]

우크라이나 정부는 당황했다. 국가의 군사작전이 한 개인의 판단에 좌지우지되는 상황이 벌어진 것이다. 페도로프는 다시 머스크에게 간청했지만 소용없었다. 머스크는 스타링크가 방어 목적으로만 사용되어야 한다는 입장을 고수했다. 실제로 스페이스X는 이후 군용 드론 조종 등에 스타링크가 사용되지 못하도록 기술적 제한을 가하기 시작했다.[62]

이는 전쟁사에 전례가 없는 일이었다. 과거에는 무기 제조사가 정부에 무기를 납품하면 그것으로 끝이었다. 크루프가 대포를 팔았을

● 크림반도 최대 도시로 러시아 흑해함대 본부가 있는 부동항. 원래 우크라이나 영토였으나 러시아가 2014년 무력으로 점령·병합했다. 지중해·대서양 진출의 핵심 거점이자 러시아 해군력의 상징이다. 우크라이나가 탈환하기 위해 공격을 시도해 왔다.

때, 그는 대포가 언제 어떻게 발사될지 결정하지 않았다. 하지만 머스크는 달랐다. 그는 실시간으로 자신의 기술이 어떻게 사용되는지 통제할 수 있었고, 실제로 그렇게 했다.

더 복잡한 문제도 있었다. 스타링크 서비스 비용이다. 초기에는 머스크가 자비로 지원했지만, 시간이 지나면서 더 이상 무료로 제공할 수 없다고 선언했다. 우크라이나에 제공된 스타링크 서비스 비용이 월 2,000만 달러에 달한다는 보도도 나왔다. 결국 미국 국방부가 나서서 비용을 대신 지급하기로 하였다.[63] 민간 기업의 서비스가 국가 안보의 핵심 인프라가 되어 버린 순간이다.

이 사태는 우리에게 깊은 질문을 던진다. 전쟁의 도구를 만드는 것과 그것을 통제하는 것은 다른 문제다. 과거에는 양자가 분리되어 있었다. 민간이 무기를 만들고, 국가가 그것을 사용했다. 하지만 디지털 시대의 무기는 다르다. 제조자가 원격으로 온(on) 혹은 오프(off)를 결정할 수 있다. 킬 스위치가 제조사의 손에 있는 것이다. 국가가 아무리 많은 돈을 주고 구매했더라도, 심지어 전쟁의 한복판에서도, 제조자가 마음만 먹으면 언제든 작동을 멈출 수 있다. 이는 주권국가의 군사 주권이 민간 기업에 종속되는 전례 없는 상황을 만들어 냈다.

머스크는 자신이 "전쟁에 연루되고 싶지 않다"라고 말했다. 스타링크는 원래 오지 주민들이 넷플릭스를 보고 온라인 수업을 들을 수 있도록 만든 것이라고 했다. 하지만 이미 그의 기술은 전쟁 한복판에 있다. 우크라이나군은 스타링크 없이는 제대로 싸울 수 없는 지경이 되어 버렸다.

인간 없는 전쟁

21세기 전쟁은 이렇게 변했다. 정부가 모든 것을 통제하던 시대는 끝났다. 이제는 실리콘밸리의 CEO가, 시애틀의 클라우드 엔지니어가, 그리고 AI를 개발하는 스타트업이 전쟁의 향방을 좌우할 수 있다. 기술의 발전 속도가 너무 빨라서 정부가 따라잡을 수 없기 때문이다. 한 개인의 변덕이, 한 기업의 정책이 국가의 운명을 좌우할 수 있는 시대. 그렇다면 기업은 현대 전장에서 구체적으로 어떤 영향을 미치고 있을까? 특히 AI 혁명을 주도하는 기업들은 어떤 식으로 전쟁과 연결되고 있을까?

AI 시대의 권력 이동, 백악관에서 실리콘밸리로

역사를 되돌아보면, 기술혁신의 주도권은 늘 국가가 쥐고 있었다. 1960년대 미국 연방 정부의 R&D 투자는 전체 R&D 예산의 67퍼센트를 차지했다. NASA가 달 탐사를 주도하고, DARPA가 인터넷의 전신인 아파넷을 만들던 시절이다. 2020년대 들어 이 비율은 20퍼센트대로 떨어졌다.[64] 반면 구글 한 회사의 연간 R&D 투자액은 500억 달러에 육박한다.[65] 이는 NASA 전체 예산의 거의 두 배에 달하는 규모다.[66]

무엇보다 충격적인 건 인재의 이동이다. 1969년 아폴로 11호가 달에 착륙했을 때, MIT 최고의 엔지니어들은 NASA에서 일하는 걸 최고의 영예로 여겼다. 하지만 지금 스탠퍼드 컴퓨터공학과 졸업생 대부분은 구글, 메타, 오픈AI 같은 민간 기업으로 향한다. 그도 그럴 것이, 스탠퍼드 컴퓨터공학과 학사 졸업생의 평균 연봉은 대략 13만 달러 수준이다.[67] 심지어 최근 AI 기업들은 수십억에서, 많게는 수천억 원에 달하는 연봉 패키지를 제안하며 AI 인재를 영입하고 있다. 이런 상황에서 정부 기관은 민간 기업과 인재 영입을 놓고 경쟁할 수 없다.

세계 최고의 인재들이 모인 이들 기업은 점차 정부의 영역이던 군사기술 개발에도 발을 들여놓기 시작했다. 대표적인 사례가 바로 구글이다. 한때 구글의 비공식 모토는 "사악해지지 말자(Don't be evil)"였다. 창업자 래리 페이지와 세르게이 브린은 기술이 인류를 이롭게 해야 한다고 믿었다. 하지만 2017년, 구글이 펜타곤의 '프로젝트 메이븐'에 참여한다는 소식이 알려지면서 실리콘밸리가 발칵 뒤집혔다.

프로젝트 메이븐은 AI를 활용해 드론이 촬영한 영상에서 사람과 사물을 자동으로 식별하는 프로그램을 개발하는 사업이었다. 표면적으로는 단순한 이미지 분석 기술이었지만, 실제로는 표적 식별과 공격에 활용될 수 있었다. 구글 직원 3,000명 이상이 반대 청원에 서명했고, 수십 명이 항의의 표시로 사직했다.[68] 결국 '캔슬메이븐' 캠페인에 굴복한 구글은 2018년 6월 프로젝트 메이븐 계약을 갱신하지 않겠다고 발표했다.

하지만 2021년 구글과 아마존은 이스라엘 정부와 12억 달러 규모의 '프로젝트 님버스' 계약을 체결했다. 클라우드 서비스 제공이라는 명목이었지만, 군사 목적 사용 가능성을 배제하지 않았다. 그리고 이번엔 구글의 태도가 180도 달랐다. 2024년 5월, 프로젝트 님버스에 대한 투명한 정보 공개와 책임을 요구하며 시위를 벌인 직원 50여 명을 전격 해고했다. 일부는 이 과정에서 체포되기까지 했다.[69] 메이븐 때와는 완전히 다른 강경 대응이었다. 한때 '사악해지지 말자'를 외치며 직원의 목소리에 귀 기울이던 구글이, 이제는 국방 계약에 반대하는 목소리를 힘으로 억누르는 기업이 된 것이다.

더 극적인 변화는 오픈AI에서 일어났다. 2015년 창립 당시 오픈AI는 '인류 전체에 이익이 되는 AI'를 만들겠다며 비영리 조직으로 출발했다. 창립 선언문에는 이런 내용이 있다. "우리의 목표는 AI가 특정 국가나 기업이 아닌 인류 전체를 위해 사용되도록 하는 것이다."

하지만 2024년 1월, 오픈AI는 기존 정책을 뒤집고 군사 목적 AI 개발을 허용한다고 발표했다. 불과 1년 전까지만 해도 군사 무기 개발에는 참여하지 않겠다던 회사가 말이다. 변화의 신호는 이미 있었다. 백악관을 수차례 방문하며 정부와 소통을 이어 간 샘 올트먼은 언론과의 인터뷰에서 자신의 입장을 분명히 했다. "민주주의 국가들이 AI 개발을 주도해야 한다. 권위주의 국가에 이 기술을 넘겨줄 수는 없다."[70]

그리고 2024년 12월, 오픈AI는 방산 스타트업 안두릴Anduril과 손잡고 AI 기반 드론 방어 시스템 개발에 참여한다고 공식 발표했다. 안두릴은 성명에서 "오픈AI와 파트너십을 통해 그들의 세계적 수준의 AI 전문성을 활용하여 전 세계의 긴급한 방공 능력 격차를 해결할 것"이라며 "군사와 정보 운용자들이 더 빠르고 정확한 결정을 내릴 수 있도록 하는 책임감 있는 솔루션 개발에 전념하고 있다"라고 밝혔다.[71]

구글과 오픈AI의 경우, 아직은 전장에 활용되는 여러 기반 시설의 핵심 인프라를 제공하거나, 실전 투입 전인 군사 프로젝트를 수행하는 정도다. 반면 팔란티어의 AI 플랫폼은 이미 우크라이나전쟁에서 실전 배치되어 다양한 임무를 수행하고 있다. 이렇게 정부 및 국방 분야와 긴밀히 연관되어 있어서인지 팔란티어는 높은 주가 상승률을 기록하며 이른바 '서학 개미'들에게도 투자처로 큰 인기를 끌고 있다. 팔란티어가 실제 전장에서 어떤 활약을 펼치고 있는지는 3장에서 더욱 자세히 다뤄 보겠다.

*
* *

이처럼 실리콘밸리의 기업들이 사령관인 시대가 왔다. 이런 현상을 두고 일부 학자들은 '기술 봉건주의techno-feudalism'라는 용어까지 만들어 냈다. 중세 봉건영주들이 영토와 군사력을 바탕으로 권력을 행사했듯이, 오늘날엔 기술 대기업들이 데이터와 인프라를 무기로 국가 못지않은 영향력을 행사한다는 것이다.

실제로 숫자가 이를 뒷받침한다. 2024년 기준으로 애플의 시가총액은 3조 달러를 넘어 프랑스의 GDP와 맞먹는다. AI 기업이 사용하는 데이터센터의 총 전력 소비량은 1~2년 내 캐나다, 5년 내 일본의 국가 전체 전력 소비량과 비슷해질 전망이다.[72] 메타의 주요 소셜미디어 서비스(페이스북, 인스타그램, 왓츠앱 등)의 월간 활성 사용자(MAU) 수는 30억 명을 넘었으며,[73] 중국과 인도 인구를 합친 것보다 많다.

더 우려스러운 건 이들 기업이 점점 더 국가의 핵심 기능을 대체

인간 없는 전쟁

하고 있다는 점이다. 에스토니아는 정부 시스템의 핵심 서비스를 마이크로소프트 클라우드로 이전했고, 인도는 전 국민 대상 디지털 신원 확인 시스템을 구글과 함께 구축했다. 마리에체 샤케 스탠퍼드대학교 사이버정책센터 국제정책 디렉터는 자신의 저서를 통해 이제 테크 CEO가 국가 기능의 목숨줄을 쥐고 있다는 경고 메시지를 보냈다.[74]

역사는 기술이 권력의 원천임을 보여 줬다. 증기기관을 가진 영국이 세계를 지배했고, 대량생산과 첨단 기술을 완성한 미국이 패권을 차지했다. 이제 AI 시대, 기술을 쥔 자는 국가가 아니라 기업이다. 그리고 그 기업을 이끄는 개인들이 전쟁과 평화를 좌우할 힘을 갖게 됐다.

이것은 축복일까, 저주일까? 아직은 알 수 없다. 분명한 건, 우리가 새로운 시대의 문턱에 서 있다는 것이다. 때마침 역사는 우리에게 잔인하지만 완벽한 실험장을 제공했다. 2022년 시작된 러시아-우크라이나 전쟁. 20세기 전쟁의 문법을 고수하는 구소련의 후예와, 21세기 기술로 무장한 디지털 국가의 충돌. 이 전쟁은 우리가 1장에서 논의한 모든 변화가 어떻게 현실에서 작동하는지를 생생히 보여 주는 거대한 실증 사례가 되었다.

수십만 원짜리 드론이 수십억 원짜리 전차를 파괴하고, 스마트폰 하나가 포병대대의 화력을 유도하며, 민간 기업의 위성이 국가의 생존을 좌우하는 현장. 그곳에서 우리는 21세기 전쟁의 진짜 모습을 목격하게 된다.

2장.

게임 체인저 드론의 부상, 러시아-우크라이나 전쟁의 민낯

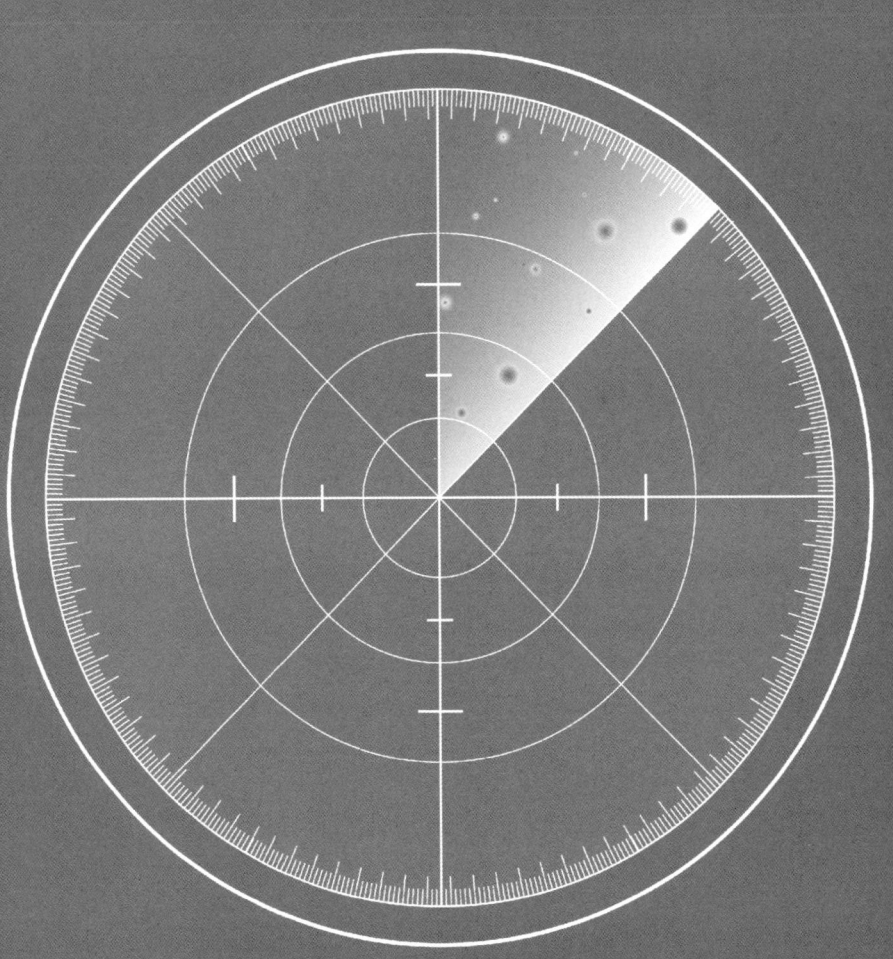

1.
가성비를 앞세운 드론,
러시아 기갑부대를 막아 내다

기갑 군단의 붕괴,
새로운 전쟁이 시작되다

2022년 2월 27일, 막사테크놀로지스^{Maxar Technologies}사의 위성사진이 전세계 언론에 공개됐다. 우크라이나의 수도 키이우로 향하는 도로에 러시아군 전차와 장갑차, 각종 군용차량이 약 64킬로미터에 걸쳐 늘어서 있었다. 병력만 1만 5,000명으로 추산되는 이 거대한 행렬은 제2차 세계대전 이후 유럽에서 목격된 가장 규모가 큰 기갑부대였다.[1] 언론은 이를 '40마일 콘보이(convoy, 호송대)'라 명명하며 대대적으로 보도했고, 국제사회의 이목이 쏠렸다.

키이우로 향하는 거대한 기갑부대 종대. 이를 되돌릴 방법은 없어 보였다. 주변 상황도 절망적이었다. 기갑 종대는 키이우 외곽 불과

27킬로미터 지점까지 접근했다. 대통령궁에서 북동쪽으로 28킬로미터 떨어진 호스토멜 공항을 향해서는 러시아 헬기 34대가 수백 명의 병사를 태우고 날아갔다. 러시아 특수부대와 용병 그룹은 키이우 시내에 침투해 젤렌스키를 포함한 국가 지도부를 납치하거나 암살하려는 작전을 펼쳤다.[2]

그런데 기묘한 일이 벌어졌다. 러시아군의 호스토멜 공항 점령 작전은 우크라이나군의 저항에 막혔다. 젤렌스키를 비롯한 고위층 인사에 대한 테러 역시 실패로 돌아갔다. 무엇보다 전 세계를 충격에 빠뜨린 것은 러시아 기갑부대가 앞으로 나아가지도 못하고 뒤로 물러서지도 못한 채 멈춰 선 장면이다. 3월 11일이 지나자 러시아 기갑부대는 키이우 주변에서 재배치를 시작했고, 3월 말에는 결국 철수했다. 위성사진에는 도로 곳곳에서 불타거나 버려진 차량들이 포착됐다. 공개적으로 접근할 수 있는 정보를 수집하고 분석하는 오픈소스 인텔리전스OSINT 그룹 중 하나인 오릭스가 사진과 영상으로 확인된 손실만을 집계한 결과, 러시아는 2022년 4월 기준 전차와 장갑차를 최소 400대 이상 잃은 것으로 나타났다.[3] 이는 시각적으로 확인된 최소치로, 실제 손실은 더 클 것으로 추정된다.

무엇이 이 거대한 군사력을 막아선 것일까?

답의 일부는 '아에로로즈비드카'라는 우크라이나 드론 부대에 있었다. 2014년 창설된 이 자원봉사 단체는 원래 IT 전문가와 드론 애호가들이 모인 소규모 그룹이었다. 이들은 주말마다 모여 드론을 날리며 항공촬영을 즐겼다. 하지만 전쟁이 시작되자 이들의 취미는 무기가 됐다.

호스토멜 전투에서 무력화된 러시아의 전투차량(위)
호스토멜 전투에서 파괴된 우크라이나의 An-225 화물기 잔해(아래)

인간 없는 전쟁

2022년 2월 28일, 야간 투시경을 착용한 우크라이나 드론 부대원 30여 명이 사륜 오토바이를 타고 키이우 북서쪽 숲을 가로질러 이동했다. 아에로로즈비드카 소속인 이들은 러시아군 대행렬이 멈춰 선 곳에서 하차했다. 어둠 속에서 그들이 꺼내 든 것은 조립식 드론이었다. 8개 로터(회전 날개)를 가진 1.5미터 크기의 이 드론들은 대전차 수류탄과 로켓 추진 폭탄을 탑재할 수 있었다.[4] 열화상 카메라를 통해 러시아군 차량들의 뜨거운 엔진이 어둠 속에서 선명하게 드러났다. 드론 조종사들은 행렬 선두의 전차들과 무엇보다 중요한 보급 차량을 향해 폭탄을 투하했다. 선두 전차가 화염에 휩싸인다. 파괴된 전차들이 좁은 도로를 막아 버리자 뒤따르던 수백 대의 차량들이 꼼짝없이 갇히고 말았다. 도로를 벗어나려던 차량들은 우크라이나의 봄 진흙탕에 빠져 움직일 수 없게 된다. 우크라이나의 2월 말은 '라스푸티차'라고 불린다. 겨울에 얼었던 땅이 녹으면서 도로가 전차도 빠져나올 수 없는 늪이 되는 시기다. 나폴레옹도, 히틀러도 이 진흙 때문에 오도 가도 못했는데, 21세기 러시아군 역시 같은 함정에 빠진 것이다.

부대의 사령관인 야로슬라프 혼차르 중령은 《가디언》과의 인터뷰에서 이렇게 증언했다. "러시아군 선봉대가 난방도, 연료도, 폭탄도, 가스도 없이 갇혀 버렸다. 그리고 이 모든 일이 단 30명의 작업으로 일어났다."[5] 그들은 멈추지 않았다. 같은 전술로 러시아군의 핵심 보급 창고까지 공격했다. 이때 러시아군의 치명적 약점이 드러났다. 64킬로미터에 달하는 기갑 행렬을 유지하려면 어마어마한 연료가 필요하다. 이동할 때뿐만 아니라 대기 중에도 난방과 전자 장비 가동을 위해 연료를 소모해야 했다. 드론 공격으로 보급로가 차단되면서 연료가 바닥나기 시작한 것이다.

설상가상으로 러시아군의 병참 시스템 자체에 근본적 결함이 있었다. 러시아군은 소련 시절부터 철도 중심의 보급 체계를 유지해 왔다. 철도역에서 전선까지는 트럭으로 수송하는데, 러시아군은 철도역에서 150킬로미터 이상 떨어진 거리에 병력과 장비를 트럭으로 지속 보급할 능력이 없었다.[6] 문제는 우크라이나가 개전 초기 키이우 주변 철도를 모두 파괴했다는 점이다. 가장 가까운 철도역은 벨라루스 국경 근처였고, 키이우까지 트럭으로 100~200킬로미터를 운송해야 하는 상황이 벌어졌다. 병참선이 길어지자 보급 효율이 급락했다.

영국 왕립합동군사연구소[RUSI]의 잭 와틀링 박사는 러시아군이 철도에만 의존하다 보급이 막힌 것을 키이우 공세 실패의 주요 원인으로 꼽았다.[7] 미국 전쟁연구소[ISW] 역시 러시아군이 제2차 세계대전과 냉전 시대의 기갑 전술을 그대로 답습하려 했다고 지적했다.[8] 19세기 철도 중심 병참과 20세기 기갑 전술로 21세기의 적을 상대한 러시아. 이런 시간 차가 결국 키이우로 가는 러시아군의 발목을 잡고 만다.

실제로 러시아군의 작전 계획 자체가 시대착오적이었다. 유출된 작전 문서에 따르면, 러시아군은 초단기간에 키이우를 점령하고, 후속 부대가 질서를 유지할 계획이었다. 이는 1968년 체코슬로바키아 침공, 1979년 아프가니스탄 침공과 거의 동일한 시나리오였다. 당시에는 소련 공수부대가 수도 공항을 점령하고, 기갑부대가 진입하면 끝이었다. 하지만 2022년 우크라이나는 달랐다. 무엇보다 정보의 비대칭이 사라

인간 없는 전쟁

졌다. 과거 전쟁에서 정찰은 특수부대나 공군의 전유물이었다. 그러나 이제는 누구나 아마존에서 수십에서 수백 달러만 내면 드론을 살 수 있다. 저가 드론에 장착된 카메라는 4K 해상도는 기본이고 수십 배 줌인도 가능하다. 고도 500미터에서도 차량 번호판을 읽을 수 있는 수준이다.

결국 3월 초, 러시아군은 전술 변경을 시도했다. 행렬을 분산시키고 야간 이동을 금지했다. 하지만 이미 늦었다. 부대가 분산되면서 통신과 보급은 더 어려워졌고, 일부는 길을 잃기까지 했다. 가장 극적인 장면은 3월 9일 벌어졌다. 비극의 주인공은 러시아가 자랑하는 최정예 제331 공수연대였다. 이 부대는 발칸반도와 체첸은 물론 2014년 러시아가 우크라이나 동부 돈바스 지역에 개입할 때도 투입됐으며, 모스크바 붉은광장 전승 기념 군사 행진에도 참여하는 '최고 중의 최고' 부대로 꼽혔다. 그 제331 공수연대가 키이우 북동쪽 외곽 지역에서 매복 공격을 받았다. 선두 차량이 대전차 미사일에 맞아 도로를 막자 후속 차량들이 갇혔다. 그리고 하늘에서 드론들이 나타났다. 이번에는 아에로로즈비드카뿐 아니라 우크라이나 정규군 드론 부대, 심지어 민간 자원봉사자들까지 가세했다. 결국 연대장 세르게이 수카레프 대령을 포함해 장교와 병사 최소 수십 명이 사망했으며, 한 번의 전투로 연대 지휘 체계가 붕괴할 정도의 중대한 피해를 보았다. 우크라이나군은 제331 공수연대가 전멸당했다고 주장하기도 했다.[9]

3월 말이 되면 러시아군은 키이우를 포위하지 못하고 벨라루스로 철수하게 된다. 이유는 여러 가지가 있다. 한 미국의 군사 전문가는 러시아군의 실패 원인을 다음과 같이 분석했다. 좁은 도로에 일렬로 늘어선 러시아 기갑부대는 앞뒤로 우크라이나군의 공격을 받으면서도 측면으로 기동할 수 없었다. 도로 양옆의 장애물과 진흙탕, 그리고 연료 부족이 발목을 잡았다. 여기에 러시아군 내부의 부패 문제까지 겹쳤다. 군 간부들이 예산을 빼돌리면서 저질 부품을 조달하는 바람에 차량들이 제대로 작동하지 않았던 것이다.[10]

40마일 콘보이의 실패. 이는 전쟁의 양상을 완전히 바꿔 놓았다. 러시아는 애초 계획했던 신속한 수도 함락 시나리오를 포기하고, 우크라이나 동부 돈바스 지역으로 주공을 전환했다. 그리고 러시아-우크라이나 전쟁은 지리멸렬한 소모전으로 변질됐다. 국력이 앞서는 러시아가 야금야금 우크라이나 영토를 잠식해 갔지만, 속도는 현저히 느렸다. 2025년 현재까지 양국은 소모전을 반복하고 있다. 러시아가 손쉽게 이길 것으로 예상했던 이 전쟁은 6·25전쟁보다 오래 지속되고 있다. 여기에는 우크라이나군이 키이우에서 보여 준 것처럼 값싼 드론과 대전차 미사일로 러시아 기갑부대를 끈질기게 저지하고 있는 것이 한몫했다. 특히 드론이 보여 준 파괴력은 충격적이었다.

그리고 이것은 시작에 불과했다. 전쟁이 장기화되면서 드론 기술은 더욱 발전했고, 양측 모두 새로운 전술을 개발했다. 소형 민간 드론부터 장거리 자폭 드론까지, 이제 전장은 무인기들의 각축장이 되어 가고 있다.

'가성비 전쟁 시대'의 도래

모든 전쟁에는 그 시대를 상징하는 '히트 상품'이 있었다. 1차 세계대전의 기관총과 독가스, 2차 세계대전의 전차와 전투기는 전장의 판도를 바꿨다. 20세기 말부터 21세기 초에 벌어진 전쟁들에서도 저마다 독특한 아이콘이 등장하기 시작했다.

1991년 걸프전의 아이콘은 단연 미디어였다. 인류 역사상 처음으로 전쟁이 실시간 TV로 생중계되었다. 전 세계 시청자들은 안방에서 바그다드 상공을 가로지르는 토마호크 미사일의 궤적을 지켜봤다. 밤하늘을 수놓는 대공포화, 정밀유도폭탄이 건물 한 채만 골라 파괴하는 장면. 마치 비디오게임을 보는 것만 같았다. CNN의 버나드 쇼가 바그다드 호텔 창문 너머로 폭격을 실황 중계하는 모습은 전설로 남았다. 이때부터 전쟁은 단순한 군사작전이 아닌 거대한 '미디어 이벤트'가 되었다. 여론이 전쟁의 향방을 좌우하는 시대, 카메라가 총보다 강력한 무기가 될 수 있는 시대가 열린 것이다.

1999년 코소보전에서는 또 다른 아이콘이 등장했다. 세르비아군이 코소보 지역에서 자행한 인종청소를 막기 위해 개입한 나토[NATO]군은 미국과 유럽을 주축으로 구성되어 있었고, 이 나라들은 자국 군인의 인명 손실에 극도로 민감했다. 그래서 나토는 78일의 작전 동안 지상군을 단 한 명도 투입하지 않고 순전히 공중폭격만으로 전쟁을 수행했다. 이 기간 나토는 2만 3,000발이 넘는 폭탄과 미사일을 쏟아부었는데, 그중 35퍼센트가 정밀유도무기였다.[11] 9퍼센트에 불과했던 걸프전과 비교하면 획기적인 증가였다.[12] 하지만 여기에는 함정이 있었다. 정밀유도무기는 정확했지만 너무 비쌌다. 공대지 장거리 스텔스 미사일은 당시 기준 대당 40만에서 70만 달러, 토마호크 순항미사일은 대당 73만 달러나 했다. 현재 이 무기들의 최신 버전은 각각 대당 100만, 200만 달러에 달한다. 당시 작전에서 사용한 전체 탄약 비용의 대부분을 정밀유도무기가 차지했다. 서방 세계는 말 그대로 '돈으로 때리는' 전쟁을 한 셈이다. 코소보전은 첨단 기술의 승리처럼 보였지만, 동시에 지속 가능하지 않은 전쟁 방식의 한계를 드러낸 사례이기도 했다.

그리고 2001년 아프가니스탄전쟁, 2003년 이라크전쟁에서 미국의 뒤통수를 치는 진정한 '가성비' 무기가 등장한다.

혹시 '알라의 요술봉'이란 단어를 들어 본 적 있는가? 소련제 대전차 로켓 RPG-7을 가리키는 별명이다. RPG-7은 간단하고 저렴하면서도 강력한 파괴력으로 중동 전역에서 사랑받던 무기였다. 전력이 극단적으로 밀리는 세력은 이처럼 가성비 무기에 의존할 수밖에 없다. 하지만 이라크전에서는 더 극단적인 가성비 무기가 등장했으니, 바로 IED(improvised explosive device), 즉 급조폭발물이었다.

IED 제작법은 충격적일 정도로 단순하다. 구식 폭탄이나 박격포탄을 구한다. 여기에 비료나 화학물질을 섞어 폭발력을 높인다. 기폭장치는 더 간단하다. 휴대전화, 리모컨, 심지어 세탁기 타이머까지 활용했다. 당연히 제작 비용은 터무니없이 저렴했다. 게다가 일반적인 군수 생산 체계를 벗어났기에 개인이 손쉽게 만들 수 있었다.

이 저렴한 폭탄이 일으킨 피해는 상상을 초월했다. 마이클 바베

미군의 보호를 받는 세르비아 민간인(위)과 알바니아 아이들(아래)

로 전 미 육군 중장은 "30달러짜리 비료로 1억 달러짜리 첨단 무기를 무력화시켰다"며 IED의 위력을 요약했다.[13] 실제 전장에서 IED는 미군이 정찰과 수송에 활용하는 소형전술차량 험비HMMWV를 수없이 파괴했다. 험비 한 대 가격이 22만 달러임을 고려하면, 교환비는 무려 1대 7,300에 달한다. 대더 충격적인 건 인명 피해였다. 2020년까지 이라크에서 사망한 미군 4,576명 중 상당수가 IED로 목숨을 잃었다. 미국 의회 소속 기관인 의회조사국CRS의 보고서에 따르면, 미군 사망자의 48퍼센트가 IED로 인한 것으로 나타났다.[14] 부상자까지 포함하면 그 수는 훨씬 더 늘어난다.

IED의 진짜 무서운 점은 예측 불가능성이다. 도로 어디에나 묻을 수 있고, 차량 어디에나 숨길 수 있다. 미군은 매일 다니던 길도 의심하며 다녀야 했다. 콜라 캔, 동물 사체, 심지어 콘크리트 연석까지 모든 것이 폭탄일 수 있었다. 이런 공포는 병사들의 정신을 갉아먹었다. PTSD(외상 후 스트레스 장애)에 시달리는 참전 용사가 급증한 이유 중 하나가 바로 IED였다.

미군은 IED에 대응하기 위해 천문학적인 돈을 쏟아부었다. 지뢰나 IED에 대한 방호 기능을 갖춘 MRAP 장갑차를 개발했는데, 2008년까지 MRAP 차량 1만 5,000대 이상을 확보하기 위해 미국은 220억 달러 이상을 투입했다.[15] 대당 가격이 100만 달러 이상인 셈이다. V 자형 차체로 폭발 충격을 분산시키는 이 차량은 확실히 효과적이었다. 하지만 30달러 폭탄 때문에 100만 달러를 써야 한다는 사실 자체가 이미 IED의 승리였다.

결국 미국은 아프가니스탄과 이라크에서 천문학적인 비용을 치르고도 빈손으로 돌아서야 했다. 브라운대학교 '전쟁 비용 프로젝트'에 따르면, 2001년부터 2021년까지 미국이 테러와의 전쟁에 쏟아부은 돈은 무려 8조 달러에 달한다.[16] 이는 미국 GDP의 3분의 1에 해당하는 금액이다. 그런데 그 결과는 어떤가? 2021년 8월, 미군이 아프가니스탄 카불 공항에서 황급히 철수하는 모습은 1975년 함락된 사이공(현재의 호치민)을 뒤로하고 베트남을 떠나던 미군의 모습을 떠올리게 했다. 탈레반은 20년 만에 권력을 되찾았고, 이라크는 여전히 혼란 속에 있다. 중동 전체는 미국의 개입 이전보다 더 불안정해졌다. 물론 이 모든 실패를 IED 탓으로만 돌릴 수는 없다. 정치적 실책, 문화적 몰이해, 부패한 현지 정부 등 수많은 요인이 있었다. 하지만 30달러짜리 폭탄도 한몫한 것만은 분명하다. 싸우려는 의지와 난관을 극복하려는 인내심이 첨단 무기를 능가할 수 있다는 사실을 IED는 생생하게 보여 줬다.

사실 전쟁에서 '효율성'을 추구하는 것은 오래된 이야기다. 가장 대표적인 사례 중 하나가 제2차 세계대전이다. 2차 대전의 전황이 치열하던 시기, 미국 전쟁부는 유럽과 태평양이라는 두 전선에서 동시에 수행되는 작전을 지휘해야 하는 전례 없는 과제에 직면했다. 방대한 규모의 군수물자를 효과적으로 배분하고 운송해야 했던 이 시기에 등장한 것이 바로 운용연구OR, operations research였다.

OR의 명칭에서 'operations'는 군사작전을 의미한다. 전쟁부는 수학자, 통계학자, 경영학자 등 다양한 분야의 전문가들을 소집하여 군사작전의 효율성을 극대화하는 임무를 부여했다. 이들은 수학적 모

1991년 쿠웨이트에서 퇴각하던 이라크군은 고속도로 위에서
미군의 융단폭격을 받는다. 해당 지역은 이후 '죽음의 고속도로'로 불리게 되며,
폐허가 된 도로의 사진은 걸프전을 대표하는 이미지로 남았다.

2005년 이라크의 수도 바그다드에서 발견되어 해체된 IED

인간 없는 전쟁

델링과 통계분석을 통해 보급로 최적화, 폭격 효과 분석, 자원 배분 등의 문제를 해결했다. 이 시기 주목할 만한 인물이 로버트 맥너마라였다. UC버클리를 졸업하고 하버드에서 최연소 조교수를 역임한 그는 육군 항공대에서 복무하며 폭격 작전의 효율성 분석을 담당했다. 특히 주요 전략 자산이자, 일본에 원자폭탄을 투하한 B-29 폭격기 도입 과정에서 핵심적 임무를 수행했다.

전후 OR 기법은 민간 부문으로 확산되어 경영학과 산업공학의 주요 연구 분야로 자리 잡았다. 맥너마라 역시 포드자동차로 이직하여 혁신적인 경영 성과를 달성했고, 1960년에는 포드 가문 외부 인사로는 최초로 사장직에 올랐다. 그러나 그의 민간 경력은 오래가지 않았다. 1961년 케네디 행정부는 그를 국방장관으로 지명했고, 이때 그가 내세운 비전은 명확했다. 국방부를 포드자동차처럼 운영하겠다는 것. 하버드 MBA 출신에 포드 사장을 지낸 그는 모든 것을 숫자로 관리할 수 있다고 믿었다. 그가 도입한 시스템 분석은 국방부의 의사 결정을 수치화했다. 전투기 한 대의 비용 대비 효과, 미사일 한 발의 명중률과 파괴력, 병사 한 명의 훈련 비용과 전투 효율성까지 모든 것이 시트에 담겼다.

미국의 국방장관직이 민간인에게만 허용된다는 사실은 문민통제라는 민주주의 원칙의 구현이다. 군 출신이 국방부를 이끄는 경우가 많은 한국과 달리, 미국은 민간 전문가가 군사 조직을 감독하도록 제도화했다. 이는 단순한 견제와 균형을 넘어 민간 부문의 경영 기법과 효율성을 국방 분야에 도입하려는 의도도 담겨 있다.

'미스터 컴퓨터' 맥너마라. 그의 재임 기간 중 가장 주목할 성과는 1962년 쿠바 미사일 위기의 평화적 해결이었다. 그러나 베트남전이 시작되자 그의 수치 중심 접근법은 치명적인 한계를 드러냈다. 그가 만든 핵심 지표는 적 사살 수였다. 브리핑을 통해 그는 죽인 베트콩 숫자를 보고받았고, 폭격기가 떨어뜨린 폭탄 톤 수도 중요한 지표로 관리했다. 그의 논리는 단순했다. 적을 죽이는 속도가 그들이 보충하는 속도보다 빠르면, 즉 크로스오버 포인트에 도달하게 되면 승리한다는 것이었다.[17] 하지만 현실은 그의 계산과 달랐다. 미군은 베트남에 총 766만 톤의 폭탄을 투하했다. 2차 대전 때 사용한 폭탄의 세 배가 넘는 양이었다.[18] 그럼에도 전쟁은 끝나지 않았고, 오히려 베트콩은 더 강해졌다. 맥너마라가 놓친 것은 전쟁이 숫자 게임이 아니라 의지의 싸움이라는 점이었다. 베트남인들에게 이 전쟁은 독립전쟁이었지만, 미국인들에게는 먼 나라의 일이었다.

가장 극적인 실패는 앞서 언급한 이글루 화이트 작전이다. 18억 달러를 투입한 이 전자 감시 시스템은 베트콩의 단순한 속임수에 무력화되었다. 베트콩은 가짜 트럭을 운행하고 센서 근처에서 폭죽을 터뜨려 미군을 교란시켰으며, 심지어 센서를 파내 엉뚱한 곳에 옮겨 놓기도 했다. 결국 맥너마라는 훗날 회고록에서 베트남전 확전 결정이 실책이었다고 스스로 인정하기에 이른다.

국방 분야의 효율성 추구는 얼핏 모순처럼 들리지만 실은 필수적인 목표다. 국방 예산은 투입만 있고 수익은 없다. 돈을 쏟아붓기만 할 뿐 돌아오는 건 없다는 얘기다. 그러니 제한된 자원으로 최대한의 억

지력을 뽑아내야 한다. 미국이 연간 수천억 달러를 국방비로 쓰면서도 끊임없이 효율을 따지는 이유다. 황새처럼 덩치 큰 강대국도 보폭을 좁히며 가성비를 따지는데, 뱁새 같은 작은 나라들에게 가성비는 필수 조건이 될 수밖에 없다.

그런 그들의 눈에 들어온 게 있었다. 드론이다. 공교롭게도 드론의 기초 기술은 베트남에서 처참하게 실패한 이글루 화이트 작전에서 나왔다. 센서와 데이터 링크, 원격 제어. 당시엔 베트콩의 간단한 속임수에도 속아 넘어갔던 기술들이 수십 년의 세월을 거쳐 완전히 다른 무기로 재탄생한 것이다. 실패한 '전자 울타리'가 '무인 드론'이라는 게임 체인저의 씨앗이 되었다. 역사의 아이러니가 아닐 수 없다.

가성비를 넘은 '갓성비' 드론

러시아-우크라이나 전쟁은 '세계 최초의 대규모 드론 전쟁'으로 기록될 만큼 드론이 전장의 주역으로 부상했다. 개전 초기만 해도 튀르키예제 바이락타르 TB2가 스타가 됐다. 대당 500만 달러인 이 중형 드론은 러시아 기갑부대의 전진을 막는 데 큰 공을 세웠다. 유튜브에 올라온 수십억 원짜리 러시아 전차들이 하늘에서 떨어진 폭탄에 속수무책으로 당하는 장면은 전 세계에 충격을 줬다.

하지만 진짜 혁명은 그다음에 일어났다. FPV(First Person View) 드론의 등장이었다. 원래 취미용으로 만들어진 드론을 우크라이나군이 무기로 개조하기 시작한 것이다. 개조 방법은 놀라울 정도로 단순했다. 중국제 드론 프레임에 카메라와 조종 장치를 달고 수류탄이나 RPG 탄두를 케이블 타이로 묶으면 끝이다. 우크라이나군이 사용하는 상용 드론의 경우 세부적인 편차는 있지만 대부분 50만 원 안팎이었다.

이 드론들이 보여 준 가성비는 충격적이었다. 러시아의 전차 손실 규모가 이를 증명한다. 제2차 세계대전 이후 지상전의 절대 강자는 전차였다. 두꺼운 장갑과 강력한 화력으로 전장을 지배하던 철의 괴물. 하지만 그 신화는 우크라이나 들판에서 산산조각 났다. 2025년 8월 기준, 러시아가 잃은 전차와 장갑차는 무려 1만 3,000대에 달한다.[19] 전체 손실 중 드론이 야기한 비중을 정확히 산출하기는 어렵지만, 우크라이나 총참모부는 상당수가 드론 공격으로 파괴됐다고 명시했다.

더욱 충격적인 건 러시아가 자랑하던 최신예 T-90 전차마저 드론 앞에서 무력했다는 사실이다. 대당 450만 달러, 한화로 약 60억 원에 달하는 이 전차가 50만 원짜리 드론에 격파당한 것이다. T-72와 T-80 같은 주력 전차들도 마찬가지였다. 200만에서 300만 달러를 호가하는 이 전차들 역시 드론의 먹잇감이 됐다.[20] BMP-2와 BMP-3 장갑차(대당 100만에서 200만 달러), 2S19 Msta-S 자주포(대당 200만 달러) 같은 고가 장비들도 예외는 아니었다.[21]

2025년 4월 16일에 벌어진 일은 가격 격차의 극단을 보여 준다. 우크라이나군이 러시아의 초고가 전자전 장비인 보리소글렙스크-2를 드론으로 격파한 것이다. 이 장비의 추정 가격은 최소 7,800만 달러에

　　　　　　　　　　　　　　　　　인간 없는 전쟁

기존의 무인기 바이락타르 TB2(위)
전장의 풍경을 바꿔 놓은 우크라이나군의 FPV 드론(아래)

서 최대 2억 달러. 우크라이나 측 추산으로는 한화 약 2,700억 원에 달한다. 일부 전문가들은 우크라이나전쟁에 투입된 러시아 무기 중 가장 비싼 것으로 이 장비를 꼽기도 한다.[22] 어떤 드론을 활용했는지 밝혀지진 않았지만, 아무리 비싼 드론이라 할지라도 이 전자전 장비에 비해서는 헐값이다. 전차도, 장갑차도, 자주포도, 그리고 이제는 수천억 원대 장비까지 드론 앞에선 가격표가 무의미해졌다.

직접적인 교환비 외에 실제 운용 측면에서 가성비를 따져 보면 격차는 더 현격하다. 미국이 우크라이나에 제공한 대전차 미사일 재블린을 살펴보자. 한 발당 가격이 무려 20만 달러를 넘는다.[23] 우리 돈으로 2억 7,000만 원이다. FPV 드론 가격을 500달러로 가정하면 재블린 한 발 값으로 드론을 약 400~500대 살 수 있다는 계산이 나온다. 같은 돈으로 전차 한 대를 파괴할 수 있는 미사일 한 발이냐, 수백 대의 드론이냐. 답은 명확하다. 효과는 어떨까? 재블린의 경우 우크라이나 전장에서 89퍼센트의 명중률을 보였다.[24] FPV 드론의 명중률은 숙련도에 따라 다르지만, 평균 20~40퍼센트 정도이다.[25] 언뜻 보면 재블린이 훨씬 우수해 보인다. 하지만 가성비를 따지면 이야기가 달라진다. 재블린 1발 가격으로 FPV 드론 500대를 만들 수 있으니, 명중률이 30퍼센트라 해도 150대는 목표를 명중시킨다. 재블린 1발 대 드론 150발. 어느 쪽이 더 효과적일까?

이 가성비 혁명은 방어하는 쪽에선 재앙이다. 군사전략에서 널리 알려진 전통적인 법칙 중 하나는 '3 대 1 법칙'이다. 공격하는 쪽이 방어하는 쪽보다 세 배의 전력을 갖춰야 승리할 수 있다는 뜻이다. 하지만 드론 시대에는 이 공식이 뒤집어졌다.

러시아-우크라이나 전쟁에서 우크라이나만 드론을 활용한다고 생각하기 쉽지만, 러시아 역시 드론전에 뛰어들었다. 러시아가 주로 사용하는 건 이란제 샤헤드-136이다. 날개 길이 2.5미터, 항속거리 2,500킬로미터에 달하는 이 자폭 드론은 50킬로그램의 폭발물을 싣고 목표물에 돌진한다. 대당 가격은 2만~5만 달러로 FPV 드론에 비해서는 비싼 편이다. 하지만 이 드론을 막기 위해 우크라이나가 지출하는 비용에 견주어 보면 샤헤드-136 역시 저렴하다는 것을 알 수 있다. 우크라이나는 이 드론을 격추하기 위해 서방제 대공미사일을 쏜다. 우리에게 잘 알려져 있는 패트리어트 인터셉터PAC-3● 는 무려 300만 달러가 넘으며, 비교적 저렴한 NASAM 미사일 역시 한 발에 100만 달러가 넘는다.[26] 5만 달러짜리를 잡기 위해 100만 달러를 쓰는 꼴이다.

더 큰 문제는 물량이다. 미사일은 정밀 부품과 복잡한 제조 공정 때문에 대량생산이 어렵다. 반면 드론은 간단한 조립 라인에서 찍어 낼 수 있다. 대학생 자원봉사자나 고등학생도 조립에 참여한다. 우크라이나의 주요 대학은 물론 고등학교에서도 학생들이 수업 시간에 FPV 드론을 조립하고 있다. 기본형 드론 한 대를 조립하는 데 서너 시간이면 충분하다.[27] 이렇게 매달 수만 대의 드론이 전장으로 투입된다. 흥미로운 건 이런 가내수공업 방식이 오히려 맞춤형 생산을 가능하게

● 미국 레이시온과 록히드마틴이 개발한 탄도미사일 요격 체계로, 적 미사일을 직접 충돌해 파괴하는 '히트 투 킬(hit-to-kill)' 방식이다. 1991년 걸프전에서 스커드 미사일 요격으로 널리 알려진 패트리어트는 이전 버전인 PAC-2이다.

했다는 점이다. 우크라이나군은 임무에 따라 드론을 개조한다. 정찰용은 카메라를 강화하고, 자폭용은 폭약을 늘린다. 대전차용에는 성형작약탄을, 대인용에는 파편탄을 장착한다. 스마트폰 앱을 바꾸듯 드론의 기능을 바꾸고 있다.

*
**

전통적인 전쟁 경제학은 완전히 뒤집어졌다. 과거에는 부자가 전쟁에 이기곤 했다. 더 많은 탱크, 더 많은 비행기, 더 많은 미사일을 가진 쪽이 압도적으로 승리했다. 하지만 이제는 가난한 쪽에도 승산이 생겼다. 창의력과 기술력만 있다면, 적은 돈으로도 큰 타격을 입힐 수 있다. 비록 전쟁의 승리까지는 장담하기 어렵더라도 전투에서는 승리를 거둘 수 있게 된 것이다. 러시아가 우크라이나 영토를 계속 잠식하면서도 압도적인 승리를 거두지 못하고, 2025년 현재까지 전쟁이 지속되는 이유이다.

이러한 변화는 맥너마라가 꿈꾸던 것과는 정반대 방향일 것이다. 맥너마라는 전쟁을 '관리'하려고 했다. 모든 것을 계량화하고, 최적화하고, 통제하려고 했다. 하지만 드론 전쟁은 '혼돈'에 가깝다. 수천, 수만 대의 드론이 하늘을 날아다니고, 누가 누구를 공격하는지도 알기 어렵다. 전선이라는 개념도 사라졌다. 전방도 후방도 없다. 모든 곳이 전장이다.

2025년 현재, 군사용 드론을 운용하거나 개발하는 국가는 100개국을 넘어선 것으로 추정된다. 드론의 확산 속도는 AK-47 소총●보다 빠르다. 2025년에 벌어진 주요 분쟁을 보자. 이스라엘-팔레스타인, 이스라엘-이란, 인도-파키스탄. 이 모든 전장에서 드론이 핵심 전력으로 활약했다. 드론이 이토록 빨리 퍼진 이유는 단순하다. 싸고, 쉽고, 효과적이기 때문이다.

판도라의 상자는 이미 열렸다. 드론이라는 요술봉은 이제 누구나 휘두를 수 있게 됐다. 문제는 이 요술봉이 축복의 도구인지 파멸의 도구인지 아직 모른다는 점이다. 그리고 이 요술봉에 진짜 마법 같은 기술이 결합하기 시작했다.

바로 AI다. 이제 드론이 왜 필연적으로 AI를 만날 수밖에 없었는지, 그 과정을 따라가 보자.

● 소련의 미하일 칼라시니코프가 1947년 설계한 돌격소총으로, 구조가 간단하고 혹독한 환경에서도 높은 신뢰성을 갖추어 널리 채택되었다. 파생형을 포함한 전체 생산량은 1억 정을 훌쩍 넘을 것으로 추정되며, 개발한 지 70년이 훌쩍 지난 현재에도 세계 각국의 정규군부터 비정규군, 테러 조직까지 다양한 주체에 의해 널리 쓰이고 있다.

2.
드론, AI를
만날 수밖에 없었던 이유

100년 드론 역사:
전쟁의 주역에 등극한 무인기

드론의 역사는 생각보다 오래됐다. 1차 세계대전이 한창이던 1917년, 영국의 A.M. 로우 박사가 무선으로 조종되는 '에어리얼 타깃'을 처음 날렸다. 같은 시기 미국에서는 찰스 케터링이 '케터링 버그'라는 무인 폭격기를 만들었다. 자동조종장치로 목표까지 날아가 자폭하는, 오늘날 크루즈미사일의 원조 격이었다. 하지만 개발 초기라 1918년 종전이 찾아오며 실전에 쓰이지는 못한다.

　　여기서 재미있는 사실. '드론'이라는 이름은 1935년 영국의 표적기 '퀸 비Queen Bee'에서 유래했다. 여왕벌이란 뜻의 이 표적기를 보고, 수벌을 뜻하는 드론(drone)이란 이름을 무인기에 붙이기 시작한 것이다.[28] 꿀벌의 윙윙거리는 소리가 프로펠러 소음과 비슷해서인지, 이때부터 무인항공기는 드론이라 불리게 됐다.

드론의 원형이라 할 수 있는 무인 무기들은 2차 세계대전 중 본격적으로 등장했다. 독일은 세계 최초의 크루즈미사일인 V-1 비행폭탄을 3만 대 가까이 생산해 런던을 공격했고, 미국은 B-17 폭격기를 무선조종으로 적진에 돌진시키는 '아프로디테 작전'을 시도했으나 실패했으며, 미 해군은 TV 카메라를 장착한 TDR-1 드론으로 일본 함선을 격침시켰다. 이미 80년 전에 영상 유도 무인기가 실전에 투입되었던 것이다.

그리고 드론 역사의 전환점이 된 전쟁이 발발한다. 바로 베트남전이다. 1960년 소련이 미국 U-2 정찰기를 격추하고 조종사를 생포하자, 조종사 없이 적진을 정찰할 방법이 절실했다. 미군은 'AQM-34 라이트닝 버그'라는 무인정찰기를 개발해 베트남에 투입했다. C-130 수송기에서 공중 발진해 북베트남 상공을 촬영하고 낙하산으로 회수하는 방식이었다. 이 무인정찰기와 관련된 숫자를 살펴보면 놀라울 정도다. 1964년부터 1975년까지 미군은 베트남에서 무려 3,435회의 드론 정찰 출격을 수행했다. 554기를 잃긴 했지만, 그만한 가치가 있었다. 1972년에 이르러 라이트닝 버그는 고품질 정찰 이미지를 제공하는 데 90퍼센트의 성공률을 기록했다.[29] 북베트남 전투기들이 느린 드론을 쫓다가 연료가 떨어지거나 아군 오인 사격으로 격추되는 일도 있었다. 한 드론은 심지어 5대의 미그MiG기 추락에 연루되어 의도치 않게 '에이스' 지위를 획득하기도 했다.[30]

주로 정찰에 활용되던 드론에 무기를 탑재하여 사용하기 시작한 시기는 1982년 레바논전쟁이다. 이스라엘이 무게 22킬로그램짜리 소형 드론 '스카웃'으로 시리아 방공망을 완파한 것이다. 이스라엘은 1973년 아랍 연합군을 상대한 욤키푸르전쟁에서 뼈아픈 교훈을 얻은 뒤부터 드론 개발에 착수했다. 당시 이집트의 소련제 지대공미사일에 전투기 수십 대를 잃은 이스라엘은 조종사 희생 없이 적진을 정찰할 방법을 찾아야 했다.

레바논전쟁에서 이스라엘이 보여 준 전술은 기가 막혔다. 먼저 드론을 미끼로 보내 레바논에 전진 배치된 시리아군의 레이더와 지대공미사일인 SA-6를 유도했다. 적이 드론에 미사일을 쏘면 위치가 노출된다. 그러면 F-4 팬텀과 F-16 전투기가 날아가 방공망을 파괴했다. 결과는 압도적이었다. 이스라엘은 최소한의 피해만으로 시리아 전투기 82대를 격추했다.[31] 베카 계곡 전투로 알려진 이 사건은 드론이 단순한 정찰 도구가 아니라 전술의 핵심이 될 수 있음을 보여 주었다.

이스라엘의 성공에 주목한 나라가 있다. 바로 미국이다. 미군은 1986년부터 이스라엘 기술을 도입한 'RQ-2 파이어니어'를 운용했다. 프롤로그에서 살펴본, 역사상 처음으로 인간에게 항복을 받아 낸 그 드론이다.

그리고 1995년, 드디어 게임 체인저가 등장한다. 'MQ-1 프레데터'였다. 이스라엘 출신 엔지니어 에이브러햄 카렘이 설계한 이 드론은 14시간 이상 하늘에 머물며 실시간으로 영상을 전송할 수 있었다. 발칸반도 분쟁에도 투입되었지만, 프레데터의 진짜 무대는 9·11 이후였다. 2001년 10월, 헬파이어 미사일을 장착하고 아프가니스탄 상공에 나타난 프레데터는 탈레반 지도자 물라 오마르의 은신처를 공격했다. 세계 최초의 드론 공습이었다. 비록 오마르는 공격 몇 분 전 건물을 빠져나와 목숨을 건졌지만, 새로운 시대가 열렸다는 것은 분명했다. 수천 킬로미터 떨어진 네바다 공군기지에서 조이스틱으로 조종사가 화면을 보며 산속 테러리스트를 공격하는 시대가 온 것이다.

프레데터의 후속 기종 'MQ-9 리퍼'는 더 강력했다. 최대 27시간 비행에 헬파이어 미사일을 최대 8발까지 장착할 수 있었다.[32] 정밀유도폭탄 역시 최대 4발까지 장착할 수 있는 리퍼는 '사신(死神)'이라는 이름의 뜻답게 테러리스트들의 악몽이 되었다.

하지만 한계도 명확했다. 순항속도가 시속 130킬로미터에 불과해 전투기 앞에선 무력했다. 2002년 12월 23일, 이라크 남부 상공에서 MiG-25 전투기가 프레데터를 격추한 사건은 사상 최초의 유인기 대 무인기 공중전으로 기록됐다.[33] 프레데터도 스팅어 공대공미사일로 맞섰지만 빗나갔다. MiG-25는 마하의 속도로 날아와 미사일을 쏘고 유유히 사라졌다.

그럼에도 성과는 있었다. 2009년까지 알카에다 최고 간부 20명 중 9명이 드론에 제거됐다. 2009년 8월에는 파키스탄 탈레반 지도자 바이툴라 메흐수드가 장인 집 옥상에서 링거를 맞다 드론 미사일에 사망한다. 하지만 대가도 컸다. 드론은 메흐수드뿐만 아니라 그의 장인과 부인, 경호원 등 12명의 목숨을 앗아갔다.[34] 표적 한 명을 제거하기 위해 열두 명이 희생된 것이다. 이처럼 테러범을 잡기 위한 드론 공격으로 수많은 민간인이 함께 희생되었다. 무인 공격으로 인한 민간인 피해의 윤리적 문제는 뒷장에서 다시 논의할 것이다.

*
* *

여러 비판에도 불구하고 미국은 이라크와 아프가니스탄, 그리고 테러와의 전쟁 현장에서 고가의 첨단 드론을 적극적으로 활용한다. 하지만 2010년대 초반까지 첨단 드론을 운용할 수 있는 나라는 미국을 비롯하여 극소수에 불과했다. 이유는 간단했다. 돈과 기술, 그리고 인프라였다. 프레데터 시스템 한 세트 가격이 2,000만 달러,[35] 리퍼는 무려 5,600만 달러에 달했다.[36] 기체뿐만 아니라 지상 통제 장비, 위성안테나, 정비 장비가 모두 포함된 가격이다. 하지만 진짜 비용은 따로 있다. 드론 한 대를 24시간 운용하려면 160~180명의 인력이 필요했다.[37] 조종사, 센서 운용자, 정비사, 정보 분석관, 통신 요원 등이다. 여기에 위성통신 대역을 빌리는 비용 역시 수백만 달러를 능가한다. 이렇게 수조 원을 투자하여 미국은 네바다와 뉴멕시코의 기지에서 위성통신으로 전 세계의 드론을 조종했고, 수천 명의 분석관이 영상을 실시간으로 분석했다.

무엇보다 미국에게는 절실함이 있었다. 9·11 이후 미국의 주적은 국가가 아닌 테러 조직이었다. 산악과 국경을 넘나드는 적을 추적하고 제거하는 데는 드론만 한 도구가 없었다. 2003년 이라크 침공 이후 미군 사망자가 늘어나자, 여론은 악화됐다. 자국 병사의 희생 없이

인간 없는 전쟁

먼 타국에서 테러리스트를 제거할 수 있다는 점은 정치적으로도 매력적이었다. 오바마 정부에서 드론 공격이 증가한 이유이기도 하다.

100년의 드론 역사를 돌아보면 흥미로운 패턴이 보인다. 처음엔 단순한 비행 폭탄이었다가, 정찰 도구가 되었고, 마침내 무장 공격까지 가능한 전략무기가 됐다. 기술의 발전과 함께 가격도 점점 비싸지는 듯했다. 그런데 지금, 우크라이나 전장에서 드론은 또 다른 진화를 겪고 있다. 수십만 원짜리 민간 드론이 수십억 원짜리 전차를 파괴하는 시대. 100년 만에 드론은 다시 '가성비 무기'로 돌아왔다.

나고르노-카라바흐, 드론 전쟁의 리허설

러시아-우크라이나 전쟁에서 드론이 전장의 판도를 뒤바꾸는 모습을 많은 이들이 목격했다. 하지만 사실 그보다 앞서 드론의 위력을 제대로 보여 준 전쟁이 있었다. 2020년 가을, 아제르바이잔과 아르메니아가 나고르노-카라바흐를 놓고 벌인 전쟁이다. 약 두 달간 치러진 짧은 전쟁이었지만, 개전 첫날부터 수백 대의 드론이 하늘을 뒤덮었다. 일부 전문가들은 이를 "세계 최초로 무인기가 승부를 결정한 전쟁"이라고까지 평가했다.[38] 물론 미국이 프레데터나 리퍼 같은 비싼 드론으로 테러리스트를 공격해 온 건 이미 오래된 일이다. 하지만 나고르노-카라바흐는 달랐다. 값싼 드론을 떼로 굴려 기존의 군사적 균형을 완전히 뒤집어 버린 것이다. 드론 전쟁의 전환점이라 볼 수 있다.

사실 우리에게 아제르바이잔과 아르메니아는 비교적 낯선 국가다. 이 전쟁 역시 처음 들어 보는 이들이 많을 테니 배경을 간단히 짚어 보자. 이 전쟁의 씨앗은 30년 전에 뿌려졌다. 두 나라는 나고르노-카라바흐 지역을 놓고 1994년에 1차 전쟁을 벌인 바 있다. 이때 아제르바이잔은 굴욕적인 패배를 당했다. 영토의 20퍼센트를 잃었고 100만 명의 난민이 발생했다.[39] 하지만 2000년대 들어 상황이 바뀌었다. 카스피해에서 석유와 천연가스가 쏟아져 나왔고, 아제르바이잔은 졸지에 부자가 됐다. GDP는 매년 10퍼센트씩 성장했다.[40]

돈을 번 아제르바이잔은 복수의 칼을 간다. 2010년부터 2019년까지 무려 200억 달러가 넘는 금액을 국방비로 썼다. 2015년에는 아르메니아의 전체 국가 예산보다 많은 30억 달러를 군사비로 지출했다.[41] 그런데 흥미로운 건 아제르바이잔이 구매한 무기였다. 이들은 전차나 전투기 대신 드론에 집중했다. 튀르키예에서 바이락타르 TB2를, 이스라엘에서 자폭형 공격 드론 하롭을 대량 구매 했다. 반면 아르메니아는 여전히 1990년대 사고에 갇혀 있었다. 구시대 산물인 전차와 포병, 그리고 산악 지형의 참호에 의존했다. 하늘은 러시아제 구형 방공 시스템으로 지킬 수 있다고 믿었다. 30년 전 승리의 기억이 너무 강렬했던 탓일까. 아르메니아는 변화를 거부했다.

2020년 9월 27일, 개전과 동시에 아제르바이잔군은 드론 떼를 몰고 왔다. 단 이틀 만에 아르메니아군의 방공망과 포병 진지가 무력화됐다. 아르메니아가 오랜 시간 구축한 참호와 진지는 하늘에서 쏟아지

인간 없는 전쟁

는 정밀 타격 앞에 무너졌다. 드론의 실시간 감시망 아래에서 모든 움직임이 노출될 수밖에 없었다. 튀르키예제 바이락타르 드론이 핵심 전력이었다. 중고도에서 장시간 체공하며 표적을 찾아낸 뒤 정밀유도폭탄으로 타격했다. 이스라엘제 하롭 드론은 한발 더 나아갔다. 목표 상공을 배회하다가 지대공미사일 포대를 발견하면 스스로 돌진해 자폭했다.[42] 드론을 전면에 내세운 입체전이 펼쳐진 것이다.

아제르바이잔의 가장 창의적인 전술은 구식 복엽기 An-2*를 활용한 미끼 작전이었다. 아제르바이잔은 1940년대에 소련에서 만들어진 이 낡은 수송기를 무인기로 개조해 저공으로 날렸다. 겉으로 보면 유인기 같지만 조종사는 없었다. 이를 수 대씩 띄워서 일부러 격추당하게 만든 것이다. 아르메니아의 노후 방공 시스템이 이 미끼를 물었다. An-2를 격추하려고 미사일을 발사하는 순간, 방공망 위치가 노출됐다. 대기하고 있던 바이락타르와 하롭은 즉시 그 위치를 타격했다. 실제로 아제르바이잔은 An-2 무인기 11대만으로 아르메니아 방공망을 교란시켰다.[43] 교란과 타격을 연계한 전술로 하늘을 장악한 아제르바이잔 드론 부대는 그야말로 사냥에 나선다. 보병 참호, 장갑차 행렬, 포병 진지까지 모든 것이 표적이 됐다. 전쟁 초기 24일 동안 아르메니아군 전차 138대, 장갑차 49대, 야포/자주포 1,167대, 지대공미사일과 레이더 탑재 차량 47대 등 총 887대를 파괴하였으며, 아르메니아군의

● 북한은 구형 An-2 복엽기를 여전히 다수 보유하고 있다. 레이더 탐지가 어려운 저고도·저속 비행 특성 때문에 특수부대 침투나 야간 기습 작전에 활용 가능하다는 게 전문가들의 평가다.

피해는 10억 달러 이상에 달했다.[44]

개전 44일 후인 11월 10일, 전쟁은 끝났다. 아르메니아의 완패였다. 30년 전 빼앗긴 영토를 되찾은 아제르바이잔은 승전 퍼레이드를 열었다. 세계의 이목을 잡아끈 것은 아제르바이잔의 승리 행진보다도 '공군력의 민주화'였다. 과거에는 제공권을 장악하려면 대당 수천만 달러에 육박하는 전투기가 필요했다. 거기에 조종사를 한 명 양성하는 데에도 어마어마한 시간과 금액 투자가 필수였다.

아제르바이잔이 드론에 주목한 이유가 바로 이것이다. 바이락타르 드론의 가격은 대당 약 500만 달러 수준으로, 전투기 한 대를 도입하는 비용이면 소규모 드론 공군을 만들 수 있다. 조종사 양성에 걸리는 시간도 획기적으로 짧다. 조종사는 안전한 벙커에서 조이스틱을 움직이기에 생명의 위협도 덜한 편이다. 미국의 국방 전문가 마이클 코프만은 이렇게 평가했다. "드론은 작은 국가들에 전술 항공력과 정밀 타격 능력을 저렴하게 제공한다. 이제 가난한 나라도 부자 나라의 비싼 장비를 파괴할 수 있게 됐다."[45] 나고르노-카라바흐 전쟁은 끝이 아니라 시작이었다. 이 전쟁은 미래 전쟁의 축소판으로 불렸으며, 2년 후 러시아-우크라이나 전쟁 당시 나타난 여러 양상을 미리 보여 준 예고편이었다. 이제 전쟁터에서 드론 없이 싸운다는 건 총 없이 싸우는 것과 같다.

하지만 아직 중요한 질문이 남아 있다. 왜 아르메니아는 드론에 속수무책으로 당했을까? 단순히 돈이 없어서일까? 아니다. 문제는 사고의 경직성이다. 30년 전 승리에 취해 변화를 거부한 대가였다. 반면

인간 없는 전쟁

아제르바이잔은 패배를 딛고 혁신했다. 전장을 위에서 내려다보는 새로운 관점을 받아들였다. 전쟁의 본질은 변하지 않았다. 경제력과 기술력을 포함한 국력의 총합은 여전히 승패를 가르는 주요 요인이지만, 무형 전력이라 불리는 혁신적 사고와 새로운 전술 개념의 개발 역시 그 어느 때보다 중요해졌다. 드론 같은 새로운 도구를 창의적으로 활용하는 자는 승리하고, 그렇지 못한 자는 패배하는 시대가 열린 것이다.

그리고 우크라이나 전장에서 드론은 각양각색의 방법으로 활용되기 시작했다.

우크라이나 들판에 피어난
광섬유 케이블

제1차 세계대전이 끝난 뒤, 피로 물든 참호 자리에는 붉은 개양귀비가 피어났다. 포탄이 뒤집어 놓은 땅속에서 잠들어 있던 씨앗들이 깨어난 것이다. 플랑드르 들판을 뒤덮은 그 붉은 물결은 전쟁의 상처를 감싸는 자연의 붕대와도 같았고, 훗날 추모의 상징이 되었다.

그리고 100년이 지난 2024년, 우크라이나 들판은 또 다른 물결로 뒤덮였다. 이번에는 꽃이 아니라 실처럼 가느다란 광섬유 케이블이었다. 참호에서 참호로, 벙커에서 전선으로, 거미줄처럼 얽히고설킨 투명한 실들이 대지를 덮었다. 마치 전장이 거대한 통신망으로 변한 것 같았다. 붉은 야생화를 대신하는 광섬유 케이블은 어쩌다 이곳에 똬리를 틀게 된 것일까?

전쟁 초기로 거슬러 올라가 보자. 우크라이나가 활용한 바이락타르 드론이 러시아 기갑부대를 격파하는 영상이 유튜브를 뜨겁게 달궜다. 러시아 역시 대응에 나선다. 그들도 이란제 샤헤드 드론을 활용해 우크라이나 도시를 공포에 떨게 했다. 이처럼 비교적 고가의 드론 외에 개조된 FPV 드론들도 폭탄을 매달고 참호로 날아들었다. 모두가 드론 전쟁의 시대가 왔다고 외쳤다.

드론을 막기 위한 방안을 먼저 고안한 것은 러시아였다. 소련 시절부터 전자전의 달인이었던 러시아는 강력한 GPS 교란 장비를 전선에 배치하기 시작했다. 바이락타르나 샤헤드, 그리고 FPV 자폭 드론 모두 GPS 신호에 의존하는 무선통신 조종 방식이었다. 러시아군 전자전 부대가 강력한 GPS 교란 전파를 쏘아 대자 무선 드론은 방향을 잃고 추락했다. 어떤 드론은 적진으로 날아가는 대신 제자리를 빙빙 돌았다. GPS 신호에 의존하던 드론이 재밍jamming이라는 교란 무기 앞에 무력화되기 시작한 것이다. 러시아군의 전자전이 위력을 발하자 우크라이나군도 전자전 장비를 이용해 상대의 드론으로 향하는 전파를 교란하기 시작했다.

전쟁은 모순의 연속이다. 창을 막기 위한 방패가 나오면, 이를 뚫기 위한 창이 다시 개발된다. GPS 교란에 대응하기 위해 등장한 것이 바로 '광섬유 유선 드론'이다. 2025년 봄, 러시아군이 공개한 영상에는 노란 플라스틱 통을 매단 작은 드론이 지면 몇 센티미터 위를 아슬아슬하게 날아다니는 모습이 보였다. 나무 사이를 요리조리 피하며 숲길

인간 없는 전쟁

을 통과한 드론은 헛간에 숨겨져 있던 우크라이나군 곡사포를 찾아내어 정확히 명중시켰다.[46] 드론 아래 달린 노란 통이 비결이었다. 통 안에는 10~20킬로미터에 달하는 광섬유 케이블이 실타래처럼 감겨 있었다. 드론이 날게 되면 이 케이블이 풀어진다. 그리고 조종 신호는 무선이 아니라 광케이블을 통해 전달된다. 전파가 아니라 빛으로 유선 통신을 하는 것이다. 광케이블 속을 달리는 빛은 전파 재밍을 손쉽게 피할 수 있었다.

재밍이 소용없는 유선 자폭 드론의 등장은 병사들에게 새로운 공포를 안겨 준다. 한 우크라이나 구급대원은 "광케이블 드론 때문에 대낮에는 부상자 후송이 불가능해졌다"고 말하며, 현재 병사들에게 가장 큰 위협은 이 드론이라고 증언한다.[47] 광케이블 드론의 등장은 전황을 뒤바꾸어 놓고 있다. 러시아군은 2024년 초부터 유선 드론을 대거 실전에 투입하였다. 뒤늦게 위협을 깨달은 우크라이나 역시 2025년 중반까지 20여 종의 광섬유 드론을 자체 개발했다. 이제 양측 모두 광케이블 드론을 대규모로 운용하기 시작했다.

전술도 진화한다. 광케이블 드론은 적의 전자전 장비를 선제 타격하는 '문 따개' 역할을 맡았다. 재밍에 영향받지 않는 유선 드론이 먼저 들어가 전자전 장비를 파괴하면, 뒤이어 일반 무선 드론 떼가 안전하게 돌입하는 식이다. 또한 전파를 발산하지 않아 적의 탐지 장비에 잡히지 않고, 목표 명중 순간까지 HD 영상을 끊김 없이 전송할 수 있다는 장점도 있었다.

하지만 무선을 유선으로 되돌리는 이 구식 해법에도 한계는 명확했다. 10킬로미터 케이블의 무게만큼 드론이 실을 수 있는 폭약량은 줄어들기 마련이다.[48] 최대 공격 사거리는 케이블 길이에 제한되고, 선이 나뭇가지나 잔해에 걸릴 위험도 컸다. 무엇보다 비용이 문제였다. FPV 드론에 광케이블을 달면 가격이 거의 두 배로 뛰었다. 전쟁이 끝난 뒤의 문제도 예상된다. 끊어진 광섬유 잔해들이 들판 곳곳에 흩어져 새로운 환경 오염원이 될 것이다. 100년 전 참호 자리에 핀 개양귀비와는 너무나 다른 풍경이다.

무선 및 유선 조종 방식의 단점을 극복하려면 어떻게 해야 할까? 드론이 스스로 비행하도록 만들면 되지 않을까? 전장의 드론 운용 한계는 AI의 필요성을 부각시켰고, 이제 AI가 드론의 머리에 올라타게 된다.

AI 드론의 필연적 등장

무선 드론이 전자전에 막히자 유선 드론이 등장했다. 하지만 유선 드론은 한계가 명확한 임시방편일 뿐이었다. 게다가 유선이든 무선이든 결국 조종사가 필요하다. 수만 대의 드론을 운용하려면 수만 명의 조종사가 있어야 한다. 드론은 넘쳐나는데 조종사는 부족한 상황이다. 가장 심각한 문제는 드론 조종 신호를 적이 탐지하면 발신 위치가 추적될 수 있다는 점이다. 조종사들의 은신처가 노출되는 것이다. 결국 해법은 하나뿐이었다. 드론이 스스로 날아다니게 만드는 것. 바로 AI의 등장이다.

전장에서 표적을 찾아 식별하는 일은 원래 영상 판독병이나 드론 조종사의 몫이다. 화면을 뚫어지게 쳐다보며 전차인지 트럭인지, 아군인지 적군인지 구분해야 했다. 하지만 이제 AI의 컴퓨터 비전(computer vision) 기술이 이 작업을 대신한다. 우크라이나군이 운용 중인 AI 소프트웨어는 드론 영상을 실시간으로 분석해 표적을 자동으로 인식한다. 인간 개입을 99퍼센트까지 줄였다는 게 우크라이나군의 주장이다.[49] 수십 개의 감시 영상이 동시에 들어와도 AI가 알아서 중요한 장면만 골라낸다. 여기에는 이미지와 영상 인식에 특화된 딥러닝 알고리즘이 활용된다. 딥러닝 기반 물체 인식 알고리즘은 드론 카메라에 포착된 전차, 장갑차, 병사를 식별하고 위치를 표시한다. 아군인지, 적군인지, 위협 수준은 어느 정도인지까지 분류한다.

챗 GPT 같은 대규모 언어 모델LLM도 전선에서 활약 중이다. 전장에서 올라오는 수많은 보고서와 첩보 문서를 AI가 읽고 요약해 핵심 정보만 추출한다. 사람이 일일이 읽어 볼 시간이 없는 방대한 정보를 순식간에 처리할 수 있다. 이처럼 AI의 진짜 강점은 인간의 한계를 넘어선다는 점이다. 과거에는 드론이 표적 300미터 이내로 접근해야 조종사가 알아볼 수 있었다. 하지만 AI는 1~2킬로미터 거리에서도 목표를 식별하고 추적한다.[50] 러시아군이 전차 모형을 세워 두거나 열화상 카메라를 속이는 위장막을 쳐도 소용없다. AI는 미세한 특징까지 학습해서 가짜를 구분해 낸다.

이는 실전에서 중요한 의미가 있다. 잘못된 표적에 값비싼 미사일을 날리거나 민간 시설을 오인 공격하는 일을 줄일 수 있다. 가치가 높은 표적을 우선 식별해 타격 순위를 정하는 것도 가능해진다. 피로에 지친 정찰병과 달리 AI는 24시간 쉬지 않고 적의 움직임을 감시한다. 전장의 눈이자 두뇌 역할을 하는 셈이다.

드론의 자율비행 능력은 AI가 가져온 가장 혁신적인 변화다. 원래 드론은 GPS 경로를 따라가거나 조종사가 직접 조작해야 했다. 하지만 이제 강화학습과 경로 계획 알고리즘을 탑재한 드론은 스스로 최적 경로를 찾아 비행한다. 강화학습은 말을 훈련하는 것과 비슷하다. AI에게 수없이 많은 시뮬레이션을 시킨다. 목표물에 도달하면 보상, 장애물에 부딪히면 벌점. 당근과 채찍인 셈이다. AI는 시행착오를 거듭하며 최적의 비행경로를 학습한다. AI의 학습에 있어 이미 검증된 방식이다. 이세돌을 꺾은 알파고도 딥러닝과 강화학습을 썼고, 챗GPT 같은 LLM도 사람의 피드백을 반영하는 강화학습으로 성능을 개선한다.

우크라이나군은 이미 자율항법 AI를 실전에 투입했다. 특히 표적에 돌입하는 마지막 구간에서 드론이 알아서 비행하도록 만들었다. 러시아군이 전파 재밍으로 통신을 끊어도 드론은 자력으로 목표를 향해 날아간다. 최종 공격 단계의 자율 유도 덕분에 전자전을 뚫고 표적을 타격하는 사례가 속속 보고되고 있다.[51]

자율비행 AI는 실시간으로 장애물도 피한다. 드론에 장착된 카메라와 각종 센서가 주변 지형을 인식하면, AI는 즉시 경로를 수정해 나무나 전선, 건물을 회피한다. 전통적 경로 기법에 강화학습으로 훈련된 충돌 회피 모델을 더해, 복잡한 도시나 산악 지형도 유연하게 비행한다.

심지어 이제는 GPS 없이 비행하는 기술도 개발되고 있다. 팔란티어가 2024년 공개한 비주얼 내비게이션[VNav] 시스템은 드론이 위성 지도와 카메라 영상을 실시간으로 대조해 자신의 위치를 파악한다. GPS 신호가 없어도 오직 시각 정보와 관성 센서•만으로 목표 지점까지 날아갈 수 있다.[52] 드론이 하늘에서 스스로 지도를 그려 가며 비행을 하고 있는 것이다. 결과는 놀라웠다. 항법 AI를 갖춘 드론의 타격 성공률이 기존 10~20퍼센트에서 70~80퍼센트로 껑충 뛰었다.[53] 조종 미숙이나 통신 두절로 빗나가던 공격이 AI 덕분에 대부분 목표 반경 안에 들어가게 되었다. 물론 정밀유도무기처럼 오차가 거의 없는 수준은 아니지만, 우크라이나군은 완벽히 정확한 지점이 아니라 합리적 반경 안에만 들면 된다는 실용적 접근으로 이 기술을 활용하고 있다.

이착륙부터 복귀까지 완전자율비행도 가능해졌다. 과거에는 여러 대를 잃어 가며 겨우 한 번 성공시키던 임무를 이제 한두 대로 수행하고 생존 귀환까지 기대할 수 있다. 일회용품처럼 쓰이던 드론이 반복 사용할 수 있는 자산이 된 것이다. 더 중요한 변화는 운용 방식이다. 이제 한 명의 운영자가 여러 드론을 동시에 감독할 수 있다. 세세한 조종 대신 전체적인 임무 지시만 내리면 된다. 인간 조종사의 역할이 비약적으로 줄어들게 되었다.

러시아-우크라이나 전쟁에서 팔란티어와 더불어 주목받은 드

● 가속도계와 자이로스코프로 물체의 움직임과 회전을 측정해 위치를 계산하는 센서.
GPS 없이도 항법이 가능해 미사일, 잠수함 등 군사 무기에 널리 활용된다.

론 업체가 있다. 바로 미국의 방산 스타트업 안두릴이다. 안두릴이 만든 고스트-X는 4개의 로터를 가진 소형 헬기 형태로, 한 사람이 들고 다닐 수 있을 정도로 가벼운 모듈식 무인기다. 그만큼 탄두를 많이 실을 수 있다.[54] 이 드론의 핵심은 래티스라는 AI 소프트웨어다. 일종의 드론용 운영체제로, 컴퓨터 비전, 경로 계획, 통신 제어 등 여러 AI 기능이 통합되어 있다. 더 이상 인간 병사가 조이스틱으로 드론을 일일이 조종할 필요가 없다. 태블릿 지도에서 특정 지역을 지정하고 감시나 공격 명령만 내리면 된다. 그러면 래티스 AI가 드론의 센서 데이터를 실시간 처리해 그 지역을 자동으로 정찰하며 표적을 탐지, 분류, 추적한다.

예를 들어 드론 카메라에 적 차량 행렬이 포착되면 AI가 이를 식별해 화면에 표시한다. 운영자는 터치 한 번으로 공격을 지시할 수 있다. 통신이 닿는 범위인 약 25킬로미터를 벗어나도 사전 프로그래밍된 AI 루틴에 따라 자율 임무를 수행하고 복귀한다.[55] 고스트-X의 또 다른 강점은 전자전 대응 능력이다. 적이 보내는 재밍 신호를 실시간으로 탐지하여 사용 주파수를 빠르게 변경하여 회피하는 알고리즘이 내장되어 있다. 또한 조종 신호가 끊기면 드론끼리 연결되어 임무를 이어 갈 수도 있다. 러시아군의 강력한 전파 방해 속에서도 안정적인 정찰과 타격을 지속할 수 있었던 이유다. 미군 관계자는 "우크라이나에서 얻은 고스트-X 실전 경험으로 전자전 환경에서도 신뢰성 높은 드론 통제 시스템을 완성했다"고 평가했다.[56] 실제로 고스트-X는 우크라이나에서 성능을 입증한 뒤 미군의 차세대 드론 프로그램의 핵심 역

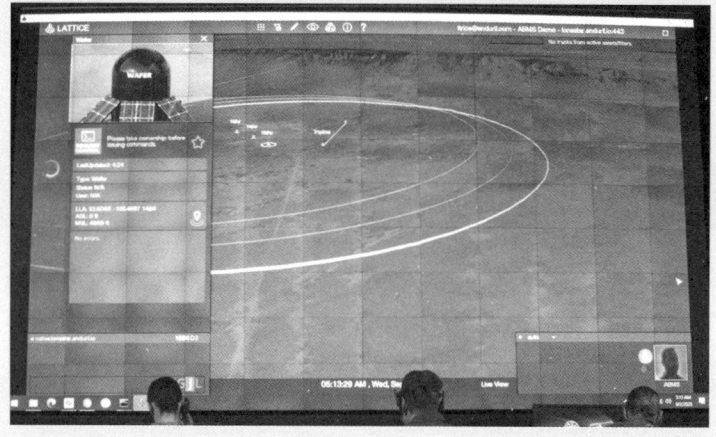

안두릴의 고스트-X(위)
2020년 미국 공군이 시험 중인 래티스 프로그램 화면(아래)

할을 맡을 예정이다.

고스트-X는 지금까지 논의한 AI 드론 기술을 집대성하고 있다. 컴퓨터 비전으로 목표를 찾고, 경로 계획 AI는 스스로 날아가며, 재밍 회피 통신으로 연결을 유지한다. 과거 바이락타르 TB2처럼 인간 조종사가 일일이 컨트롤하던 대형 드론과는 차원이 다르다. 소형이지만 다수가 분산되어 기민하게 움직이고, AI가 스스로 판단한다. 이제 드론한 대를 격추해도 다른 드론이 알아서 임무를 이어 간다. 인간은 목표만 지시할 뿐 세세한 조종에는 개입하지 않는다. 자율 공격 드론의 시대가 열린 것이다.

2025년 현재, 러시아-우크라이나 전쟁이 3년째 지속되고 있다. GDP와 군사력에서 압도적 열세인 우크라이나가 버틸 수 있었던 비결은 무엇일까? 많은 이들이 드론을 꼽지만, AI의 역할 역시 결정적이었다. 드론은 하드웨어일 뿐, 그 안의 AI야말로 진정한 게임 체인저였다.

사실 AI의 활약은 드론에만 국한되지 않는다. 전장 정보를 분석하고 의사 결정을 지원하는 데 AI 플랫폼이 활용되고 있다. 이스라엘과 하마스, 이스라엘과 이란의 분쟁에서도 AI는 결정적 역할을 했다. 이제 AI는 하늘의 드론뿐 아니라 지상의 지휘소, 사이버 공간, 그리고 정보전의 모든 영역에서 전쟁을 지휘하고 있다. 전쟁의 지휘관이 된 AI, 이제 그 실체를 들여다볼 시간이다.

인간 없는 전쟁

2부.

전장에
도착한
AI

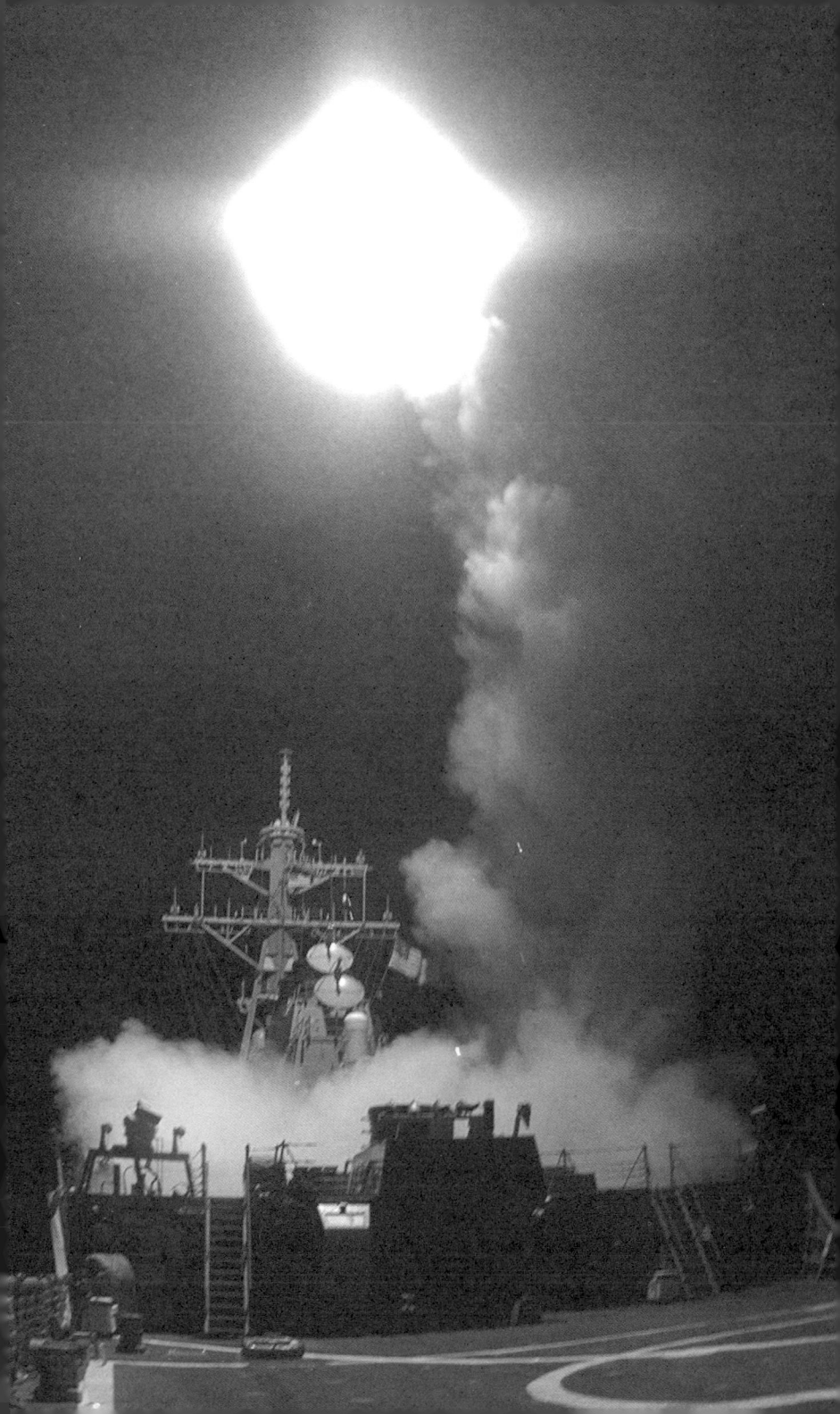

3장.

이미 전쟁의 주역이 된 AI

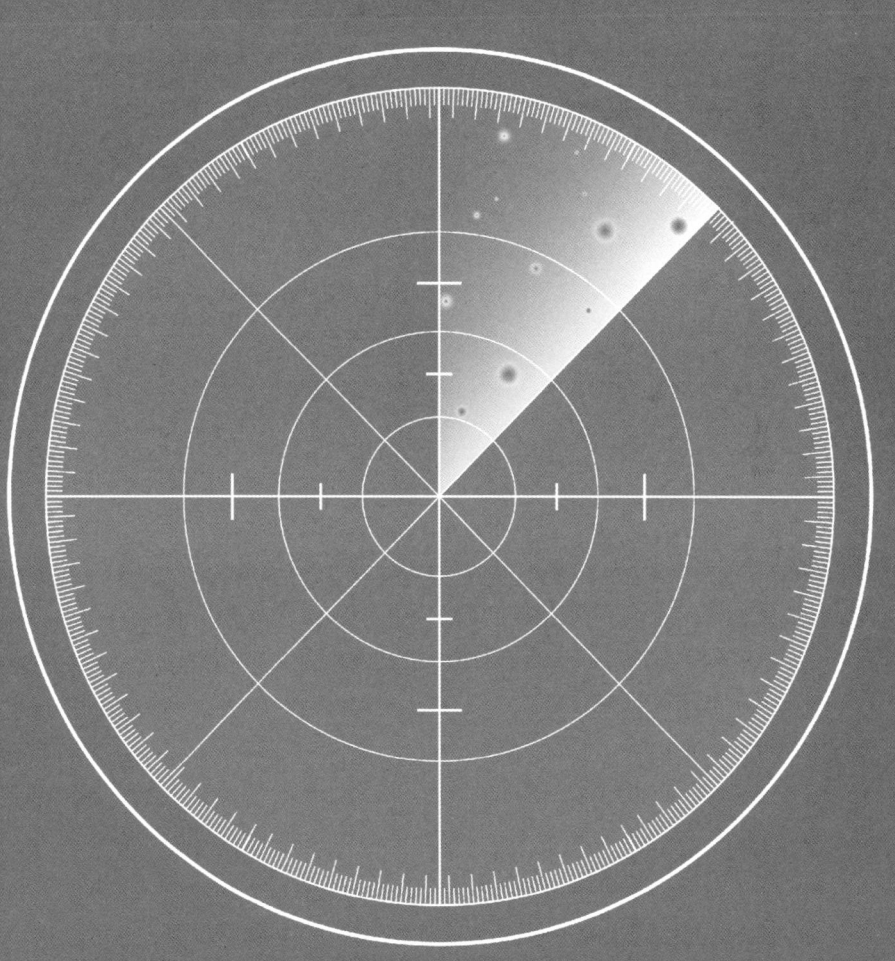

1.
AI를 장착한
자율살상무기의 등장

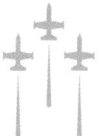

하늘, 바다, 땅을 지배하는
무인 군단

2025년 5월 초, 흑해 상공. 러시아 Su-30 전투기가 순항하던 중 갑자기 폭발했다. 바다에서 날아온 미사일에 피격된 것이다. 그런데 이상한 점이 있었다. 바다 위에는 전함이 아닌 작은 무인정만이 있었다. 파도 위를 달리던 이 작은 무인정이 공대공 사이드와인더 미사일을 쏘아 올린 것이다. 여기서 공대공은 오타가 아니다. 사이드와인더 미사일은 본디 전투기에 장착되는 공대공미사일이다. 이것을 해상의 무인정이 발사한 것이다. 전 세계 전문가들이 경악했다. 사상 최초로 해상 드론이 유인 전투기를 격추한 순간이다.[1] 범인은 '마구라 V7'. 우크라이나가 개발한 7.2미터 길이의 무인 수상정이다. 이 드론 보트에는 미국제

AIM-9 사이드와인더 미사일 두 발이 실려 있었다.[2] 냉전 시대 하늘의 결투를 상징하던 사이드와인더를 이제는 AI가 조종하는 보트에서 발사하는 시대가 왔다.

사실 우크라이나는 개전 초부터 해상 드론을 적극 활용해 왔다. 2022년 가을 세바스토폴 항구의 러시아 흑해함대를 기습한 것도, 2023년 여름 크림대교를 공격한 것도 우크라이나의 자폭 드론 보트였다. 폭약을 가득 실은 작은 쾌속정 크기의 원격조종 보트들이 러시아 군함에 돌진하는 영상은 전 세계를 충격에 빠뜨렸다. 마구라 V7은 그런 드론 보트의 최신 진화형이다. 항속거리는 1,500킬로미터에 달하고, 보조 발전기를 쓰면 7일간 해상에서 자율 작전이 가능하다.[3] 인간 승무원이 없으니 피로도 없고, 식량도 필요 없다. 연료와 AI만 있으면 흑해 어디든 잠복할 수 있다.

가장 놀라운 건 이 드론이 다목적 플랫폼이라는 점이다. 상황에 따라 650킬로그램의 폭약을 싣고 적함에 돌진하는 자폭 무기가 될 수도 있고, 기관총을 달아 정찰과 타격 임무를 수행할 수도 있다. 그리고 이번처럼 공대공미사일을 장착해 하늘의 전투기까지 노릴 수 있다. 바다 위를 떠다니는 미사일 발사대가 된 셈이다.

이 사건이 의미하는 바는 무엇일까? 해전의 양상이 근본적으로 달라지고 있다는 것이다. 작은 무인 보트 한 척이 전투기를 떨어뜨리고 함대로 돌진해 자폭할 수 있다. 이러한 전술에 러시아 흑해함대는 2024년 4월 중순까지 전력 3분의 1이 무력화되었다.[4] 제대로 된 해군이 없던 우크라이나는 보트 몇 척으로 전통의 러시아 흑해함대를 쫓아

냈다. 전문가들은 "해상 무인기가 해전의 규칙을 다시 쓰고 있다는 것은 과장이 아니다"라고 평가했다.[5]

물론 이런 활약 뒤에는 첨단 기술이 숨어 있다. 수천 킬로미터를 사람 없이 항해하려면 고도의 자율항해 AI가 필수다. 우크라이나는 스타링크 같은 민간 위성통신망을 통해 수천 킬로미터 밖에서도 드론을 조종하고 실시간 영상을 받아 볼 수 있었다. 목표물을 인지하고 미사일 발사각을 계산하는 데도 AI가 활용됐다. 사이드와인더를 쏘기 전, 드론의 센서가 적기의 방향과 고도를 추적해 최적의 발사 타이밍을 잡는다. 여기까지의 모든 계산과 판단은 AI가 수행한다.

*
**

하늘과 바다뿐 아니다. 지상에서도 무인 시스템이 전장의 판도를 바꾸고 있다. 2024년 12월, 우크라이나 북동부 하르키우 전선. 눈 덮인 들판 위로 네모난 로봇 차량이 덜컹거리며 전진했다. 차체 위에는 기관총 포탑이 달려 있었다. 함께 투입된 다른 로봇들은 자동으로 지뢰를 뿌리거나 제거하고 있었다. 머리 위로는 드론이 선회하며 전방 영상을 중계했다.

러시아군 포탄이 사방에서 터졌지만 로봇들은 아랑곳하지 않고 전진했다. 단 한 명의 병사도 타지 않은 무인 차량들이 최전방에서 적진을 향해 돌격한 것이다. 우크라이나 하르티야 여단이 공개한 이 장면은 세계 최초의 '로봇만 참여한 지상 공격' 사례로 기록됐다. 로봇 부대가 러시아군 진지를 무력화한 뒤에야 우크라이나 보병이 안전하게 돌입할 수 있었다. 불과 몇 년 전만 해도 SF 영화에나 나올 법한 일이 뉴스에 나오고 있다. 하늘에서 적을 폭격하는 드론에 겨우 익숙해졌더니, 지상전에서도 무인 차량이 전쟁에 나서고 있다. 하르티야 여단 대변인은 "정찰과 지뢰 제거, 돌격까지 위험한 임무를 최대한 기계로 대체하는 것이 우리의 과제"라며 "잃어도 되는 것은 인간이 아닌 기계여야 한다"고 강조했다.[6]

지상 드론, 즉 UGV(Unmanned Ground Vehicle)의 종류는 다양하다. 기관총을 달고 적에게 사격하는 무장 로봇이 있는가 하면, 폭약을 싣고 적 진지로 돌진해 자폭하는 드론 차량도 있다. 하르티야 여단은 대인지뢰를 장착한 소형 자폭 지상 드론도 활용했다. 이 일회용 로봇은 적 참호 가까이 굴러가서 폭발한다. 사람이 했다면 목숨을 잃었을 위험천만한 임무를 로봇이 대신한 것이다. 직접적인 전투 임무 이외에도 물자 보급, 부상자 운반, 정찰 등 다목적 임무 수행도 가능하다. 무엇보다 가격이 저렴한 것도 장점이다. 우크라이나군이 운용하는 UGV는 대당 가격이 수만에서 수십만 달러 정도이다.[7] 천만 달러에 육박하는 전차에 비해 뛰어난 가성비를 보여 준다.

가성비가 뛰어난 지상 드론이 유용함을 보여 주자 우크라이나는 250여 개에 달하는 스타트업을 활용하여 개발 작업을 진행 중이다.[8] '라텔 S'라는 사륜 무인 차량은 40킬로그램의 탄두를 싣고 최대 5킬로미터까지 달려가 자폭할 수 있다. 우크라이나 스타트업이 개발한 아이언클래드는 궤도형 UGV로, 중기관총을 장착하고 전투, 정찰, 물자 수

우크라이나군의 UGV 라텔 S(위)와 러시아군의 UGV 우란-9(아래)

인간 없는 전쟁

송까지 다목적으로 활용할 수 있는 만능 로봇이다.[9] 이처럼 우크라이나는 소형부터 대형까지, 폭발물 운반부터 기관총 플랫폼까지 온갖 지상 로봇들을 실전에서 시험하며 운용법을 터득하고 있다.

러시아도 가만 있지 않았다. 사실 러시아는 전쟁 전부터 거대한 무인 전차를 개발해 왔다. 5미터 길이에 12톤이 넘는 우란-9 무인 전투차량은 기관포와 대전차미사일까지 탑재했다. 하지만 시리아 내전에서 실망스러운 성능을 보이고 만다. 이런 시행착오 때문인지 러시아는 우크라이나전쟁에서는 대형 로봇보다 소형 자폭 UGV 개발에 집중하고 있다. '개구리'라는 별명의 자폭 드론 차량은 시속 29킬로미터로 은밀히 접근해 적 참호를 급습한다.[10]

이런 무인 지상 병기 경쟁은 비단 우크라이나와 러시아만의 일이 아니다. 미국, 이스라엘 등 군사 강국들도 오래전부터 UGV 개발에 투자해 왔다. 특히 이스라엘은 이미 2021년부터 가자지구 접경 지역에 재규어라는 반자율 무인 장갑차를 배치했다. 6륜 소형 전투차량인 재규어는 7.62밀리미터 기관총과 각종 센서를 장착하고 있다. 낮에는 카메라와 열상장비로 철조망 너머를 감시하고, 밤에는 자동운전 모드로 스스로 순찰을 한다. 필요 시 원격으로 기관총을 발사할 수도 있다. 적에게 탈취될 경우 스스로 자폭하는 기능까지 갖췄다. 세계 최초로 국경에 병사 대신 로봇을 세웠다는 이스라엘 측 발표처럼, 재규어는 AI와 로봇이 지상에서 인간을 대체해 가는 선례를 만들었다.[11]

드론과 로봇이 하늘과 바다, 지상에서 맹활약하고 있지만, 이들은 어디까지나 겉으로 보이는 변화일 뿐이다. 그 이면에는 보이지 않는 두뇌, 바로 AI가 자리하고 있다. AI 기술이 없다면 오늘날의 무인 전투 체계들은 제대로 기능하지 못한다. 현재 AI 기술은 이들에게 자율성을 부여하고 있다. 재규어 무인 장갑차처럼 스스로 장애물을 피하며 정해진 루트를 순찰한다든지, 무인기가 인간 조종사의 개입 없이 자동으로 표적을 식별하고 추적하는 기술도 빠르게 발전하고 있다.

다만 현재까지는 완전한 치명적 자율무기가 실전 투입된 결정적 사례는 많이 보이지 않는다. 보통 인간의 감독하에 제한적 자율 형태가 주류를 이룬다. 우크라이나의 마구라 V7 해상 드론 역시 목표 주변까지 자율항해 하지만, 실제 미사일 발사는 원격 조종사의 최종 승인을 거친 것으로 알려져 있다. 이는 기술적 한계라기보다 윤리적 이유로 인간 통제를 유지하는 것이다. 그렇지만 기술 발전의 추세는 자명하다. AI의 성능이 더 향상되고 신뢰성이 검증될수록, 더 많은 살상 결정을 기계가 알아서 내리게 하는 방향으로 흘러갈 가능성이 높다. 그리고 실제로 기계가 살상을 한 사례들이 보고되고 있다.

자율살상무기의 등장,
인간이 빠진 전장

2020년 11월 27일, 이란 테헤란 인근의 한 도로. 이란 핵 개발의 아버지 모센 파흐리자데와 그의 부인을 태운 차량이 달리고 있었다. 앞뒤에는 경호 차량들이 호위하고 있었다. 갑자기 총성이 울렸다. 운전석을 향한 정확한 사격. 차는 멈춰 섰고, 파흐리자데는 숨을 거뒀다.[12] 이스라엘 정보기관 모사드가 2007년부터 제거하고자 했던 인물의 최후였다.[13]

이란 국내에서 이스라엘 정보기관이 자행한 것으로 보이는 암살 사건이 벌어진 것도 충격이지만, 더 놀라운 건 현장에 저격수가 없었다는 점이다. 범인은 150미터 떨어진 곳에 세워진 픽업트럭에 숨겨진 원격조종 기관총이었다. 벨기에산 FN MAG 7.62밀리미터 기관총이 로봇 팔에 장착되어 있었고, 사건 현장에서 1,600킬로미터 떨어진 이스라엘에서도 조종이 가능한 시스템이었다.[14] 마치 게임 속 자동 포탑을 현실로 꺼내 놓은 것 같았다.

이 'AI 저격수'는 단순한 시제품이 아니었다. 멀리 떨어진 안전한 곳에서 사수가 카메라 영상을 보며 방아쇠를 당겼다. 하지만 위성통신 때문에 1.6초의 지연이 있었다. 달리는 차량을 맞추기엔 치명적인 시간차다. 여기서 AI가 등장한다. 탑재된 소프트웨어가 1.6초 후 표적이 있을 위치를 예측해 조준점을 보정했다. 정확히 15발만 발사됐고, 옆자리에 타고 있던 파흐리자데의 부인은 다치지 않았다.[15] 인간 저격수도 해내기 어려운 정밀 타격을 AI의 도움으로 실현한 것이다.

당시 사용된 시스템은 인간이 최종 결정을 내리는 무기였다. 하지만 AI의 표적 추적과 예측 조준이 결합되며 자율살상무기의 가능성과 위험을 동시에 보여 줬다. 미국의 군사 연구자인 재커리 칼렌본 박사는 "이스라엘의 AI 지원 저격총은 완전자율무기는 아니지만, AI 무장이 가져올 약속과 위험을 단적으로 보여 준다"고 평가했다.[16]

2024년 2월, 4개월이 넘는 격렬한 전투 끝에 러시아는 우크라이나 동부의 주요 도시 아우디이우카를 점령한다. 압도적인 화력을 가진 러시아를 상대로 아우디이우카는 혼신의 힘을 다해 버텨 냈다. 특히 러시아군은 한 진지를 점령하는 데에만 40일이 넘는 시간을 소요했다.[17] 러시아군이 간신히 점령한 진지에 들어섰을 때 발견한 건 인간 병사가 아니라 카메라가 달린 기관총 한 정뿐이었다.[18]

'샤블랴'라 불리는 원격조종 기관총 포탑이었다. 우크라이나군은 사람을 배치하지 않고 이 무인 총좌에 야간 투시 카메라와 원격 사격 기능을 갖춰 놓았다. 수시로 탄약과 전력만 보급하며 진지를 방어한 것이다. 로봇이 인간을 대신해 전선을 지킨 셈이다. 샤블랴는 우크라이나가 자체 개발한 전투 로봇 중 하나다. 7.62밀리미터 기관총이나 중기관총, 자동 유탄발사기 등 다양한 총기류를 장착하고, 표적을 자동으로 추적하여 조준 사격까지 수행할 수 있다. 열화상 센서와 광각 카메라를 탑재해 야간에도 목표를 탐지할 수 있으며, 최대 약 5킬로미터 거리의 표적까지 타격할 수 있다고 한다.[19]

흥미로운 건 조종 방식이다. 우크라이나 병사들은 휴대용 게임 컨트롤러인 스팀 덱으로 포탑을 원격조종 한다. 평소에는 원격조종으로 운용되지만, 설정에 따라 일부 자율 작동 기능도 수행한다. 부분적 자율무기로 분류되는 이유다. 우크라이나 전략산업부 장관인 올렉산드르 카미신은 AI로 구동되는 자율무기가 전장에서 인명과 장비 손실을 크게 줄일 수 있을 것으로 전망한다. 그는 우크라이나가 단순한 드론전을 넘어 진정한 무인 시스템 전쟁으로 도약해야 한다고 강조했다.

현재 우크라이나에는 200개 이상의 기업이 무인 체계를 생산 중이며, 350달러짜리 소형 FPV 드론부터 상트페테르부르크까지 날아갈 수 있는 장거리 드론까지 다양한 스펙트럼을 갖추고 있다고 밝혔다. 공중, 해상, 지상을 망라하는 무인 전력을 구축했다는 것이다.[20]

*
**

이처럼 현재까지 전쟁에 투입된 무인 무기는 대체로 인간의 통제하에 일부 자율적으로 움직이는 형태다. 그러나 SF 영화에서나 보던 '킬러 로봇'이 등장한 순간은 의외로 조용히 찾아왔다. 앞서 언급한 2020년 북아프리카 리비아 내전이다. 정부군이 투입한 튀르키예제 쿼드콥터 자폭 드론 '카르구-2' 여러 대가 반군의 차량 행렬과 퇴각 병력을 추격했다. 유엔 보고서에 따르면 이 드론들은 운용자의 조종이나 데이터 연결 없이도 지정된 작전 구역을 자율비행 하며 적군을 찾아서 사격했다. 카르구-2는 퇴각하는 병사를 끝까지 사냥하여 공격했는데, 이 과정에서 인간의 개입이나 통신 없이 완전히 독립적으로 표적을 탐지하고 교전한 것으로 추정된다. 명령을 받은 적도, 멈추라는 지시를 들은 적도 없이 스스로 인간을 추적해 살상에 이른 첫 번째 사례로 기록됐다.[21]

카르구-2는 원래 보병이 원격조종 하거나 반자율 모드로 운용하도록 설계됐다. 목표 지점을 설정하면 드론이 스스로 날아가 탑재된 카메라와 센서로 지상 목표물을 탐색한다. 사람이나 차량 등 미리 입력된 목표 유형에 부합하는 물체가 포착되면, 급강하해 돌진한 뒤 탑재된 폭약을 폭발시킨다. 하늘을 떠다니는 지능형 지뢰 같은 무기다. 제작사 자료에 따르면 카르구-2는 주야간 전천후로 자동추적 하는 이미지 인식 시스템과 정밀 타격 기능을 갖추고 있다.

하지만 리비아에서는 인간이 전혀 개입하지 않은 상태로 사용된 정황이 포착됐다. 즉 현장의 병사가 일일이 공격을 승인하지 않은 채 드론 스스로 적을 찾아 공격하도록 프로그램됐을 가능성도 있다. 다행히 대규모 인명 피해는 보고되지 않았지만, AI 알고리즘이 죽이는 대상을 자의적으로 선택한 셈이어서 파장은 컸다. 유엔의 전문가들은 이러한 자율무기 사용이 국제법상 적법한지 우려를 표했다. 인간을 공격한 킬러 드론의 첫 사례가 된 리비아 사건은 자율살상무기에 얽힌 윤리와 법적 문제를 수면 위로 끌어올렸다. 동시에 기술의 발전 속도가 규범을 앞질러 가고 있음을 여실히 보여 줬다.

이란의 AI 저격수, 우크라이나의 로봇 기관총, 리비아의 자율드론. 각각은 드라마틱한 한 장면이지만, 동시에 현재진행형인 군사 혁신을 보여 준다. AI, 센서, 로봇공학의 발달이 결합하면서 전장의 결정권이 서서히 인간 손을 떠나 기계로 이동하고 있다. 이러한 변화는 단순히 무기 한두 개의 문제가 아니다. 무슨 표적을 언제 어떻게 공격할지 판단하는 일이 인간 지휘관과 병사의 몫이 아니라 AI 알고리즘과 네트워크 시스템의 몫으로 변모해 가고 있다. 자율살상무기의 등장은 그 극적인 단면에 불과하다.

이제 한 걸음 더 나아가, AI 플랫폼이 전장의 의사 결정을 어떻게

인간 없는 전쟁

바꾸고 있는가에 대해 살펴보도록 하자. 이는 단일 병기의 문제를 넘어 지휘, 통제, 전략 수립, 전쟁 수행 방식 전반에 걸친 거대한 변화의 이야기다.

2.
AI 플랫폼이
지휘하는 전장

보이지 않는 지휘관,
AI가 전투를 결정하다

2022년 7월, 우크라이나 남부 헤르손. 드네프르강을 가로지르는 안토 노프스키 다리가 정확한 포격을 받고 무너져 내렸다. 러시아군의 유일한 보급로였던 이 다리가 파괴되자 러시아군은 고립되고 만다. 그리고 이내 헤르손에서 물러났다. 공격을 수행한 건 미국제 고속 기동 보병로켓 시스템인 하이마스[HIMARS]였지만, 진짜 주역은 따로 있었다. 바로 '델타'라 불리는 소프트웨어다. 델타는 나토가 개발했지만, 우크라이나 전장에서 처음으로 사용된 것으로 알려졌다.[22]

디지털 상황인식 시스템인 델타는 단순한 지도 앱이 아니었다. 군사위성, 드론, 심지어 시민들이 스마트폰으로 제보한 정보까지 모두

한 화면에 통합했다. 러시아군 전차가 어디에 숨어 있는지, 탄약고가 어느 건물에 있는지, 보급 트럭이 언제 다리를 건너는지에 대한 정보가 실시간으로 업데이트됐다. 우크라이나군은 이 디지털 지도를 보며 하이마스의 로켓 여섯 발을 어디에 쏠지 결정했다. 결과는 완벽했다. 러시아군 핵심 보급선 위치만 정확히 타격해 최소한의 포탄으로 최대 효과를 거뒀다.

더 극적인 사례는 2023년 8월 말 벌어진 로보티네 전투다. 러시아군은 15~25킬로미터에 걸쳐 지뢰밭과 참호, 콘크리트 장애물을 겹겹이 설치했다. 제1차 세계대전을 연상시키는 이 철벽 방어선 앞에서 우크라이나군은 고전하고 있었다. 500미터를 전진하는 데도 막대한 희생이 필요했고 수십 명의 병사들이 수 킬로미터의 지뢰밭을 기어서 진격해야 했다.[23]

그런데 기적이 일어났다. 우크라이나군이 지리멸렬하게 대치 중이던 상황을 타개하고 마침내 돌파에 성공한 것이다. 비결은 AI였다. 먼저 소규모 정찰대가 반복적으로 러시아군 진지를 정찰했다. 러시아군이 대응 사격을 하면 그 위치가 노출된다. 이 정보는 즉시 AI 시스템으로 전송됐다. AI는 수백 개의 표적을 실시간으로 분석해, 어느 포대를 먼저 제압할지, 어느 지휘소를 먼저 노릴지, 보급로는 어디를 끊을지를 결정했다. 그리고 지휘관이 공격 버튼을 누르는 순간, 동시다발적 타격이 시작됐다. AI는 인접 부대와 상급 부대의 지상, 해상, 공중 전력까지 실시간으로 조율했다. 러시아군은 무엇에 맞았는지도 모른 채 지휘통제가 마비됐고 방어선이 무너졌다. 이를 통해 우크라이나군

주력 부대는 로보티네를 탈환할 수 있었다.

우크라이나가 개발한 또 다른 혁신적 시스템이 있다. 포병의 우버라 부리는 'GIS 아르타'다. 이 시스템을 우버라고 부르는 이유는 간단하다. 우버가 승객과 가장 가까운 택시를 연결하듯, 아르타는 표적에 가장 적합한 화력을 연결한다. 작동 방식은 이렇다. 정찰 드론이나 전방 관측병이 적을 발견하면 스마트폰 앱으로 좌표를 입력한다. AI 알고리즘은 즉시 주변의 모든 화력 자산을 스캔한다. 박격포, 곡사포, 미사일, 공격 드론 중에서 가장 가깝고 적합한 무기를 선택한다. 그리고 자동으로 사격 명령을 전송한다. 기존 방식이라면 표적 발견부터 타격까지 20분 이상 걸렸을 일이다. 보고서 작성, 상급 부대 보고, 화력 배정, 사격 준비. 복잡한 절차 때문에 적이 도망갈 시간이 충분했다. 하지만 GIS 아르타는 수십 초에서 수 분이면 충분하다.[24]

2022년 5월 세베르스키도네츠강 전투에서 이 시스템은 진가를 발휘한다. 러시아군이 부교를 놓고 강을 건너려는 순간 우크라이나군은 GIS 아르타로 여러 포대를 동시에 지휘했다. 포병을 분산 배치한 뒤 여러 방향에서 동시 공격을 가했다. 러시아군은 포탄이 어디서 날아오는지도 알 수 없었다. 결과는 참혹했다. 러시아군 전차 70여 대와 1,000명 이상의 병력이 전멸했다.[25] 이 시스템의 진짜 핵심은 분권화다. 야전 지휘관들은 상부 허락 없이 '선 조치 후 보고' 방식으로 직접 화력을 운용할 수 있다. 관료주의에 찌든 군은 따라올 수 없는 속도다.

이런 놀라운 성과의 배경에는 새로운 전쟁 개념이 있다. 바로 '네트워크 중심전network-centric warfare'이다. 과거 전쟁에서는 각 부대가 자기

　　　　　　　　　　　　　　　　인간 없는 전쟁

GIS 아르타 운용 화면

구역만 담당했다. 포병은 포병대로, 항공기는 항공기대로 따로 움직였다. 하지만 네트워크 전쟁에서는 모든 전력이 하나로 연결된다. 마치 우버가 승객과 운전자를 실시간으로 연결하듯, 전장의 모든 센서와 무기가 네트워크로 묶인다. 드론이 적을 발견하면 가장 가까운 포대가 자동으로 배정돼 사격한다. 위성이 적 함대를 포착하면 즉시 미사일 부대에 좌표가 전송된다. 이 모든 과정을 AI가 조율한다.

미군은 이를 한 단계 더 발전시켜 '모자이크전mosaic warfare'이라는 개념을 구체화하고 있다.[26] 전통적인 군대는 직소 퍼즐 같았다. 각 부대가 정해진 위치에 정확히 맞아야만 전체 그림이 완성됐다. 하나라도 빠지면 구멍이 생겼다. 하지만 모자이크는 다르다. 작은 조각 하나가 빠져도 다른 조각으로 대체할 수 있다. 드론이 격추되면 다른 드론이, 포대가 파괴되면 미사일이 그 역할을 대신한다. 수천 개의 저렴한 센서와 무기가 유연하게 재조합되며 임무를 수행한다. 그리고 이 모든 조각을 실시간으로 연결하고 조율하는 두뇌가 바로 AI다. AI는 어떤 조각이 사라졌고 어떤 조각이 사용 가능한지 파악해, 즉시 새로운 전투 모자이크를 만들어 낸다.

우크라이나는 이 개념을 실전에서 구현하고 있다. 수만 대의 드론이 전장을 감시하고, 스타링크가 통신을 연결하며, AI가 정보를 분석한다. 개별 드론 하나는 보잘것없지만, 네트워크로 연결되면 러시아의 거대한 전쟁 기계를 압도한다. 골리앗을 이긴 다윗의 21세기 버전인 셈이다.

팔란티어,
전쟁의 모든 데이터를 삼키다

AI가 전장을 바꾸는 이 모든 혁신의 중심에는 미국 기업 팔란티어가 있다. 2022년 6월 팔란티어 CEO 알렉스 카프가 직접 키이우를 방문했다. 공습경보가 울리는 도시에서 그는 젤렌스키 대통령을 만나 제안했다. 자사의 AI 플랫폼을 무료로 제공하겠다는 것이었다.[27] 팔란티어는 2003년 CIA의 지원을 받아 설립된 데이터 분석 기업이다. 사명은 '반지의 제왕'에 나오는 '팔란티르', 멀리 떨어진 곳을 볼 수 있는 수정 구슬에서 따왔다. 모든 것을 꿰뚫어 보는 전지적 시선을 가진 도구를 개발하겠다는 의미다. 핵심 제품 또한 대중매체에서 이름을 따왔다. 바로 '고담'이라는 AI 플랫폼이다. 배트맨의 도시 고담 시티처럼 복잡하고 어두운 범죄 네트워크를 파헤친다는 의미를 담았다. 이 시스템은 방대한 양의 데이터를 통합하고 분석해 숨은 패턴을 찾아낸다. 테러리스트 추적, 금융 사기 적발, 마약 조직 색출에 활용되고 있다.

우크라이나에서 고담이 하는 일은 간단히 말해 데이터 융합이다. 상업 위성의 광학·레이더 영상, 드론 영상, 열화상 데이터, 지상부대 보고, 통신 감청, 소셜미디어 게시물까지. 서로 다른 형식의 수천 가지 데이터를 하나의 플랫폼에서 통합한다. 여기서 핵심은 AI의 패턴 인식 능력이다. 고담은 컴퓨터 비전 기술로 위성사진에서 위장된 군사 장비를 찾아낸다. 예를 들어 숲에 숨은 전차는 육안으로 보이지 않지만, AI는 나뭇잎 색깔의 미세한 변화, 비정상적인 그림자 패턴, 열화상 신호를 종합해 탐지한다.

자연어 처리^{NLP}(컴퓨터가 인간의 언어를 이해하고 처리할 수 있게 하는 AI의 한 분야) 기술도 중요하다. 수천 건의 현장 보고서와 첩보 문서를 AI가 읽고 핵심 정보를 추출한다. "적 전차 목격", "보급 트럭 이동" 같은 단편적 정보들을 시공간적으로 연결해 적의 작전 의도를 파악한다. 그리고 머신러닝 알고리즘은 이런 분석을 계속 개선한다. 공격 결과를 피드백으로 받아 예측 모델을 수정한다. 처음에는 표적 식별 정확도가 60퍼센트였다면, 수천 번의 실전 데이터를 학습한 뒤에는 90퍼센트 이상으로 올라갈 수도 있다.[28]

가장 인상적인 기능은 '예측 분석'이다. 고담은 과거 데이터에서 패턴을 찾아 미래를 예측한다. 러시아군이 공세 전에 보이는 탄약 집적, 부대 재배치, 통신량 증가와 같은 행동 패턴을 학습해 사전에 공격을 예고한다. 실제로 팔란티어는 개전 전 러시아의 침공 징후를 포착했다. 상업 위성 SAR 영상을 분석해 러시아군 차량이 통상적인 사각 대형이 아닌 행군 대형으로 배치된 것을 발견했다. 텐트 대신 차량 안에서 숙영하는 패턴도 감지했다. 이는 곧 이동할 준비를 마쳤다는 신호였다.[29]

팔란티어는 지원을 결정한 후 불과 1년여 만에 우크라이나 정부 다수 기관에 자사의 플랫폼을 제공했다. 국방부는 물론 디지털전환부, 경제부, 교육부 등 6개 이상 부처가 팔란티어 소프트웨어를 활용하고 있다.[30] 그들은 팔란티어의 메타콘스텔레이션 플랫폼을 통해 상업 위성의 데이터를 실시간으로 받아 본다. 병사가 태블릿으로 특정 지역

관측을 요청하면 몇 시간 안에 최신 위성 영상이 도착한다.

팔란티어의 위력은 실전에서 증명된다. 2022년 가을, 우크라이나 군의 헤르손 탈환 작전에서 팔란티어는 40여 개 위성과 정찰 자산에서 24시간 쏟아지는 데이터를 통합했다. 러시아군 부대가 어디로 이동하는지, 보급 창고가 어디 있는지 실시간으로 파악했으며, AI는 수천 개의 표적 중 우선순위를 정했다. 이렇게 팔란티어가 분석한 정보는 델타를 통해 지도·영상 등의 인터페이스로 현장 지휘관에게 전달된다. 결과는 명확했다. AI 분석 결과에 따라 서방이 제공한 무기로 정밀 포격이 이어지며 러시아군 지휘소와 탄약고가 차례로 파괴됐다.

페도로프 디지털전환부 장관은 헤르손, 이지움, 하르키우 해방 작전에서 이 '디지털 킬 체인'이 결정적이었다고 평가했다. 러시아 주요 시설이 파괴될 때마다 팔란티어의 데이터 연계 타격이 있었다는 것이다. 과거라면 수백 명이 며칠 걸려 분석할 정보를 이제는 클릭 몇 번으로 처리한다. 알렉스 카프의 말은 과장이 아니었다. "우리 소프트웨어가 우크라이나의 대부분 표적 선정에 이바지하고 있다." 실제로 우크라이나는 제한된 포탄 하나하나를 아껴 써야 했고, 팔란티어는 여기에 기여하게 된다. 영국 《타임스》는 팔란티어 AI가 우크라이나 포병의 정확성, 속도, 파괴력을 극대화했다고 보도했다.[31]

이러한 활약으로 팔란티어의 주가는 급등했고, 스스로를 '21세기 무기상'이라 칭할 정도로 전쟁터에서 가장 각광받는 AI 플랫폼으로 부상했다. 전쟁이 3년째 접어든 지금도 팔란티어 팀은 키이우에 상주하며 작업을 계속한다.

＊
＊＊

팔란티어뿐만 아니라 구글, 마이크로소프트, 아마존 같은 빅테크부터 이름 없는 스타트업까지 수십 개 기업이 우크라이나에 기술을 제공하고 있다. 표면적으로는 우크라이나를 돕기 위해서다. 하지만 속내는 복잡하다. 우크라이나와 협력 기업들은 단기적인 전과뿐 아니라 미래전을 대비하는 일종의 실험실을 만들고 있다고 이야기한다. 페도로프 장관은 숨기지 않고 말한다. "우크라이나는 세계 최고의 기술 테스트베드다. 우리의 목표는 이 나라를 거대한 R&D 실험실로 만드는 것이다."[32]

실제로 이런 기업들에게 전쟁은 천금 같은 기회가 될 수 있다. 평시라면 절대 얻을 수 없는 실전 데이터가 매일 쏟아진다. AI가 실제로 사람을 죽이는 결정을 내릴 때 어떻게 작동하는지, 전자전 환경에서 드론이 어떻게 버티는지, 수천 개 센서의 정보를 실시간으로 융합하면 무슨 일이 일어나는지. 이 모든 데이터가 기업들의 AI를 더 똑똑하게 만든다.

막사테크놀로지스, 플래닛랩스를 비롯한 여러 위성 기업들은 우크라이나에 고해상도 영상을 지원했다. 블랙스카이라는 기업의 위성은 같은 지역을 하루에 15회씩 촬영한다. AI는 사진을 비교해 변화를 자동으로 감지한다. 러시아군이 참호를 팠는지, 전차가 이동했는지, 새로운 진지가 생겼는지를 파악할 수 있다. 모든 변화는 90분 안에 우크라이나군에 보고된다. 이들 기업이 우크라이나 전장에 참여하며 얻는

인간 없는 전쟁

직접적인 수익은 많지 않다. 하지만 신제품 개발, 서비스 개선 및 홍보 효과를 얻었고, 실전에서 검증된 기술은 다른 나라 국방부와 계약으로 이어질 수 있다.

이런 민간 기업들의 참여로 우크라이나에는 '밀테크 밸리(Mil-Tech Valley)'가 생겨났다. 키이우의 협업 공간에는 전 세계 스타트업들이 모여 있다.[33] 낮에는 코딩을 하고, 밤에는 공습경보를 듣는다. 전쟁과 혁신이 기묘하게 공존하는 곳이다.

영화가 현실이 되다,
이스라엘의 AI 전쟁

2002년 개봉한 스티븐 스필버그의 영화 〈마이너리티 리포트〉. 톰 크루즈가 열연한 이 영화에서 2054년 워싱턴 D. C.는 범죄가 일어나기 전에 미리 막는 시스템을 운영한다. 세 명의 예언자가 미래를 보고 살인을 예고하면 경찰이 출동해 범죄자를 사전에 체포한다. 그런데 2023년, 이 SF 영화가 현실이 되었다. 예언자는 없었다. 그 자리를 AI가 차지했다. 무대는 중동 가자지구. 이스라엘군은 '라벤더'라는 AI 시스템을 가동했다.

라벤더는 이스라엘군 정보기관인 8200부대가 개발한 AI 기반 표적 식별 플랫폼이다. 이 시스템은 드론 영상, 감청 정보, 감시 데이터 등 방대한 정보를 자동으로 교차 분석 한다. 그리고 기계학습 알고리즘을 통해 이미 파악된 하마스나 이슬람 지하드 무장대원들의 행동과 통신 패턴을 학습한다. 전화 통화 패턴, 이동 경로, 만나는 사람들, 소셜미디어 활동 관련 모든 데이터를 AI가 활용한 것이다. 그리고 라벤더는 학습한 패턴과 비슷한 행동을 보이는 다른 주민을 신규 용의자로 분류한다. 가자지구 주민 개개인이 무장대원일 가능성을 파악하고 위험 점수를 부여했다. 마치 신용 평가처럼 각 개인에게 점수가 매겨지는 것이다. 다만 대출 가능 여부가 아니라 생사를 결정하는 점수라는 점이 달랐다. 위험 점수가 군이 정한 기준을 넘으면 자동으로 군사 표적이 됐다.[34]

2023년 10월 7일 하마스의 기습 공격 이후 라벤더는 본격 가동됐다. 결과는 충격적이었다. 3만 7,000명의 가자 주민이 잠재적 요주의 인물로 지목됐다. 이 목록에는 하마스나 지하드의 정식 대원뿐 아니라 하급 조직원, 심지어 단순 연계자까지 포함됐다. 익명의 이스라엘 장교는 기계가 차갑게 처리해 오히려 수월했다며, 자신들은 그저 도장 찍는 역할만 했다고 증언하고 있다. 또 다른 장교는 더 구체적으로 증언했다. "20초 동안 표적 하나를 확인할 뿐이었다." 20초. 한 사람의 생사를 결정하는 데 걸린 시간이다. 정보 장교들은 라벤더가 추천한 표적이 정말 하마스 대원인지 검증하는 대신, 남성인지 아닌지만 확인했다.[35] 이는 전문가들이 경고하는 자동화 편향 문제를 적나라하게 보여준다. 기계의 판단을 맹신하는 인간의 모습이다.

라벤더 외에도 이스라엘군은 여러 AI 플랫폼을 동시에 운용했다. '가스펠', 히브리어로 '하브소라(복음)'라 불리는 이 시스템은 건물과 시

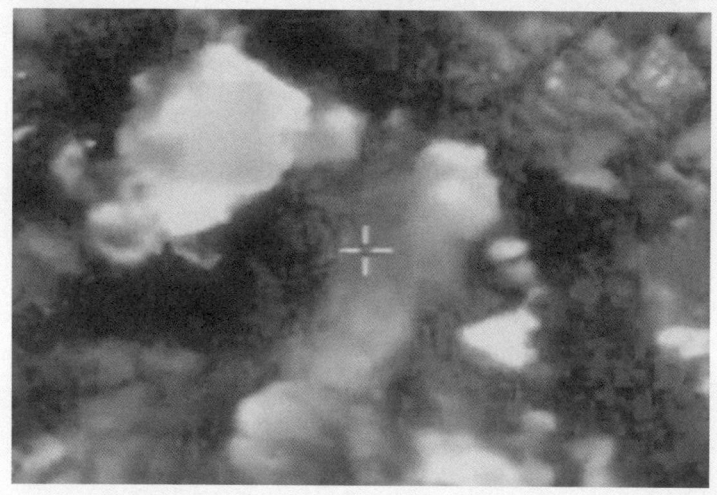

하마스의 고위 간부 아이만 노팔이 암살당하기 전(위)과
폭격 이후의 영상 화면(아래). 목표는 라벤더 시스템에 의해 특정되었다.
이스라엘은 이 공격으로 300명의 팔레스타인 민간인이
사망할 수도 있음을 미리 알고 있었을 것으로 추정된다.

설물 중심의 표적을 대량으로 생산했다. 2019년경 이스라엘군 정보국 표적 관리 부서에서 도입한 이 플랫폼은 위성사진, 감청 자료, 인구 이동 정보 등을 자동으로 분석해 폭격 가능한 목표물 목록을 만들어 냈다. 이스라엘군은 가스펠을 통해 표적 생산을 공장처럼 빠르게 만들었다고 평가했다. 실제로 2021년 5월 가자 공습 당시 이 시스템은 하루에 100개의 표적을 생성했다.[36] 이전에는 연간 50개 수준이었던 것을 하루 만에 달성한 것이다. 가스펠이 추천하는 표적에는 하마스나 지하드 요원들이 은신하거나 활동한 것으로 의심되는 주택, 건물, 지하 시설 등이 포함됐다.

라벤더나 가스펠이라는 이름도 아이러니하지만, 그보다 더 섬뜩한 이름의 AI도 있다. 바로 '웨얼스 대디Where's Daddy?'. 이 시스템은 휴대전화 위치 추적 데이터를 활용해 이미 표적으로 지정된 인물이 특정 장소에 나타났을 때 자동으로 통보했다. 주로 표적 인물이 자신의 가족 거주지에 들어가는 순간을 포착하는 용도로 개발됐다. 라벤더가 살생부를 작성하면, 웨얼스 대디가 수배자의 위치를 끊임없이 감시했다. 해당 인물이 야간에 자기 집에 머무르는 모습이 포착되면 즉각 폭격을 가했다. 이처럼 웨얼스 대디는 라벤더와 결합하여 'AI 살생부-실시간 위치 추적'이라는 킬체인을 완성했다. 하지만 휴대폰 위치 정보만으로 특정 개인의 존재 여부를 정확히 식별하는 데는 한계가 있다. 표적 인물이 집에 들렀다가 바로 외출했음에도 시스템이 폭격을 가해 애꿎은 가족만 희생된 사례가 대표적이다.[37]

이 밖에도 이스라엘군은 '연금술사Alchemist', '지혜의 심연Depth of Wisdom', '헌터Hunter', '플로우Flow' 등 여러 코드 네임의 머신러닝 프로그램을 운용했다. 이 프로그램들은 영상 분석, 통합 질의, 패턴 탐지 등 다양한 용도로 쓰인다. 플로우는 여러 데이터세트를 대상으로 자연어로 질의할 수 있는 도구였다. 이처럼 이스라엘군은 다양한 AI·빅데이터 플랫폼을 정보 수집부터 표적 선정, 작전 추적까지 전 단계에 걸쳐 활용하며 'AI 팩토리'라 부를 정도의 통합 운용 체계를 구축하고 있다.[38]

실전에서 이 AI 팩토리가 보여 준 결과는 전례 없는 규모였다. 이스라엘 공군은 2023년 개전 이후 불과 몇 달 만에 1만 2,000개 이상의 표적을 식별해 공격했다. 라벤더가 추천한 표적의 절반 정도가 즉시 폭격됐으며, 일반 전투원이 아닌 하위 조직원들의 주거지 수천 곳까지 폭격 대상에 포함됐다.[39] 정확도와 민간인 피해라는 문제가 대두될 수밖에 없었다. 군 정보원들은 라벤더가 약 10퍼센트의 확률로 작전과 무관한 사람을 겨냥한다는 사실을 인지하고 있었다(물론 이러한 확률은 어디까지나 비공개 군 자료에 근거한 내부 추정일 뿐이며, 실제 오폭률은 정보 접근성과 피해 집계 방식에 따라 크게 달라질 수 있다).[40] 그럼에도 초기에는 이를 무시한 채 성별만 확인하고 공격 승인을 내렸다.

더 충격적인 건 상부의 방침이었다. 표적을 제거할 때 민간인 15~20명 정도의 부수적 피해는 허용한다는 지침이 내려왔다.[41] AI가 추천한 표적을 제거하기 위해 민간인 희생은 어느 정도 감수하는 정책이 시행된 것이다. 결과는 참혹했다. 2023년 말까지 가자지구에서 민간인 포함 1만 5,000명 이상이 공습으로 사망했다. 2024년 들어서는 그 수치가 수만 명으로 늘어났다. 국제사회는 AI가 가속한 표적 폭격 공장이 이러한 막대한 인명 피해로 이어졌다고 우려했다.

2025년 6월, 이스라엘과 이란 사이에 12일간의 무력 충돌이 벌어졌다. 이때 AI 전쟁은 새로운 단계로 접어들었다. 6월 13일 새벽, 이스라엘은 사전 준비한 작전 '라이징 라이온'을 발동해 이란 전역의 방공망과 미사일 기지를 기습 타격했다. 이 작전은 첩보원과 AI가 주도했다. 모사드 요원들이 수년간 공들여 밀반입한 무인 드론들과 원격 무기가 이란 내부에서 기습적으로 작동하여, 이란 방공망을 속수무책으로 만들었다. 밤사이 전투기가 공중에서, 소형 무인기와 원격 폭탄은 지상에서 협공하며 수 시간 만에 이란의 대공미사일 체계 상당수를 마비시켰다. 그 결과 이스라엘 전투기 편대 수백 대가 이란 영공을 비교적 자유롭게 누비며 핵 시설과 군사기지를 초토화했다.[42]

이번 충돌에서 이스라엘이 보여 준 놀라운 성과는 이란 측 핵심 인물에 대한 동시다발 정밀 타격이었다. 이스라엘군 발표에 따르면 불과 열이틀간의 공습으로 이란 혁명수비대 고위 지휘관 30여 명과 핵 개발 과학자 10여 명을 제거했다.[43] 개전하자마자 군 핵심 인물들은 타격을 받아 사망했고, 핵무기 프로그램을 주도한 과학기술 지도급 인재도 최소 14명 폭사했다.[44]

이 작전의 성공 뒤에는 치밀한 준비가 있었다. 작전에 참여한 한 이스라엘 정보장교에 따르면, AI를 활용한 표적 선정 작업은 이미 2024년 10월부터 시작됐다. 이스라엘은 최신 AI 기술을 동원해 방대한 양의 정보를 신속하게 분석했다. 여기에는 하마스와의 전쟁에서 축적한 기술이 도움이 되었다. 표적 선정 과정은 체계적이었다. 정보장교는 잠재 표적들을 여러 그룹으로 분류했다. 지도부, 군사, 민간, 인프라 등으로 나눈 뒤, 이스라엘에 위협이 되는지를 기준으로 선별했다. 특히 이란의 탄도미사일을 통제하는 준군사조직인 이슬람혁명수비대와 깊이 연관된 인물들이 우선 표적이 됐다. 이스라엘 정보기관은 이란의 핵심 인물들이 어디서 일하고, 여가 시간을 어디서 보내는지까지 상세히 파악했다. AI는 이런 정보를 교차 분석 해 각 인물의 행동 패턴을 학습했고, 최적의 타격 시점과 장소를 예측했다.[45] 그리고 첩보원이 반입한 소형 드론을 비롯한 원격 무기로 표적을 순식간에 제거해 버렸다.

이란 당국은 이스라엘의 공격에 AI로 유도되는 무인 체계가 사용되었다고 비난했고, 실제로 여러 공격 장면에서 원격 또는 자율로 움직이는 드론과 미사일이 포착됐다.[46] 전쟁은 미국의 중재로 12일 만에 휴전되었으며, 이스라엘은 이란의 우라늄 농축 능력을 장기간 무력화했다고 선언했다. 이스라엘군 수뇌부는 이번 이란전 성과를 하마스와 지하드 세력 제거에도 활용할 것이라 밝혔다.[47] AI와 드론을 결합한 새로운 전쟁 양상이 중동 분쟁의 판도를 바꾸고 있는 것이다.

영화 〈마이너리티 리포트〉에서는 톰 크루즈가 시스템의 오류를 밝혀 내고 시스템을 멈췄다. 하지만 현실에서는 오류가 밝혀진 뒤에도 시스템이 계속 작동한다. 라벤더가 지목한 수만 명의 과녁, 가스펠이 찍어 낸 수천 개의 좌표, 웨얼스 대디가 추적한 집들. 영화 속 예언자들이 미래를 본 것과 달리, 현실의 AI는 사람들의 과거와 행동을 추적하고 결론을 내려 현재의 표적으로 삼는다. 그리고 20초의 검토 끝에, 많은 이들이 가족과 함께 사라졌다. 그 과정에서 민간인의 희생조차 암암리에 불가피한 것으로 간주되고 있다.

가자지구에서, 이란에서, 그리고 앞으로 펼쳐질 더 많은 전장에서 AI는 다음 표적을 찾아내고 있다. 이스라엘의 군사용 AI 활용은 국제적으로 미증유의 선례를 남기고 있다. 그리고 이 방식은 앞으로 전쟁에서 새로운 표준이 될 가능성이 높다.

3.
보이지 않는 전장,
사이버전과 오픈소스 전쟁

딥페이크가 만드는
전쟁의 안개

2022년 3월, 우크라이나 대통령 젤렌스키가 항복을 선언하는 영상이 인터넷에 떠돌았다. 잿빛 얼굴을 한 젤렌스키는 강단에서 그의 동포들에게 러시아 침략자들 앞에서 무기를 내려놓으라고 촉구하였다. 하지만 뭔가 이상했다. 얼굴과 목 주변 픽셀이 어색했고, 목소리도 미묘하게 달랐다. 딥페이크였다. 조악한 수준이라 금세 가짜임이 드러났지만, 이것은 시작에 불과했다. AI 기술이 전쟁의 새로운 무기가 된 것이다. 젤렌스키는 즉각 실제 영상으로 대응했다. "유치한 도발"이라고 일축했고, 페이스북과 유튜브는 해당 영상을 삭제했다.[48] 그러나 이는 AI 기술이 접목된 심리전과 사이버전의 서막에 불과했다. 우크라이나와

실제 젤렌스키 우크라이나 대통령(위)
딥페이크로 만들어진 젤렌스키 대통령(아래)

러시아가 상대방의 사기를 떨어뜨리기 위해 안면 합성 기술로 제작된 가짜 영상이나, 전사자와 포로 관련 조작 정보를 흘리는 정보전을 펼치고 있다는 주장도 있다.

2023년 이어진 이스라엘-하마스 전쟁은 그야말로 가짜뉴스로 점철된 전쟁이었다. 오랫동안 테러 관련 선전·선동 활동을 추적해 온 시테[SITE]인텔리전스그룹의 리타 카츠 대표는 이번 전쟁처럼 허위 정보가 바이러스처럼 퍼지는 것은 본 적이 없다며, 그 규모가 가공할 정도라고 평가했다.[49]

가자지구 병원 폭발 사건이 대표적이다. 하마스는 즉각 "이스라엘 공습으로 500명 사망"이라고 발표했다. 세계 언론이 이를 받아 썼고, 국제사회는 분노했다. 하지만 나중에 밝혀진 진실은 달랐다. 사실 이 폭발은 잘못 발사된 이슬람 지하드 로켓이 원인이었고, 사망자 수도 500명보다는 적었다.[50] 그럼에도 초기 허위 보고로 국제사회에 큰 파장이 일었고 하마스는 가짜뉴스를 여론전에 적극 활용했다. 물론 이스라엘 역시 허위 정보 유포와 왜곡된 발표를 여러 차례 일삼았다는 사실이 반복적으로 지적되고 있다. 특히 하마스가 40명의 영유아를 참수했다는 주장은 아무런 현장 증거가 확인되지 않았음에도 전 세계에 보도되어 공분을 산 바 있다.[51]

AI가 만든 참혹한 이미지들도 범람했다. 죽은 아이들의 사진, 폐허가 된 거리, 울부짖는 사람들. 진짜와 가짜를 구별하기 어려웠다. AI가 만든 합성 이미지가 언론과 SNS를 통해 퍼지면 여론은 분노의 목소리를 쏟아 내었다. 후일 반론이 제기되어도 여기에 귀를 기울이는 사람은 많지 않다. 이미 여론은 형성된 뒤이다.

전쟁의 안개는 원래 짙었다. 1990년대 벌어진 유고 내전에서 세르비아, 크로아티아, 보스니아 등 각국 프로파간다팀은 폭격 피해를 과장하기 위해 일부러 타이어를 태워 연기를 피웠다. 국제 언론에 참상을 부풀려 보여 주려는 여론전이었다. 하지만 AI가 만드는 안개는 차원이 다르다. 이제는 알고리즘 몇 줄로 존재하지 않는 폐허를 만들고, 일어나지 않는 학살을 연출한다. 클라우제비츠가 말한 전쟁의 불확실성이 알고리즘에 의해 기하급수적으로 증폭되고 있다. 진실과 거짓의 경계가 무너지면, 전쟁의 정당성도 흔들린다.

다시 우크라이나로 돌아가서, 러시아-우크라이나 전쟁은 '세계 최초의 틱톡 전쟁'이라 불린다.[52] 전장의 병사들은 스마트폰으로 영상을 찍어 올렸다. 폭격 현장, 파괴된 러시아 전차, 항복하는 포로들. 짧은 영상이 순식간에 수백만 조회 수를 기록했다. 우크라이나 정부와 시민들은 틱톡을 선전 매체로 적극 활용하여 국제 여론의 지지를 얻고 국민의 사기를 끌어 올리기 위해 노력했다. 심지어 우크라이나 국방부는 공식 틱톡 계정을 만들었다. 러시아 전차를 파괴하는 영상을 올리고 병사들의 일상도 공개했다. 러시아군을 조롱하는 밈까지 제작했다. 젊은 세대에게 전쟁은 스마트폰 앱으로 전달됐다.

하지만 틱톡은 양날의 검이기도 했다. 진위 확인이 거의 불가능

인간 없는 전쟁

한 탓이다. 15초짜리 영상이 압도적인 속도로 수백만 명에게 전파되면 팩트 체크는 사실상 의미가 없어진다. 과거 영상을 현재인 것처럼 올리거나 다른 지역 영상을 전장 상황으로 둔갑시키는 일이 비일비재했다. 틱톡의 알고리즘은 자극적이고 감정적인 영상을 더 많이 노출한다. 진실보다 조회 수가 우선시되기에 허위 정보는 날개를 달 수 있었다.

더 큰 문제는 틱톡의 모기업인 바이트댄스가 중국 기업이라는 점이다. 틱톡은 사용자의 위치 정보와 행동 패턴을 수집한다. 이 데이터가 중국을 거쳐 러시아로 흘러갈 수 있다는 우려도 제기된다. 우크라이나 병사가 올린 영상의 메타데이터로 부대 위치가 노출될 위험도 있다. 실제로 우크라이나 국가정보국 관계자는 "틱톡은 러시아산 텔레그램만큼 위험하다"고 경고했다.[53] 미국이 틱톡 금지를 검토하자 우크라이나도 고민에 빠졌다.

결국 현대전은 플랫폼 전쟁이기도 하다. X, 페이스북, 유튜브, 틱톡이 정보의 흐름을 좌우한다. 알고리즘이 여론을 만들고, 추천 시스템이 진실을 결정한다. 실리콘밸리의 엔지니어들은 의도치 않게 전쟁의 심판자가 되었다.

총탄보다 비트(bit)로
먼저 시작된 전쟁

2022년 2월 23일 밤, 우크라이나 국방부 웹사이트가 멈췄다. 외교부,

내무부 사이트도 마찬가지였다. 은행 앱은 작동을 멈췄고, ATM은 먹통이 됐다. 대량의 트래픽을 발생시켜 서비스를 마비시키는 해킹 공격의 일종인 디도스^{DDoS} 공격이었다. 그리고 몇 시간 후인 24일 새벽, 러시아 전차가 국경을 넘었다. 첫 포성이 울리기 전에 이미 사이버 공간에서 전쟁이 시작되었다.[54]

러시아는 물리적 침공과 동시에 우크라이나를 디지털로도 마비시키려 했다. 위성통신망을 해킹해 우크라이나군 통신을 교란했고, 이 공격은 우크라이나를 넘어 유럽 전역의 위성 인터넷까지 먹통으로 만들었다. 국경 통제 시스템에는 악성코드를 심어 피난민들의 출국을 방해했다. 검문이 수작업으로 전환되면서 국경에서 불가피한 혼란이 빚어졌다.[55]

하지만 러시아의 계산에는 오류가 있었다. 우크라이나는 이미 오래전부터 러시아 해커들의 사이버 무기 시험장이었다. 2015년 12월 23일, 러시아의 디도스 공격으로 23만 명이 넘는 우크라이나 국민들이 정전을 겪었다. 2017년 6월에는 낫페트야로 명명된 악성코드가 우크라이나 회계 소프트웨어를 통해 전파되었고, 우크라이나를 넘어 전 세계 수만 대의 컴퓨터를 손상시키며 수십억 달러의 경제 피해를 초래했다.[56] 외신들은 우크라이나를 새로운 사이버 무기와 전술을 시험하는 완벽한 샌드박스라고까지 비유했다. 하지만 계속되는 사이버 침입을 겪으며 우크라이나는 단련됐다. 역설적으로 그 경험이 2022년 러시아의 침공과 동시에 진행된 사이버 공세에도 불구하고 큰 피해를 막는 데 기여했다는 분석도 나온다.

더 흥미로운 건 우크라이나의 반격이었다. 전 세계 해커들이 자발적으로 모여 '우크라이나 IT 군대'를 결성했다. 이들은 러시아 정부 사이트를 마비시키고, 선전 매체를 해킹했다. 일론 머스크가 제공한 스타링크 위성 인터넷도 러시아의 통신 교란 시도에 맞서는 데 도움이 되었다. 미국 사이버사령부 등 서방 국가들도 실시간으로 정보를 공유하며 방어를 도왔다.[57] 서방 정보 당국은 러시아가 사이버 공격으로 우크라이나 인프라를 완전히 마비시킬 것으로 예상했다. 하지만 우크라이나와 동맹국들의 대비로 최악의 사태는 발생하지 않았다. 거기에 키보드 전사들의 연대도 큰 도움이 되었다.

"우리는 어나니머스다. 우리는 군단이다. 우리를 맞이하라!"

2022년 2월 27일, 세계에서 가장 영향력 있는 해커 집단인 어나니머스Anonymous가 트위터 계정에 자신들의 상징 구호를 내세우며 러시아에 선전포고를 했다. 가이 포크스 가면을 쓴 한 해커는 푸틴에게 공개 경고를 날린다. 공격은 즉각적이었다. 러시아 국방부, 크렘린궁, 국영 TV 웹사이트가 차례로 마비됐다. 러시아 기업들의 내부 데이터베이스가 해킹당해 공개됐으며, 러시아 위성 TV 채널을 해킹해 우크라이나 국가를 틀어 버리기도 했다.[58] 어나니머스만이 아니었다. 전 세계 해커들이 우크라이나 편에 섰다. 폴란드의 '스쿼드303', 벨라루스의 '사이버 파르티잔', 그리고 미국, 영국, 프랑스 등 수십 개국의 수천 명의 개별 해커들. 이들은 느슨한 연대를 형성하며 러시아를 공격했다.

러시아도 가만있지 않았다. '킬넷', '샤크넷' 같은 친러 해커 집단이 반격에 나섰다. 나토 회원국들의 정부 사이트를 공격하고, 서방 기업들을 표적으로 삼았다. 사이버 공간은 그야말로 무법지대가 됐다.

흥미로운 건 이들 대부분이 국가 소속이 아니라는 점이다. 러시아와 우크라이나 모두 정부가 조직적으로 구성한 해커 집단이 있지만, 자발적으로 모인 시민 해커 집단이 더 많다. 그리고 이들이 국가 간 전쟁에 개입하였다. 국제법상 이들의 지위는 모호하다. 전투원인가, 범죄자인가, 아니면 의병인가?

21세기 전쟁의 새로운 특징을 여기서 볼 수 있다. 과거 국가가 독점하던 전쟁이 민간에 개방됐다. 키보드와 인터넷만 있으면 누구나 전사가 될 수 있다. 물리적 국경이 의미가 없는 사이버 전장에서, 국적과 소속은 중요하지 않다. 중요한 건 코드를 짤 수 있는 능력이다. 최근에는 코드를 짜지 못해도 해커가 될 수 있다. AI의 도움을 받으면 초보 해커도 그럴싸한 악성코드를 만들 수 있다. 천재 해커 역시 AI를 만나 기존에는 상상하지 못했던 악성코드를 만들 수 있다. 실제로 GPT와 같은 LLM이 대중화된 이후, 해커들은 LLM을 활용해 새로운 악성코드 및 변종 악성코드를 기존 수법으로는 상상하기 어려운 수준으로 빠르고 다양하게 제작·전파하고 있다.

스마트폰과 SNS가 무기가 되다, 오픈소스 전쟁

앞서 우리는 AI 기반 딥페이크로 러시아-우크라이나 전쟁이 혼탁해진 장면을 살펴보았다. 그런데 이 전쟁은 '세계 최초의 오픈소스 전쟁'으로 불릴 만큼 전에 없던 투명한 전쟁의 양상도 보여 준다. 스마트폰과 위성통신, SNS 플랫폼으로 인해 현대의 전쟁은 일거수일투족이 공개되는 엄청난 투명성의 시대로 접어들었다. 물론 투명성이라는 미명하에 공개되는 정보 중에는 안개가 잔뜩 낀 허위 정보도 많지만 말이다.

2장에서 언급한 러시아의 40마일 콘보이 실패는 막사테크놀로지스의 상업 위성사진을 통해 전 세계에 생중계되었다. 그런데 더 놀라운 일은 다음에 벌어졌다. 우크라이나 시민들이 스마트폰으로 찍은 사진과 영상이 텔레그램에 쏟아진 것이다. 러시아군의 위치, 차량 번호, 부대 마크까지 선명하게 담겼다. 우크라이나 정보기관은 즉각 움직였다. 텔레그램에 'Stop Russian War' 챗봇을 만들고, 정부 앱 '디야'에는 'E-Enemy' 기능을 추가했다.[59] 시민 누구나 러시아군을 목격하면 사진과 위치를 전송할 수 있었다. 수십만 명의 시민이 정찰병이 된 것이다.

결과는 치명적이었다. 시민들이 제보한 정보로 우크라이나군은 러시아군 행렬을 정확히 타격했다. 실제로 키이우 인근 러시아 군용차량 행렬은 현지 주민들의 텔레그램 제보로 위치가 파악되었다. 우크라이나군은 신속히 출동해 적 호송대를 매복 격파 할 수 있었다. 전문가들은 이를 오픈소스 전쟁이라 부른다. 비밀이 사라진 전쟁, 모든 것이 공개되는 전쟁, 스마트폰 하나가 정찰위성이 되고, SNS 계정이 첩보망이 되는 시대가 온 것이다.

우크라이나군이 오픈소스를 이용해 전쟁의 국면을 유리하게 바꿨지만, 러시아군 스스로 오픈소스가 되어 주기도 하였다. 개전 초기, 러시아의 고위 장성들은 휴대전화로 긴급 통화를 하였다. 암호화되지 않은 일반 전화였다. 이들의 러시아 휴대전화는 우크라이나 이동통신 망에 로밍 신호를 보냈다. 우크라이나 정보부대는 가장 가까운 기지국 세 곳을 이용해 삼각측량으로 위치를 특정했다. 그리고 저격수, 드론, 포병 등을 동원해 이들을 제거했다. 러시아의 암호화 통신시스템인 '에라'가 제대로 작동하지 않자 장교들은 우크라이나 민간 통신망을 빌려 쓸 수밖에 없었다. 자신들의 위치를 적에게 알려 준 셈이다. 중앙 집권적 지휘 체계도 문제였다. 전선이 교착되자 장성들이 직접 최전선 에 나섰다. 소련식 군대의 고질병이었다. 하급 지휘관에게 권한이 없 으니 장군이 직접 나섰고, 그들은 휴대전화로 본부와 통화하다 표적이 됐다. 그 결과 러시아는 개전 한 달 만에 15명의 장군과 대령이 사망하 였다.[60] 미국이 베트남전 전체 기간 12명의 장군을 잃은 것과 비교해 보면 그 심각성을 알 수 있다.

러시아 병사 역시 SNS에서 사고를 친다. 2022년 말 한 병사는 우 크라이나 점령지에서 셀카를 찍어 러시아 SNS에 올렸다. 사진에는 위 치 정보가 그대로 남아 있었다. 분석가들은 이를 통해 해당 부대가 주 둔한 구체적인 장소를 식별했고, 곧이어 벌어진 우크라이나군의 포격 으로 해당 건물은 잿더미가 되었다. 더 어이없는 일도 있었다. 폭격으 로 파괴된 기지를 같은 병사가 다시 찍어 올린 것이다. 우크라이나군 에게 타격 효과를 확인시켜 준 꼴이었다. 한 미군 전문지는 이 병사를 '러시아의 카를'이라고 조롱했다.[61] '카를'은 병사들 사이에서 항상 실수하거나 엉뚱한 행동으로 문제를 일으키는 특정 유형의 인물을 상징하는 미군식 밈이다.

SNS뿐만 아니라 일상 기기 역시 정보 자산이 될 수 있다. 2022년 4월, 한 우크라이나 민간인은 러시아군이 약탈해 간 자신의 에어팟이 움직이는 것을 알게 된다. 아이폰의 '나의 찾기' 앱에 실시간으로 위치가 표시된 것이다. 그의 에어팟은 우크라이나 국경을 넘어 벨라루스로 갔다. 그리고 러시아 벨고로드로 이동했다. 놀랍게도 이 경로는 러시아의 콘보이가 키이우에서 철수하는 퇴각로와 정확히 일치했다. 그는 이 정보를 SNS에 공개했다. 우크라이나 정보 당국도 이 정보를 활용했다. 훔친 이어폰 하나가 적의 동선을 알려 준 것이다. 이어폰 외에도 러시아군이 훔친 아이폰을 통해서도 위치가 노출되었다. 우크라이나 정보기관이 역시나 아이폰 찾기 기능을 사용했기 때문이다.[62] 이것이 오픈소스 전쟁의 본질이다. 고급 정보뿐만 아니라 일상의 SNS, 평범한 IT 기기, 시민의 스마트폰이 귀한 정보 자산이 된다.

우크라이나는 더 충격적인 무기도 꺼내 든다. '클리어뷰 AI'의 안면 인식 기술이었다. 전사한 러시아군의 얼굴 사진을 이 기술로 대조해 신원을 확인하였고, 사망 사실을 러시아에 있는 가족들에게 통보하였다. 시신의 사진과 함께. 우크라이나는 모친에게 아들의 죽음을 알리는 것이 인간적 도리라고 설명했지만, 저의는 분명하다. 러시아 국민들에게 전쟁의 참혹함을 직접 보여 주는 심리전을 벌인 것이다. 특히 전쟁 초기에는 러시아 정부가 국민들에게 자국의 피해를 터무니없이 축소하여 알려 주었기 때문에, 이러한 심리전이 효과가 있을 수 있었다.[63] 물론 한편으로는 러시아인들의 분노를 일으켜 역효과를 불러올 수 있다는 지적도 나왔다. 그럼에도 우크라이나는 텔레그램에 전사한 러시아군을 찾을 수 있는 채널을 개설해 신원 미상의 시신 사진을 공개하고 가족들의 문의를 받았다. 첨단 기술과 공개 정보가 결합한 잔인한 프로파간다였다.

*
* *

오픈소스 전쟁은 양날의 검이다. 모두가 볼 수 있는 정보는 적도 볼 수 있다. 구글과 애플은 전쟁 초기 우크라이나의 실시간 교통정보 제공을 중단했다. 전쟁이 발발한 2월 24일 새벽 러시아군이 대규모 이동하면서 지도상에 갑작스러운 교통 혼잡이 실시간으로 감지되었다. 러시아군 주요 부대의 진입이 교통 체증으로 나타났고, 이 정보가 실시간으로 앱을 사용하는 사람들에게 보인 것이다. 이에 전문가들은 우크라이나군뿐 아니라 러시아군도 민간 정보를 활용할 수 있다는 문제를 즉각 경고했고 구글과 애플은 우크라이나 내 실시간 정보 표시를 중단했다.[64]

정보의 투명성은 모두에게 동일할 것 같지만, 이번 전쟁에서는 우크라이나가 이를 유리하게 활용했다. 러시아는 우크라이나의 인터넷 인프라를 마비시키지 못했고, 오히려 민간 통신망과 서방 IT 기업의 지원을 받은 우크라이나가 정보 우위를 확보했다. 앞서 살펴본 스타링크 위성 인터넷 역시 큰 힘이 되었다. 전 세계 오픈소스 관련 커뮤니티와 해커들 역시 우크라이나 편에 섰다. 정보전과 사이버전에서 우크라이나가 우세했기에, 국력의 열세에도 불구하고 3년이 넘는 기간을 버틸 수 있었던 것이다.

클라우제비츠는 전쟁을 '정치의 연속'이라 했다. 하지만 21세기 전쟁은 '정보의 연속'이 됐다. 모든 시민이 센서가 되고, 모든 데이터가 무기가 되는 시대. 한편에서는 딥페이크가 진실을 가리는 안개를 만들고, 다른 편에서는 오픈소스가 모든 비밀을 벗겨 낸다. 거짓과 진실이 뒤엉킨 정보의 홍수 속에서 이를 걸러 내고 분석하고 활용하는 능력이 승패를 가른다.

그리고 그 끝에는 AI가 있다. 수백만 개의 영상을 실시간으로 분석하고, 수천 개의 신호들 틈에서 패턴을 찾아내고, 노이즈 속에서 진짜 정보를 골라내는 것. 인간의 뇌로는 불가능한 일을 AI는 해낸다. 결국 21세기 전쟁의 진정한 무기는 총도, 폭탄도 아닌 알고리즘이다. 하지만 이것은 시작에 불과하다. 빠르게 발전하는 AI는 곧 전쟁의 모든 것을 뒤바꿔 놓을 것이다. 그렇다면 AI가 만들어 갈 전쟁의 미래는 어떤 모습일까? 그 충격적인 변화를 함께 예측해 보자.

4장.

미래 전장의 지형을 바꾸는 AI: 예측 불가능한 변화

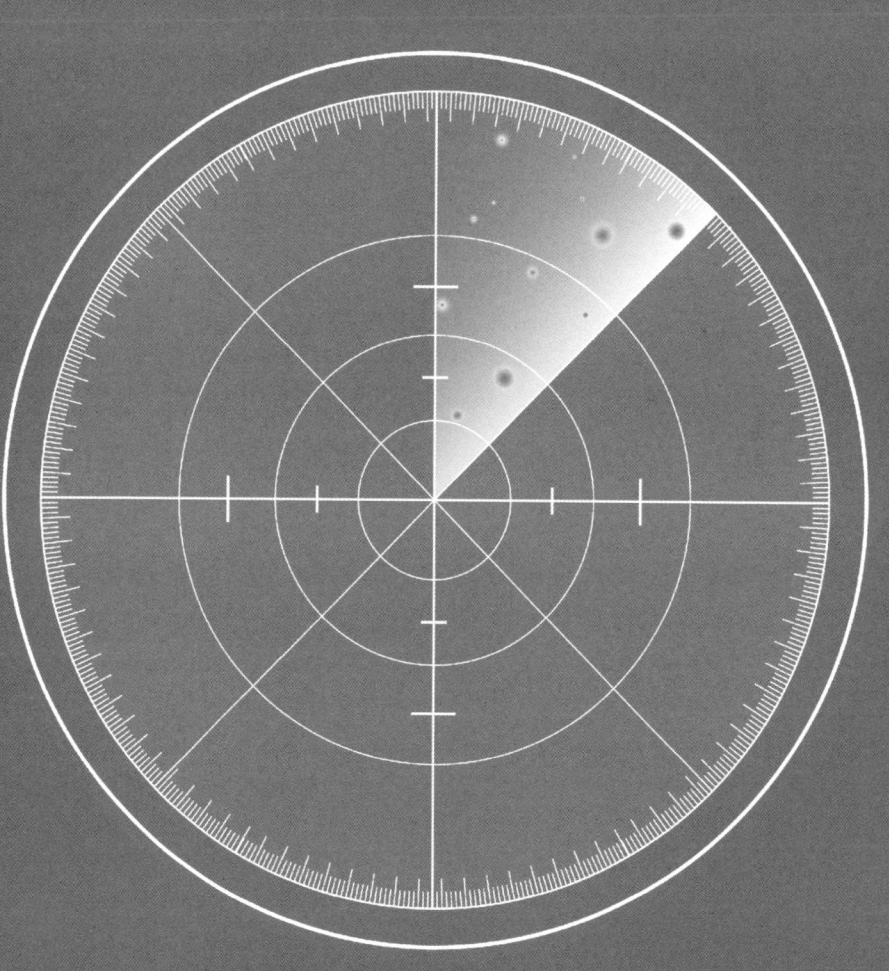

1.
SF 속 무기가
AI를 만나 현실이 되다

보이지 않는 적과의 싸움,
지능형 무기 시대

1986년에 개봉한 할리우드 영화 〈탑건〉에서 톰 크루즈가 연기한 매버릭은 F-14 톰캣을 몰고 적기와 근접 공중전을 벌인다. 서로의 꼬리를 물고 물리는 도그파이팅은 조종사의 순간 판단과 비행 실력이 생사를 가르는 짜릿한 공중전의 묘미였다. 실제로 20세기 중후반까지는 공중전에서 도그파이팅을 빈번하게 볼 수 있었다. 도그파이팅에서 적기를 많이 격추한 조종사에게는 '에이스'라는 호칭이 붙곤 했다. 하지만 2025년 5월 7일, 인도-파키스탄 상공에서 벌어진 현실은 영화와 완전히 달랐다.

그날 자정, 파키스탄 공군이 중국에서 도입한 J-10C 전투기가 중국산 PL-15 장거리 공대공미사일을 발사했다. 이 미사일은 인도가 프랑스로부터 야심 차게 도입한 라팔 전투기를 격추했다. 교전 거리는 무려 200킬로미터에 달했다.[1] 두 전투기는 서로를 맨눈으로 볼 수도 없는 거리에서 싸웠다. 이것이 바로 BVR(Beyond Visual Range, 가시거리 밖) 전투다. 탑건의 낭만적인 근접전은 이제 박물관에나 어울리는 옛날이야기가 되었다.

이날 벌어진 공중전은 그 규모도 전례가 없었다. 한 시간 동안 양국 공군기 110여 대가 얽혀 2차 세계대전 이후 최대 규모의 야간 공중전을 벌였다. 그런데 놀랍게도 양측 전투기는 단 한 번도 상대국 영공을 침범하지 않았다. 모든 교전이 원거리에서 이뤄진 것이다. 서로 보이지도 않는 적을 향해 미사일을 쏘고, 회피 기동을 하며, 전자전을 펼쳤다. 교전 결과는 충격적이었다. 프랑스가 자랑하는 최신예 4.5세대 전투기인 라팔이 중국제 미사일에 격추된 것이다. 라팔은 대당 가격이 1억 달러가 훌쩍 넘는 최첨단 전투기다.[2] 반면 PL-15의 수출형은 한 발에 약 100만 달러 수준.[3] 가격으로만 100 대 1의 교환비다. 인도 정부는 라팔의 격추 사실을 공식적으로 인정하지 않았지만 증거는 명백했다. 인도의 펀자브주(州) 바틴다 지역에서 라팔의 수직 꼬리날개 잔해가 찍힌 사진이 공개되었으며, 사진 속 잔해에서 확인할 수 있는 일련번호 'BS001'은 인도가 프랑스로부터 인도받은 첫 번째 라팔 전투기임을 가리켰다.[4] 미 국방부 관계자는 파키스탄 전투기가 인도 군용기 두 대 이상을 격추했으며, 이 중 한 대는 라팔이었음을 확인해 주었다.[5]

PL-15는 어떤 미사일이기에 이런 충격을 준 것일까? 중국이 개발한 이 차세대 중장거리 공대공미사일은 서방의 AIM-120 암람˙이나 유럽의 미티어에 맞서기 위해 만들어졌다. 2015년경부터 실전 배치되어 J-10C, J-20 등 중국 최신 전투기의 표준 무장이 됐다. 가장 주목할 점은 사거리다. 중국 측 자료에 따르면 본토용 PL-15의 사거리는 200~300킬로미터에 달한다. 수출형인 PL-15E의 사거리도 공식적으로는 145킬로미터로 발표됐지만,[6] 실제로는 이보다 훨씬 길 것으로 추정된다. 200킬로미터 거리에서 상대 기체를 격추시킨 5월 7일의 교전이 이를 뒷받침한다. 이런 긴 사거리의 비밀은 듀얼 펄스 고체 로켓 모터에 있다. 2단 추진 방식으로 첫 번째 모터가 미사일을 마하 5 이상으로 가속시킨 뒤, 비행 중간에 타성으로 활강하다가 종말 단계에서 두 번째 모터가 재점화된다. 마치 장거리달리기 선수가 마지막에 스퍼트를 내듯 미사일도 표적 근처에서 다시 가속하는 것이다.

더 놀라운 건 유도 방식이다. PL-15는 복합 유도 체계를 갖췄다. 중간 비행 단계에서는 관성항법과 위성항법을 쓰며 데이터링크로 지상과 데이터를 주고받는다. 데이터링크는 항공기, 함정, 전차, 지상 기지 등이 실시간으로 표적 정보와 전술 데이터를 암호화된 디지털신호로 주고받는 군사 통신시스템으로, 현대전에서는 이 시스템 없이 작전을 수행한다는 것이 불가능할 정도이다. 중국 역시 PL-15에 양방향 데이터링크를 탑재하여 실시간 경로 수정이 가능하다. 종말 단계에서는

● 미국이 1991년 배치한 능동 레이더 유도 방식의 중거리 공대공미사일로 서방의 표준 중거리 미사일. 최신형 모델의 사거리는 120~180킬로미터에 달한다. 한국 공군 또한 1995년부터 도입을 시작해 현재까지 주력 중거리 공대공미사일로 사용하고 있다.

인간 없는 전쟁

AESA(능동 전자주사식 위상배열) 레이더를 켜 표적을 직접 추적한다.[7] 특히 AESA 레이더 시커가 핵심이다. 기존 기계식 레이더와 달리 수백 개의 작은 송수신 모듈이 전자적으로 빔을 조향한다. 덕분에 다수의 표적을 동시에 추적하고 전자전 교란에도 강하며 스텔스기도 탐지할 수 있다. 게다가 수동 모드로 전환하면 전자파를 발신하지 않고도 적기의 레이더 신호를 역추적할 수 있다.

이처럼 현대 미사일은 지능형으로 진화하고 있다. 그리고 진정한 혁신은 AI 기술과의 접목에서 이뤄지고 있다. PL-15에 AI 기술이 얼마나 적용됐는지는 중국이 공개하지 않아 정확히 알 수 없다. 하지만 수동 모드로 복잡한 전자신호를 분석하고 교란 속에서 진짜 표적을 구별하는 능력은 전통적인 프로그래밍만으로는 한계가 있다. 과거엔 "100MHz에서 특정 파형이 나오면 적 레이더"라는 식으로 사람이 일일이 규칙을 짜 넣었다. 하지만 전장에선 수십 개의 신호가 뒤섞이고 교란 전파까지 뿌려진다. 이런 혼돈 속에서 진짜를 찾아내기 위해서는 머신러닝을 활용해야 한다. 수천, 수만 개의 전자신호 데이터를 AI가 학습하면 컴퓨터는 스스로 진짜 신호의 패턴을 찾아낸다. PL-15가 200킬로미터 밖에서도 라팔을 정확히 명중시킨 배경엔 이런 머신러닝 기반 신호 패턴 인식이 숨어 있을 가능성이 높다.

미국의 사례를 보면 AI 적용이 더 명확하다. 미 해군의 LRASM(장거리 대함 미사일)은 AI를 활용한 완전 자율 운영으로 유명하다. 발사 후 GPS 없이도 스스로 항법하여, 표적 함대에 접근하면 AI가 적 함정을 탐지한 뒤 가장 취약한 지점을 골라 공격한다.[8] GPS나 외부 네트워크가 마비된 전자전 환경에서도 AI가 영상 적외선, 수동 레이더, 데이터 링크 등 다양한 센서의 신호를 기반으로 가장 효과적인 공격점을 선택할 수 있다. 또한 복수의 LRASM이 데이터링크로 서로의 정보를 공유하여 AI가 자율 협동 공격을 가능케 한다. 이처럼 미사일 내부에 AI 컴퓨터를 싣고 센서 데이터를 실시간 처리함으로써, 인간 조종사나 지휘통제센터의 개입 없이도 표적을 탐색한 후 위협을 회피하고 종말 공격까지 자동화하는 것이 AI를 탑재한 미사일의 특징이다.

이를 가능케 하는 핵심적인 기술은 '엣지 AI'다. AI는 보통 막대한 연산량을 필요로 한다. 이를 지상 기지에서 수행하면 통신 지연으로 인해 초고속 전투 상황에 대응할 수 없다. 그래서 군사 부문에 엣지 AI를 적용하기 시작했다. 엣지 AI란 미사일 같은 '엣지(말단) 장비'에 AI 알고리즘을 직접 내장해 실시간 데이터처리와 의사 결정을 가능케 하는 기술로, 현대 미사일을 비롯한 첨단 무기에 필수적인 요소로 떠오르고 있다. AI 알고리즘이 경량화되고 연산을 수행하는 하드웨어 기술이 발전하면서 엣지에서도 AI 구동이 가능해졌다. 엣지 AI가 탑재된 미사일은 통신이 끊겨도, GPS가 교란되어도 스스로 판단하고 행동한다. 마치 숙련된 조종사가 미사일 안에 타고 있는 것처럼 말이다. 실시간으로 처리해야 할 정보가 많아진 현대 전장에서는 많은 무기들이 엣지 AI를 탑재한 채 전장을 누비고 있다. 앞서 살펴본 드론, 무인 지상/해상 차량 등이 모두 이런 방식으로 경로를 결정하고 실시간 임무를 수행하고 있다.[9]

센서 융합 역시 지능형 무기의 핵심 기술이다. 아이언돔을 비롯

클라우드 컴퓨팅

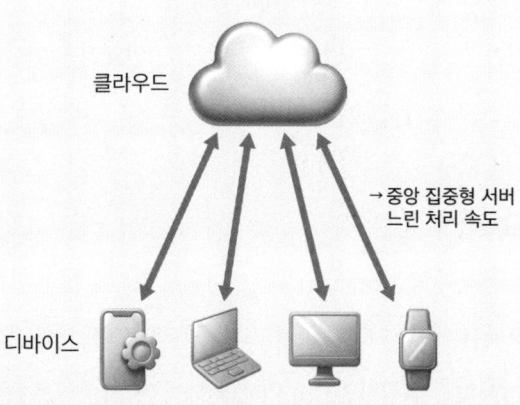

클라우드

→ 중앙 집중형 서버
느린 처리 속도

디바이스

엣지 컴퓨팅

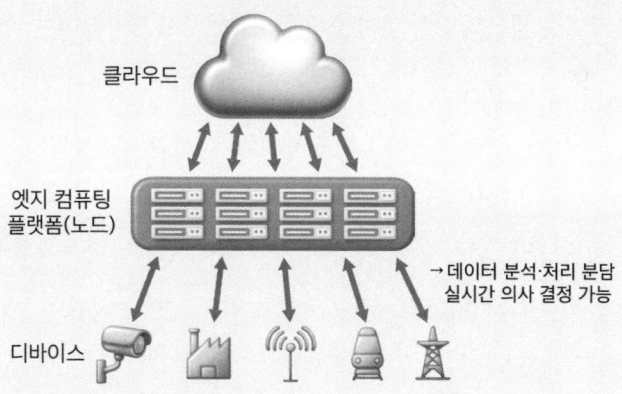

클라우드

엣지 컴퓨팅
플랫폼(노드)

→ 데이터 분석·처리 분담
실시간 의사 결정 가능

디바이스

기존의 클라우드 컴퓨팅은 데이터가 중앙 집중형 서버에 저장되는 반면,
엣지 AI는 말단 장비에 AI를 탑재하여 직접 데이터를 처리할 수 있게 하는
분산형 시스템이다.

한 애로우, 다비즈 슬링으로 구성된 이스라엘의 다층 방공망°은 다중 레이더와 광학 센서로 포착한 데이터를 AI 알고리즘으로 분석한다. 그리고 표적을 실시간으로 배분해 인명 및 핵심 인프라를 위협하는 표적부터 우선 요격했다. 2025년 벌어진 이스라엘과 이란의 분쟁에서 이란은 550기 이상의 미사일과 1,000기 이상의 드론을 이스라엘에 발사했다. 다양한 종류의 미사일과 드론이 동시에 쏟아지는 상황에서 이스라엘의 방공망이 모든 공격을 막기는 사실상 불가능에 가까웠다. 그래서 이스라엘은 센서 융합과 AI 알고리즘을 활용해 드론은 대부분 요격했으며, 미사일은 위협적인 것부터 선별하여 약 90퍼센트 정도 요격에 성공했다고 밝혔다.[10]

인도와 파키스탄의 공중전에서 파키스탄 공군이 승리한 비결도 여기 있다. 영국 공군의 전 원수급 장성인 그렉 배그웰은 이번 교전의 승자는 최고의 상황 인식을 갖춘 쪽이었다고 평가했다.[11] 파키스탄은 중국의 도움을 받아 조기경보기, 지상 레이더, 전투기 센서를 하나로 연결하는 네트워크를 구축했다. 중국제 J-10C 전투기와 PL-15 미사일 역시 이 네트워크의 일부가 되어 표적을 추적할 수 있었다. 반면에 인도는 PL-15의 실제 사거리를 오판했다. 정보 당국은 수출형 사거리를 150킬로미터로 평가하고 안전거리를 유지했다고 믿었지만, 실제로는 200킬로미터 이상의 거리에서도 공격당했다. 기체 성능 면에서는

● 이스라엘은 서로 다른 고도와 사거리를 담당하는 3단계 미사일 방어 체계를 운용한다. 가장 널리 알려진 아이언돔은 단거리 로켓과 포탄 요격을 담당하고, 다비즈 슬링은 중거리를, 애로우는 장거리 요격을 담당한다.

인간 없는 전쟁

라팔이 J-10C를 앞선다. 하지만 정보와 네트워크, 그리고 이를 통합하는 AI 능력을 갖춘 쪽이 교전에서 승리를 거뒀다.

〈스타워즈〉의 레이저가 현실이 되다

영화 스타워즈에서 광선검을 휘두르고 레이저 포가 난무하던 장면도 이제 더 이상 공상 속 이야기가 아니다. AI와 결합한 레이저 무기 역시 실전에 배치되기 시작했다. 미 해군은 함정용 고에너지 레이저^{HEL, high energy laser} 무기에 자동 표적 추적 AI를 도입했다. 광학 카메라가 드론을 포착하면 딥러닝의 일종인 CNN 기반 모델이 드론의 3차원 자세를 자동 인식한다. 그리고 가장 취약한 부위를 조준점으로 선정해 레이저를 발사한다. 여기서 발사하는 레이저는 레이저 포인터에서 나가는 것과는 차원이 다르다. 물체를 태울 정도의 고출력 에너지가 발사된다. 또한 HEL은 드론이 떼로 몰려와도 AI를 통해 순식간에 우선순위를 정하고 하나씩 격추시킨다. 실제 실험에서 레이더 센서 데이터까지 통합하자 비행 방향까지 예측해 추적 성공률이 크게 높아졌다. 미 해군 연구진은 AI와 레이저를 결합하여 "인간보다 훨씬 빠르고 정확하게 여러 위협에 대응하는 데 성공했다"고 밝혔다.[12]

이스라엘도 아이언빔이라는 레이저 요격 무기를 실전 배치하고 있다. 아이언빔은 2024년 10월 헤즈볼라의 무장 드론을 상대로 처음 실전에 나섰다. 당시 사용된 것은 시제품이었음에도 실전에서 적 드론 수십 기를 격추하고 단거리 로켓들을 요격하였다. 이스라엘의 방산 기업 라파엘이 개발한 100킬로와트급 레이저 요격 시스템은 사거리가 약 7~10킬로미터로, 기존 아이언돔이 담당하는 구간 중 최근거리 방공 공백을 메우도록 설계된 것이다.[13] 레이저는 표적에 수 초간 고출력 광선을 집중 조사해 내부 회로를 태우거나 연료를 점화시킨다. 폭발이나 파편 없이 표적을 공중에서 조용히 제거할 수 있다. 이러한 작동 원리 덕분에 교전 지역에 파편이 떨어져 발생하는 민간인 피해가 발생할 위험도 없다.

이스라엘이 아이언빔 도입을 서두르는 이유는 분명하다. 2025년 이란과의 분쟁에서 이란이 저가 드론과 로켓으로 고가 요격미사일을 소모시키는 물량 공세를 펼쳤고, 그 결과 방공 체계 요격 성공률이 떨어지게 되었다. 일부 미사일이 방어망을 뚫고 도심에 떨어진 것이다. 이스라엘은 아이언돔이 놓친 미사일이나 드론을 요격할 시스템이 필요했다. 무엇보다 아이언빔의 가장 큰 매력은 경제성이다. 아이언돔에서 발사되는 타미르 미사일 한 발이 4~5만 달러인 반면, 레이저 한 발의 비용은 전기료 2~3달러에 불과하다. 수백 달러짜리 드론을 잡기 위해 수만 달러를 쓰던 시대가 벌써 끝날 조짐이 보인다. 실제로 이란의 포화 공격으로 이스라엘은 하루에만 2억 8,500만 달러를 요격 비용으로 썼다는 분석이 있다.[14] 아이언빔은 이런 공격자 대비 방어자 비용 불균형을 해결할 게임 체인저로 기대된다. 분당 60발 이상 연속 발사가 가능하고 이론상 탄약이 무제한이다.

인간 없는 전쟁

AI는 이 시스템의 두뇌 역할을 한다. 레이더와 전자광학 센서가 포착한 데이터를 AI가 실시간으로 분석해 새 떼나 파편 같은 잘못된 경보를 걸러 내고 진짜 위협만 선별한다. 딥러닝 기반 컴퓨터 비전 알고리즘이 표적의 비행 궤적과 속도를 예측해 레이저 빔의 조사 지점을 미세 조정한다. 드론이 회피 기동을 하더라도 레이저가 약점 부위를 정확히 조준하도록 보정하는 것이다. 다수 표적이 동시에 접근하면 인명 피해 가능성이 높은 표적부터 우선 요격한다. 탐지부터 발사까지 1~2초. 인간이 개입할 틈이 없다. 미국 에피루스사가 개발한 레오니다스는 한 걸음 더 나아갔다. 레오니다스는 초고출력 마이크로파로 드론의 전자회로를 태워 버리는 무기다. AI가 드론 떼를 탐지하면 즉시 전자파를 발사해 한 번에 여러 대를 무력화시킨다.

이런 레이저 무기들이 실전에서 위력을 발휘할 수 있는 건 광섬유 레이저 기술의 발전 덕분이다. 기존 고체 레이저나 화학 레이저와 달리 광섬유 레이저는 효율이 높고 냉각이 쉬우며 무엇보다 광섬유의 넓은 표면적 덕분에 열 방출이 용이해 고출력에서도 안정적으로 작동한다.[15] 다만 아이언빔의 100킬로와트급 정도의 출력은 단일 광섬유로도 가능하지만, 탄도미사일을 요격하려면 메가와트급이 필요하다. 이를 위해선 수백 개의 레이저 빔을 하나로 합쳐야 한다. 이때 중요한 개념이 바로 보강 간섭(constructive interference)이다. 레이저 파장의 골과 골, 마루와 마루를 정확히 맞춰야 강력한 빛이 만들어진다는 뜻이다. 문제는 광선의 숫자가 늘어날수록 각각의 파장과 위상을 일치시키는 작업이 극도로 어려워진다는 점이다.

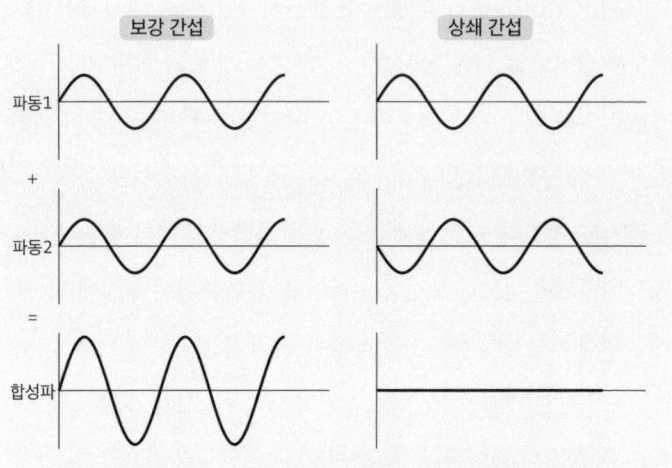

보강 간섭　　상쇄 간섭

파동1 ＋ 파동2 ＝ 합성파

서로 다른 파장 간 마루와 골이 일치하면 보강 간섭이 발생하여,
파장이 더 강해진다. 반면 위상이 서로 반대인 두 파장이 중첩되면
마루와 골이 각각 상쇄되어 파장이 소멸된다.

그런데 앞서 본 표적 추적 AI처럼, 딥러닝이 이 난제도 풀어냈다.
AI가 복잡한 패턴을 실시간으로 분석하고 각 레이저 빔을 즉각 조절하
면서 보강 간섭 조건을 자동으로 맞춘다. 과거에는 수십 개의 빔만 되
어도 제어가 불가능했지만, 이제는 수백 개도 거뜬하다. 덕분에 수십
년간 이론으로만 존재했던 메가와트급 레이저를 목표 삼아 각국은 개
발에 나서고 있다. AI가 표적을 추적하고, 빔을 결합하고, 요격 우선순
위를 정한다. 레이저 무기의 모든 단계에서 AI가 핵심 역할을 하는 셈
이다.

물론 레이저와 마이크로파 무기의 한계도 있다. 짙은 안개나 구
름에는 레이저가 산란되어 위력이 떨어진다. 아직까지 레이저는 눈에

보이는 표적만 격추할 수 있다. 하지만 맑은 날씨에는 드론 떼를 상대하기에 최고의 무기이다. 모든 방공망이 뚫렸을 때, 마지막 방어선에서 광선검을 휘두르는 제다이처럼 아이언빔은 날아오는 위협을 하나씩 태워 버린다. 영화 속 데스 스타는 행성을 파괴할 만큼 거대한 레이저다. 반면 현실의 레이저 무기는 아직 출력과 사거리에 한계가 있다. 하지만 AI를 만난 레이저 무기의 급속한 발전 속도는, SF 영화 속 광선검이 현실의 하늘을 수놓는 날이 머지않았음을 예감케 한다.

우주전의 서막,
〈스타워즈〉에서 골든돔으로

1983년 레이건 대통령이 발표한 전략방위구상^{SDI}, 일명 '스타워즈' 계획. 지구 반대편인 소련에서 발사하는 대륙간탄도미사일을 막기 위해 우주에 레이저 무기를 띄우겠다는 이 구상은 당시로선 공상과학에 가까웠다. 지상과 우주에 레이저 요격 플랫폼을 배치하고 레이더와 적외선 센서로 미사일을 탐지하는 거대한 구상은 기술적 한계와 천문학적 비용 앞에서 결국 실현되지 못했다.

40년이 지난 지금, 과거의 공상이 현실이 되고 있다. 트럼프 미국 대통령이 2025년 5월 발표한 '골든돔' 구상이 대표적이다. 이스라엘의 아이언돔에서 영감을 받았지만, 미국 전역을 방어할 수 있도록 규모를 키운 이 전략의 핵심은 우주와 AI다. 적 미사일을 탐지·추적하기 위해 위성을 통해 우주에 배치된 센서 및 요격 무기가 최전방 방어막을 펼친다. 베스트 시나리오는 미사일이 본토에 도달하기 전 우주에서 요격하는 것이다. 이어 지상에도 여러 단계의 요격미사일 포대와 레이더망, 그리고 앞서 살펴본 레이저 같은 지향성 에너지 무기도 배치되어 다층 방어망을 구축한다. 이를 위해서는 여러 데이터를 통합하고 실시간으로 자동화하는 AI 기술이 필수이다.[16]

특히 골든돔을 통해 요격하고자 하는 최우선 목표는 극초음속 미사일이다. 러시아와 중국은 서울에서 부산까지 단 1분 만에 도달할 수 있는 극초음속 미사일을 실전 배치한 것으로 알려져 있다.[17] 이들 미사일은 마하 5 이상의 속도로 비행하며 예측 불가능한 경로로 목표를 향해 날아간다. 현재의 방공 시스템으로는 극초음속 무기에 대한 요격이 힘들다는 평가도 나온다. 이에 대응하기 위해 내세운 방안이 골든돔이다. AI가 위성 정보를 이용해 초고속으로 반응해 우주에서 극초음속 미사일을 요격하는 장면이 실현될 시기는 과연 언제일까? 놀랍게도 트럼프 행정부는 임기 종료 전인 2028년까지 이 체계를 구축한다는 목표를 내걸었다. 하지만 SDI 때와 마찬가지로 실효성에 대한 회의적 시각도 여전하다. 골든돔 배치에 최소 20년은 소요되고, 총비용은 최대 5,420억 달러에 달할 것이라는 추정도 나오고 있다.[18]

트럼프의 골든돔 프로젝트는 물론 정치적 의도를 띠고 있지만, 우주 기술과 AI의 급속한 발전이 뒷받침되면서 현실성도 갖게 되었다. 실제로 AI는 위성 기술에 날개를 달아 주고 있다. 미 해군연구소가 개발 중인 '오토샛'은 인간 조작 없이도 자동으로 목표물을 탐지·식별하

인간 없는 전쟁

는 완전 자율 위성이다. 머신러닝 기반 두뇌를 갖춘 이 위성은 GPS나 지상 관제 신호 없이도 자체 항법으로 비행하며 목표를 추적·촬영할 수 있도록 설계되었다. 실제로 연구진은 오토샛의 핵심 기능을 지상 실험실에서 시연해 보이며 완전 자율 위성의 가능성을 보여 주었다. 이러한 위성이 실전에 배치되면 전시에 적의 전자공격으로 통신이 두절되거나 지상 지휘소가 타격받아도 위성 스스로 살아남아 임무를 계속 수행할 수 있다.[19]

우주에서 미국의 국익을 보호하고 우주로부터 오는 위협을 저지하기 위해 2019년 창설된 미국 우주군은 향후 10~15년 이내에 위성이 더 자율적으로 진화해 지상 의존도를 크게 줄일 것으로 전망한다. 2024년 우주군은 AI 기반 위성 기동 회피 알고리즘 연구를 시작하였으며, 나아가 차세대 지상 통제 시스템에 AI를 접목할 계획을 가지고 있다. 이를 통해 다양한 시나리오를 AI로 즉각 분석해 최적의 위성 배치와 경로를 추천하고, 버튼 하나로 다수 위성에 동시에 명령을 전송하고자 한다.[20] 과거 사람이 일일이 계산하고 조율하던 복잡한 우주 임무들이 이제는 AI의 도움으로 순식간에 진행된다.

지구 궤도에는 통신위성, 정찰위성, 민간위성까지 이미 수천 개의 인공위성이 떠 있다. 이 혼잡한 하늘에서 위협을 찾아내는 것은 사람의 눈으로는 불가능에 가깝다. 미국의 스타트업 기업인 슬링샷에어로스페이스가 개발한 AI '아가사'는 방대한 궤도 데이터 속에서 정상적이지 않은 움직임을 보이는 위성만 골라낸다. 2015년 러시아 정찰위성 '루치'가 미국이 운용하는 민간 통신위성 두 기 사이로 가까이 접근

한 것처럼, 수천 기 위성 사이에 섞여 있는 수상한 기동도 AI가 실시간으로 포착한다.[21]

위성 간 물리적 충돌이나 포획 시나리오도 더 이상 SF가 아니다. 2021년 러시아가 노후 위성을 미사일로 격추한 것처럼 노골적인 물리적 공격 가능성도 여전히 위협적이다. 러시아의 위성 격추 당시 지구 궤도에 1,500여 개의 파편이 뿌려지면서 주변 위성과 우주정거장까지 위험에 빠졌다.[22] 이런 무모한 파괴 대신 우주 강국들은 더 세련된 방법을 연구 중이다. 중국은 이미 로봇 팔을 장착한 위성을 우주로 보냈고 다른 위성을 붙잡거나 궤도를 변경하는 기술을 시연했다. 명목상 우주 쓰레기 제거용이라고 하지만, 당연히 적 위성을 무력화하는 데도 쓸 수 있다.

더 은밀한 공격도 가능하다. 앞서 살펴본 레이저다. 중국이 로봇 팔 위성 발사 목적을 우주 쓰레기 제거라고 밝혔던 것처럼, 나사 또한 같은 명분으로 '레이저 요격' 기술을 활발히 연구 중이다.[23] 앞서 우리는 레이저가 기상 환경에 영향을 많이 받는다는 단점을 살펴본 바 있다. 반대로 생각해 보면 우주는 레이저 무기가 가장 활약하기 좋은 공간이다. 방해하는 기상 요소가 없기에 레이저가 발사하는 빛은 마음껏 직진할 수 있다. 물론 국제법상 우주에서 무기를 사용하는 것은 금지되어 있다. 하지만 레이저는 쓰레기를 태울 뿐만 아니라 상대 위성의 광학 센서를 태워 눈을 멀게 할 수도 있고, 태양전지판을 손상시켜 전력 공급을 차단할 수도 있다.

이미 주요 국가들은 우주를 중요한 격전지로 여기고 있다. 미국이 우주군을 창설한 것처럼 중국 역시 향후 수만 기에 달하는 초대형 위성군을 조성하겠다는 계획을 발표하였다.[24] 여기에 스타링크 같은 민간 기업 주도의 통신 및 인터넷 서비스 위성도 계속해서 발사되고 있어 우주 혼잡도는 기하급수적으로 높아질 전망이다. AI의 역할이 부각될 수 밖에 없는 이유다. AI는 수많은 위성 중 목표 위성의 취약점을 찾아 최적의 교란 시점을 산출할 수 있다. 반대로 우리 위성이 공격받으면 즉각 주파수를 바꾸고 신호를 암호화하는 대응책을 실행한다. 사람의 개입 없이도 우주에서 AI 대 AI 전자전이 벌어지는 시대가 목전까지 다가온 것이다.

우주는 이제 해양, 공중과 더불어 미래 전장의 궁극적 고지가 되었다. 레이건의 스타워즈 구상 이후 한 세대 만에 AI 기술이 그 꿈을 현실로 만들고 있다. 주요 우주 강국들은 AI로 무장한 우주 군비경쟁에 박차를 가하고 있다. 우주에서의 정보 우위와 신속 대응이 지상전의 승패를 좌우할 것이라는 확신 때문이다. 영화 속 상상이 현실이 되는 지금, AI는 그 꿈과 현실을 연결하는 결정적 고리가 되고 있다.

2.
무인기 시대의 도래,
탑건의 종말인가 진화인가

하늘을 뒤덮은 벌떼,
군집 드론의 충격

2021년 5월 팔레스타인 가자지구. 하마스 전투원들이 하늘을 올려다 봤다. 수십 개의 붉은 불빛이 마치 별자리처럼 움직이고 있었다. 처음에는 이스라엘의 새로운 조명탄인가 싶었을 테다. 하지만 곧 그들은 깨달았다. 죽음을 부르는 기계 벌떼였다는 것을. 이스라엘군이 투입한 것은 엘빗시스템즈의 소형 쿼드콥터 드론 편대였다. 놀라운 건 이 드론들의 움직임이었다. 한 명의 조종사가 수십 대를 일일이 컨트롤하는 게 아니었다. 드론들은 마치 한 마리의 거대한 유기체처럼 움직였다. 드론들의 목표는 숨어 있는 하마스 조직원들을 찾는 것이었다. 드론 편대는 AI 기술을 이용한 자동 이미지 분석을 통해 은닉 목표를 식

인간 없는 전쟁

별했고 수집한 표적 좌표를 지휘통제실에 전송했다. 본부에서는 곧바로 포병과 공군을 이용한 정밀 타격을 실시했다. 단 20초 이내에 인간 조종자가 표적을 확인 후 공격을 승인하는 식으로 운용되었다.[25] 세계 최초로 AI '군집 드론swarm drone'이 사람을 공격하는 작전에 투입되는 순간이다.

　군집 드론. 이름부터 섬뜩하다. '스웜'은 벌떼나 메뚜기떼를 뜻한다. 성경이나 삼국지에 등장하는 재앙을 떠올리게 하는 명칭이다. 단순히 드론 여러 대를 동시에 띄우는 것과는 본질적으로 다른 무기다. 핵심은 '분산형 AI 알고리즘'이다. 중앙 통제 컴퓨터가 모든 드론을 조종하는 것이 아니다. 각각의 드론마다 작은 두뇌가 내장되어 있다. 이들은 서로 무선으로 통신하며 정보를 공유한다. AI 기반 자율비행 드론을 개발하는 미국의 방위 기술 스타트업 쉴드AI가 개발 중인 소프트웨어 기술의 명칭도 흥미롭다. '하이브마인드', 벌집 정신이라는 뜻이다. 벌떼가 하나의 생명체처럼 움직이듯, 드론들이 집단 지성을 형성한다는 개념이다. DARPA의 케네스 플랙스 전략기술국장은 2022년 한 언론과의 인터뷰에서 이렇게 설명했다. "향후 5년 내 1,000대 규모의 군집 드론 출격도 기술적으로 가능하며, 적에게 '천 개의 상처'를 입힐 수 있다." 또한 그는 수많은 값싼 드론이 동시에 몰려오면 방어하는 측은 모든 드론을 다 막을 수 없다고도 이야기한다.[26]

　앞서 살펴보았듯 드론 하나만으로도 가성비가 좋은데 떼로 몰려오면 가성비는 더욱 압도적일 수밖에 없다. 더 무서운 건 이들의 불멸성이다. 꿀벌 군단은 여왕벌이 죽으면 무너지지만, 군집 드론엔 여왕이 없다. 모든 드론이 하나의 동등한 노드node다. 100대 중 50대가 격추당해도 나머지 50대가 알아서 부대를 재편성한다. 빈자리를 메우고 임무를 재분배하고 목표를 향해 계속 전진한다. 머리를 자르면 죽는 뱀이 아니라 잘라도 재생하는 히드라인 셈이다.

군사 강국들은 군집 드론 전력화를 위해 박차를 가하고 있다. 2024년 8월, 캘리포니아 포트 어윈 미군 훈련장에 영국과 호주 장교들이 모였다. 오커스AUKUS 동맹국인 미국, 영국, 호주의 연합 훈련 '프로젝트 컨버전스'가 시작된 것이다. 그리고 여기에서 AI 군집 자율드론이 함께 훈련을 실시하였다. 영국 블루베어사의 '레드 카이트' 2대와 '고스트' 드론 6대, 안두릴의 알티우스-600 드론 2대를 포함한 미군 드론 3대, 그리고 호주의 상용 드론인 '스카이워크 X8'까지. 국적도, 제조사도 모양도 제각각인 드론들이 하늘에서 만났다. 그리고 서로 다른 나라의 드론이 하나의 혼합 편대를 이뤘다. 마치 유엔군처럼. 드론들은 딥러닝 알고리즘으로 실시간으로 영상을 분석하며 지상의 표적 차량을 찾아냈다.[27] 이 훈련을 통해 동맹국 간 AI 군집 드론의 상호 호환성을 실증할 수 있었다. 호환성이 왜 중요할까? 미래 전쟁은 동맹국들의 드론이 서로 대화하며 함께 싸워야 하기 때문이다.

같은 해, 미 육군은 EDGE 훈련에서 30종의 서로 다른 드론과 발사체를 동시에 투입하는 훈련을 실시했다. 목표는 전자전 환경에서의 생존이었다. 강력한 교란 신호 속에서 드론들이 서로 통신하며 임무를 수행할 수 있는지를 중점적으로 확인하였다.[28] 미 해군 역시 2023년 열린 UNITAS 훈련에서 무인 해상·공중기에 AI를 결합한 다중 플랫폼

인간 없는 전쟁

군집을 실전 훈련에 투입하여, 드론이 표적 정보를 공유하고 미사일로 표적인 고속 보트를 격파하는 데 성공했다. 6발을 발사하여 6척을 격파했다. 명중률 100퍼센트였다.[29] 이처럼 AI 기반 군집 드론이 가능성을 보이자 미국 국방부는 2023년 8월 레플리케이터 계획을 발표했다. 수천 대의 저가, 자율 무인기를 2년 이내에 미군에 배치하겠다는 전략적 프로젝트다. 2025년 8월 기준, 미 국방부는 스위치블레이드, 알티우스 같은 자폭 드론을 비롯해 고스트-X 등 다수 플랫폼을 실전 부대에 배치했으며 목표 수준을 일부 달성한 것으로 보이지만 구체적 수치는 공식 발표되지 않고 있다.

중국 역시 발빠르게 움직이고 있다. 2022년 주하이 에어쇼에서 중국은 충격적인 무기를 공개하였다. 경량 전술 차량 위에 18개의 발사관이 달려 있었다. 그런데 발사관에서 나가는 무기가 미사일이 아닌 드론이었다. 버튼만 누르면 드론이 동시에 발사되는 방식이다. 로켓처럼 쏘아 올려진 드론들은 공중에서 편대를 짜고, 정찰형과 공격형 드론으로 임무를 나눠 표적 감시 및 지역 타격 공격까지 수행할 수 있다.[30]

2024년 주하이 에어쇼에서 공개한 무인기는 그야말로 세계를 놀라게 했다. '지우톈九天'이라 불리는 이 거대한 드론의 별명은 드론 항공모함이다. 11톤짜리 이 드론 모선엔 소형 드론 100대가 들어 있다. 최대 항속거리는 7,000킬로미터에 달하며, 작전 고도 역시 1.5킬로미터를 자랑한다.[31] 대부분의 중거리 방공 시스템의 요격을 피할 수 있는 수준이다. 한번 상상해 보자. 거대한 모선이 적진 상공에 도착한다. 갑자기 배가 열리며 드론 100대가 쏟아져 나온다. 정찰 드론, 전자전 드론, 자폭 드론이 섞여 있다. 게임 〈스타크래프트〉의 유닛인 '캐리어'가 떠오르는 장면이다. 중국은 이 공중 항공모함을 2025년 실전 배치할 계획으로 알려졌다.

물론 군집 드론이 만능은 아니다. 먼저 드론의 최대 약점은 통신이다. 아무리 AI가 뛰어나도 드론들끼리 대화를 못 하면 무용지물이다. 강력한 전자전 공격을 받으면 군집이 와해될 수 있다. 미군은 주파수 도약과 메시 네트워크(mesh network)[•]로 이를 극복하려 하지만 완벽한 해결책은 아직 없다. 드론을 겨냥한 대응 무기의 등장도 위협이 된다. 이미 고출력 마이크로파로 군집 드론을 한 번에 무력화하는 무기가 개발 중이다. 이스라엘의 아이언빔 같은 레이저 무기도 위협이다. 날씨 역시 적이 될 수 있다. 소형 드론은 강풍이나 폭우와 같은 기상 악화로 피해가 발생할 수 있다. 가장 큰 문제는 피아 식별의 딜레마다. DARPA의 책임자 역시 "치명적 무력 사용에는 반드시 인간이 개입해야 한다"고 못 박았다.[32] 하지만 100대, 1,000대가 동시에 공격에 나선다면 인간이 표적을 일일이 확인할 수 있을까?

단점에도 불구하고 군집 드론이 미래 전장의 게임 체인저라는 점은 분명하다. DARPA가 구상 중인 모자이크전의 중심에도 군집 드론이 있다. 수천 개의 모자이크 조각이 유연하게 결합하고 재편성되는

● 네트워크를 구성하는 각각의 노드들이 다른 여러 노드들과 직접 연결되는 분산형 네트워크 구조. 하나의 중앙 허브에 의존하는 대신 모든 노드가 그물망처럼 얽혀 있어, 특정 노드가 작동하지 않더라도 전체 네트워크는 여전히 작동한다.

인간 없는 전쟁

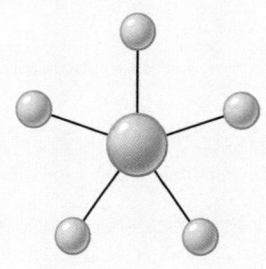

허브 앤드 스포크

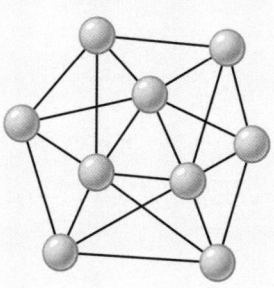

메시 네트워크

허브 앤드 스포크 방식과 달리 중앙 허브에 의존하지 않는 메시 네트워크

가운데, AI가 두뇌를 맡고 군집 드론은 손발이 될 수 있다. 캐슬린 힉스 전 미 국방부 차관은 미군의 전통적인 고가의 대형 무기 체계에서 벗어나 "작고 영리하며 값싼 다수(small, smart, cheap, many)"라는 특성을 지닌 플랫폼으로 전환하겠다고 밝힌 바 있다.[33] 미국 해군 및 국방부를 위한 비영리 군사전략 연구 기관인 CNA가 중국에 대해 분석한 보고서는 더 직설적이다. 중국은 이미 유인 플랫폼을 보완하고 대체할 기술로 드론 군집전을 언급하고 있으며, 대만해협 분쟁 시 상륙작전이나 해상봉쇄에 군집 드론을 적극 활용할 것으로 CNA는 보고 있다.[34]

2025년 현재, 군집 드론은 더 이상 SF가 아니다. 미국은 수천 대의 드론, 중국은 드론 항공모함을 준비 중이다. 이스라엘은 이미 실전에서 효과를 입증했다. 이 모든 것을 가능하게 한 건 AI의 진화다. 각 드론에 탑재된 엣지 AI가 중앙 통제 없이도 스스로 판단하고, 옆 드론과 메시 네트워크로 정보를 공유하며, 표적을 발견하면 가장 적합한

공격 드론을 자동 할당한다. DARPA가 수만 번 시뮬레이션으로 강화 학습시킨 전술 알고리즘이 드론의 두뇌가 되고, 컴퓨터 비전이 눈이 되며, 분산형 머신러닝이 집단 지성을 만든다. AI가 수백, 수천 대의 드론을 하나의 유기체로 움직이게 한다. 하늘을 뒤덮는 기계 벌떼. 그것이 우리가 마주한 새로운 전쟁의 얼굴이다.

탑건의 마지막 비행?
AI로 무장한 6세대 전투기 등장

"끝은 올 거야, 매버릭. 자네 같은 파일럿들은 결국 사라지게 될 걸세."

"그럴지도 모르죠. 하지만 오늘은 아닙니다."

2022년 개봉한 영화 〈탑건: 매버릭〉 초반부에 나오는 장면이다. 무인기 예찬론자인 체스터 케인 해군 소장이 주인공인 매버릭과 주고 받은 대화. 영화에서는 당연히 주인공 톰 크루즈가 '본인'의 힘으로 불가능해 보였던 임무를 달성해 내지만, 현실에서는 케인 소장의 대사가 맞아떨어지고 있다. 불과 3년 만에 말이다.

2025년 3월, 트럼프 대통령은 미국의 6세대 전투기를 공개했다. 우리나라가 독자 개발한 KF-21 보라매를 비롯해 인도-파키스탄 분쟁에서 격추된 라팔, 〈탑건: 매버릭〉에서 매버릭이 조종한 F/A-18 슈퍼호넷 같은 4.5세대 전투기들이 아직 각국 공군의 주력으로 활약하고 있는 현시점에 말이다. F-22와 F-35, 중국의 J-20, 러시아의 Su-57

같은 5세대 스텔스 전투기들도 실전 배치되었지만, 높은 운용 비용 탓에 일부 군사 강국만이 보유하고 있다. 그런데 미국이 세계 최초로 6세대 전투기를 공개한 것이다. 이름은 F-47. 미국 제47대 대통령인 자신을 기념한 작명이라는 추측이 진지하게 제기되는 가운데, "47이라는 숫자가 아름답다"는 트럼프의 설명에 많은 이들이 실소했다.[35] 하지만 F-47의 성능만큼은 웃을 일이 아니었다.

F-47은 NGAD(Next Generation Air Dominance) 프로그램의 결정체다. 2016년 공식 시작된 NGAD 사업은 기존 전투기의 틀을 넘는 6세대 전투기 개발 프로젝트이다. 하지만 막대한 비용과 기술적 난제, 그리고 드론의 부상으로 인해 2024년 미 공군이 '전략적 일시 중지'를 선언할 정도로 우여곡절이 있었다. 결국 2025년 3월, 트럼프 대통령이 F-47을 발표하며 본격적 개발이 재개되었고, 보잉사가 주 계약자로 선정되었다.[36] F-47은 현존하는 최강 스텔스 전투기인 F-22 랩터 대비 항속거리, 스텔스 성능, 신뢰성은 높이면서 생산 단가는 낮출 수 있었다. 어떻게 가능했을까?

답은 간단하다. F-47은 혼자 싸우지 않는다.

전통적인 전투기는 모든 걸 혼자 해야 했다. 그래서 온갖 장비를 다 싣느라 비싸고 무거워졌다. 하지만 F-47은 다르다. 주변을 CCA(Collaborative Combat Aircraft)라 불리는 무인 동반기들이 둘러싼다. 정찰 드론, 전자전 드론, 미사일 운반 드론, 심지어 자폭 드론까지 F-47과 함께한다. F-47 곁에는 저비용 자율드론만 있는 것은 아니다. 미국의 신흥 방산 기업인 제너럴아토믹스와 안두릴은 미 공군의 드론 윙맨[wingman] 개

발 업체로 선정되어 스텔스 무인 전투기 개발에 착수했다.[37]

여기서 주목해야 할 개념이 '윙맨'이다. 영화 〈탑건〉에서도 중요하게 다뤄지는 윙맨은 편대장기인 탑건을 호위하는 2번기를 의미한다. 탑건과 윙맨은 서로의 6시(후방)를 지켜 주며 생사를 같이하는 전우다. 이제 유인 전투기의 윙맨은 AI가 조종하는 무인기가 될 전망이다. 감정도 두려움도 망설임도 없이 명령에 절대복종하며 필요 시에는 기꺼이 희생한다. 적기를 발견한 인간 윙맨이 무선통신으로 위협을 외치는 동안, AI 윙맨은 0.1초 만에 적기 위치를 계산하고, 최적의 회피 경로를 제시하며, 동시에 대응 미사일을 발사할 수 있다.

이렇듯 유인 전투기 한 대와 다수의 무인 전투기가 팀을 이루게 되면서 인간 조종사의 역할도 완전히 바뀐다. 장거리 공대공미사일의 발전으로 조종간을 잡고 적기와 근접전을 벌이는 도그파이팅의 개념은 이미 거의 사라졌지만, 이제는 아예 멸종의 단계로 접어들 것이다. 이러한 역할 변화를 두고 군사 전문 매체 《워리어메이븐》의 대표인 크리스 오스본은 F-47을 미식축구의 '쿼터백'에 비유했다.[38] 미식축구에서 쿼터백이 경기 전체를 읽고 패스를 던지듯, F-47 조종사는 전투 전체를 설계하고 드론과 무인기에 명령을 내린다.

실제 전투를 상상해 보자. F-47이 작전 구역에 진입하면 조종사가 정찰을 명령하고, 스텔스 정찰 드론 2대가 앞서 나가 적 방공망을 탐색한다. 발견한 정보는 실시간으로 전송되고, 조종사는 태블릿 화면을 보며 표적 제압을 지시한다. 무장 드론이 자동으로 최적 경로를 계산해 미사일을 발사하는 동안, F-47은 안전거리를 유지한다. 적 전투

인간 없는 전쟁

기가 나타나면 공대공 전투용 무인기들이 전면에 나선다. 이들은 인간 조종사로서는 버티는 것이 불가능에 가까운 10g*의 급선회를 구사하며, 필요 시 적기에 돌진해 자폭 공격도 감행한다. 인간이라면 기절할 중력가속도지만 기계는 아무런 제약이 없다. F-47 조종사는 안전한 거리에서 이 모든 전투를 지휘하고 관찰한다.

AI 기반 무인 전투기 활용은 미국만의 이야기가 아니다. 중국도 J-20S라는 2인승 스텔스 전투기를 개발 중이다. 앞좌석은 조종, 뒷좌석은 드론 지휘 전용이다. 2024년 12월,《사우스차이나모닝포스트》등 중국의 여러 언론 매체의 보도에 따르면, J-20S는 F-22와의 모의 공중전에서 승리를 거두었다.[39] 최강 스텔스 전투기 F-22를 잡은 중국의 비결은 무엇이었을까? F-22는 혼자 싸웠지만 J-20의 곁에는 2~3기의 드론이 호위 윙맨으로 함께했기 때문이다. 이처럼 중국 역시 유·무인 복합 편대를 강조하고 있다. 이를 잘 알 수 있는 또 하나의 장면이 서방 언론에 포착되었다. 2025년 베이징 열병식 준비 과정에서 5종 이상의 신형 스텔스 무인기가 포착되었는데, 이는 중국이 미국의 CCA에 대응하는 자국형 드론을 대거 개발 중임을 시사한다.[40]

러시아도 뒤처지지 않으려 안간힘을 쓰고 있다. Su-57 스텔스 전투기와 S-70 오호트니크(사냥꾼) 무인기의 편대비행을 성공시켰다. Su-57이 레이더를 끄고 스텔스 모드로 비행하는 동안 오호트니크가

● g는 중력가속도를 나타내는 기호이며, 1g는 지구 표면에서의 중력가속도(약 9.8m/s²)를 가리킨다. 인체는 약 4~6g 이상에서 의식을 잃기 시작한다. 숙련된 전투기 조종사는 약 9g의 압력을 잠시 동안 견딜 수 있다.

앞서 나가 정찰하는 방식이다. 유럽 역시 무인기 개발에 전념하고 있으며, 우리나라 역시 KF-21 보라매 전투기를 중심으로 유·무인 복합 편대 개념 개발과 실증을 활발히 추진 중이다. 미래 공중 전장에는 더이상 에이스는 존재하지 않는다. 대신 AI 무인기를 자유자재로 조종하는 쿼터백만 있을 뿐이다.

전장의 새로운 문법, MUM-T

할리우드 액션 영화의 단골 장면이 있다. 특수부대원들이 적의 기지나 건물 문 앞에 대기한다. 긴장감이 맴도는 가운데 손가락으로 카운트다운을 시작한다. "3, 2, 1." 주먹을 쥐는 동시에 문을 박차고 돌입한다. 그리고 종종 적의 매복에 걸려 총격전이 벌어진다. 팀원 중 누군가는 꼭 상처를 입거나 희생된다. 돌입 직전에 가족사진을 본 이가 있다면 그가 바로 희생자가 된다.

이제 이런 장면은 그야말로 영화 속에서나 볼 법한 과거의 이야기가 되고 있다. 이제 문을 먼저 여는 건 로봇의 임무다. 위험한 건물 진입, 적진 정찰, 폭발물 탐지와 같은 모든 '첫 접촉'을 무인 시스템이 담당한다. 로봇이 안전을 확인하고 나서야 인간이 들어선다. 아니, 어쩌면 후속으로 들어가는 것도 또 다른 로봇일 수도 있다.

SF 영화가 아니다. 지금 이 순간에도 세계 각국의 군대는 유인 전

인간 없는 전쟁

력과 무인 시스템을 하나의 팀으로 통합 운용하는 MUM-T(Manned-Unmanned Teaming)를 실전에 적용하고 있다. 앞서 살펴본 F-47과 무인 전투기의 편대비행이 하늘에서 펼쳐지는 MUM-T라면, 이제는 땅과 바다에서도 인간과 기계의 협업이 전장의 새로운 표준이 되고 있다.

"인간 대신 로봇이 적과 최초 접촉한다."

전 미국 육군장관인 크리스틴 워머스가 제시한 이 원칙은 MUM-T의 핵심을 관통한다. "첫 교전에 피를 흘리지 않는다"는 비전 아래, 미군은 차세대 전투차량NGCV 사업의 일환으로 RCV(Robotic Combat Vehicle)를 개발하고 있다.[41] 기본적으로 유인 통제 차량 1대가 무인 동반 차량 2~3대를 거느린다. 무인 차량에는 정찰 센서, 화력 플랫폼, 전자전 장비 등 다양한 모듈을 임무에 맞게 바꿔 끼울 수 있다. 미 육군은 2020년대 후반까지 실전 배치를 목표로 하고 있다.

실제 운용 개념은 이렇다. RCV가 정찰 선두로 위험 지역에 먼저 진입한다. 매설 폭탄 제거, 화학물질 탐지, 장애물 개척 등 위험한 임무를 수행한다. 표적을 발견하면 선제 타격도 가능하다. 유인 전차는 안전한 후방에서 상황을 지휘한다. 미 육군이 진행한 실험에서 RCV가 먼저 적을 식별하고 교전하는 동안, 유인 전차 승무원들은 안전거리를 유지하며 전투를 통제할 수 있었다.

미국과 영국, 호주 연합군이 실시한 프로젝트 컨버전스 훈련에서는 군집 드론 외에도 로봇 전투차량을 이용한 훈련도 진행되었다. 연합군은 로봇 전투차량과 센서를 공유하며 다국적 분산 작전 능력을 시연했다. RCV에 탑재된 AI가 적 전차를 식별해 네트워크로 좌표를 전송하면, 지휘관이 이를 검토한 후 포병 지원 사격을 승인하는 방식이었다. AI는 의사 결정 지원과 자동화 역할을, 인간은 최종 결정권을 행사하는 분업이 구현된 것이다.[42]

이러한 시스템의 핵심에는 '파이어스톰'이라는 AI가 있다. 위성, 드론, 지상 레이더 등에서 수집된 정보를 실시간으로 처리해 아군 전투망의 두뇌 역할을 하는 AI다. 파이어스톰은 아군과 적군 위치를 자동으로 화면에 표시하고, 포병이나 드론 같은 가용 화력 중 최적의 공격 수단을 추천한다. 원격 무장 장치에 표적 좌표를 전송해 병사가 조준만 하면 되도록 돕는다. 이른바 '표적 자동할당 및 조준(slew-to-cue)' 기능이다. 단, 살상력 사용은 항상 인간의 확인과 승인을 거치도록 하는 것이 원칙이다.[43]

효율적인 운용을 위해 인터페이스도 진화하고 있다. 2020년 미 육군은 JUDI(Joint Understanding and Dialogue Interface)라는 이름의 음성 제어 대화 시스템을 개발하고 있다고 밝힌 바 있다.[44] 이를 통해 병사는 로봇과 자연어로 대화할 수 있다. 고개를 숙여 조종기를 들여다볼 필요 없이 직관적으로 로봇을 팀원처럼 다룰 수 있는 것이다. 애플의 시리나 삼성의 빅스비 같은 상업 대화형 AI 기술에 전장 환경의 요구를 융합하여, 복잡한 전술 명령이 필요한 비정형적인 상황에 처해도 빠르고 정확하게 명령을 전달하는 기술을 만드는 데 초점을 두고 있다.

또 다른 인터페이스 발전은 증강현실(AR) 및 웨어러블 장치의 활용이다. 미 육군은 통합시각증강체계IVAS를 통해 병사들이 증강현실로 전장을 보는 실험을 진행 중이다. 마이크로소프트의 홀로렌즈를 군사용으로 개조한 이 시스템은 병사의 시야에 드론 영상, 아군 위치, 표적 정보를 실시간으로 겹쳐 보여 준다.[45] 병사가 일일이 화면을 전환하거나 기기를 다루지 않고도 한 화면에서 통합된 전황을 파악할 수 있다. 여러 무인 자산을 동시 운용할 때 특히 유용한데, 시선이나 제스처로 드론을 조작하는 기술도 연구되고 있다.

공중전에서는 헬멧 장착 디스플레이[HMD]가 이미 MUM-T의 핵심 인터페이스로 자리 잡았다. 우리에게도 친숙한 미국의 AH-64 아파치 공격헬기는 1980년대 중반 세계 최초로 HMD를 실전에 활용하였다. 조종사의 헬멧에는 비행 정보가 제공되었으며 열 영상 센서는 조종사의 머리 방향을 따라 회전하였다. 야간비행을 할 때에도 영상이 헬멧에 실시간으로 표시되어 야간비행과 표적 탐색을 쉽게 할 수 있었다. 부조종수 겸 사수는 아파치의 HMD를 통해 기관포를 시선에 맞춰 조준할 수 있었다. 헬멧이 향하는 곳으로 포탄을 날릴 정도로 직관적인 표적 타격이 가능했다. 이후 나온 AH-64E 아파치 헬기는 무인기의 실시간 영상을 받아 볼 수 있게 되었다. 조종사가 고개를 돌리는 방향으로 드론의 센서가 함께 움직이고 필요 시 드론의 비행경로와 무장까지 원격제어 할 수 있다.[46] 5세대 스텔스 전투기인 F-35는 한 걸음 더 나아갔다. 조종사의 헬멧 바이저가 곧 디스플레이가 되어 기체를 투시하듯 360도 주변 상황을 볼 수 있고, 시선이 향하는 곳으로 미사일 시커(탐색기)가 따라 움직인다. F-35의 HMD는 직관적인 인터페이스로 방대한 양의 정보를 효율적으로 제공하면서 조종사의 상황 인식과 교전 정확도를 혁신적으로 높였다는 평가를 받고 있다. 2024년 기준 3,000

대 이상의 F-35 HMD가 생산되었으며, 전 세계 40여 종의 전투기 플랫폼에 2만 개 이상의 HMD 시스템이 공급될 정도로 널리 확산되고 있는 기술이다. 향후 이 헬멧에는 드론 편대의 위치와 센서 영상, 무장 상태가 AR 형태로 실시간 표시되어 조종사가 마치 게임을 하듯 유·무인 복합팀을 지휘할 수 있을 전망이다.

바다에서도 유·무인 협업이 본격화되고 있다. 미 해군은 '유령 함대Ghost Fleet'라 불리는 무인 함대를 구상하며, 유인 구축함이 다수의 무인 수상정USV과 무인 잠수정UUV을 거느리는 분산 함대 개념을 발전시키고 있다. 이를 위해 미 해군이 개발한 59미터에 달하는 대형 USV 시제함 '노마드'는 2021년 멕시코만에서 미 서해안까지 무려 4,421해리에 달하는 긴 거리를 98퍼센트 자율항해로 완주하였다. 원격조종은 캘리포니아 통제소에서 수행되었다.[47] 이러한 성과를 바탕으로 미 해군은 2022년 림팩 훈련에 무인함을 참가시켜 다국적 함대와 합동 운용을 시연한 바 있다.

미 해군의 목표는 야심 차다. '프로젝트 오버매치'라 명명된 계획을 통해 다영역 네트워킹 기술을 개발하여 유·무인 플랫폼과 센서를 모두 연결하는 전술 데이터망을 개발 중이다. 2024년 림팩 훈련에서 오버매치 관련 기술이 대규모로 활용되었다.[48] 다수의 함정, 항공기, 무인 시스템이 수집한 정보를 실시간으로 공유하고 공동 교전 알고리즘을 검증해 보면서 AI와 네트워크로 유·무인 전력을 하나의 시스템처럼 활용하기 위한 준비를 차근차근 해 나가고 있다.

인간 없는 전쟁

MUM-T의 핵심은 AI 기술이다. 단순한 원격조종을 넘어 무인 시스템이 스스로 판단하고 행동할 수 있어야 진정한 팀워크가 가능하기 때문이다. 앞서 살펴본 자동 표적 인식, 자율주행, 경로 계획 같은 AI 기술들은 이미 MUM-T의 기본이 되었다. 여기에 더해 자율 협업 알고리즘으로 아군 로봇과 인간 팀원을 조율하고 있다. 특히 파이어스톰과 같은 시스템에 내장된 AI는 의사 결정까지 지원하고 있다. 인간의 인지 부담을 줄이고 결정을 가속화하고 있는 것이다.

물론 해결해야 할 과제도 있다. 앞서 살펴본 전자전 환경에서의 취약성은 무인 플랫폼에도 유효하다. 거기에 무인기의 성능도 유인 플랫폼에 못 미치는 경우가 많다. 실제로 러시아의 우란-9 무인 전투차량은 통신 불안정으로 통제를 상실하는 상황을 자주 노출하였다. 이동 중 사격 정확도가 떨어져 실전에서 별다른 성과를 거두지도 못했다. 무엇보다 윤리적 문제가 남아 있다. 윤리적 문제는 다음 장에서 좀 더 깊이 다뤄 보도록 하겠다.

미래의 MUM-T는 더욱 광범위한 플랫폼 군집화와 AI 주도 네트워킹으로 진화할 것이다. 결국 미래 전장에서는 혼자 싸우는 영웅이 아니라 기계와 호흡을 맞추는 지휘자가 승리하게 된다. 인간의 창의적 판단력과 기계의 속도 및 정확성이 결합할 때, 전투 효율은 극대화된다. 탑건의 시대는 저물어 가지만, 인간과 기계가 만들어 내는 새로운 형태의 팀워크가 전장의 문법을 다시 쓰고 있다.

3.
AI가 지휘하는 전장:
알고리즘이 전략을 짜는 시대

챗GPT가 전장에 나타났다:
LLM 기반 군사 AI의 등장

지금까지 살펴본 기술들은 모두 인상적이긴 하지만, 여전히 전통적인 AI 영역에 속한다. 미사일의 AI 유도 시스템, 군집 드론의 분산형 두뇌, 무인 전투기의 자율비행 알고리즘 전부 마찬가지다. 센서 데이터를 분석하고, 패턴을 인식하며, 복잡한 계산을 빠르게 수행하는 AI 기술은 주로 물리적 전투 능력을 높이는 데 집중한다. 표적을 식별하고, 궤적을 계산하며, 최적 경로를 찾아내는 식이다.

여기서 한 가지 궁금증이 생긴다. 우리에게 가장 친숙한 AI는 챗GPT와 같은 LLM 기반의 생성형 AI다(기존 데이터를 바탕으로 새로운 콘텐츠를 생산해 내는 인공지능을 생성형 AI라고 부르며, LLM은 그중에서도 언어의 처리와 생성에 특

인간 없는 전쟁

화된 모델이다). 이제 생성형 AI는 언어를 생성하는 것을 넘어 실제와 같은 이미지와 영상을 만들어 내고, 국제수학올림피아드에서 금메달에 해당하는 성적을 받을 정도로 인간을 뛰어넘는 지적 능력을 보여 주고 있다.

그렇다면 현재 AI 시대를 이끌어가는 이 LLM 기술은 전장에서 어떤 식으로 활용되고 있을까? 군사 분야에서 LLM의 활약은 이제 막 시작되었다. LLM은 막대한 연산 능력을 요구하기 때문에 미사일이나 드론에 직접 탑재되기보다는, 우선 언어 이해와 처리가 핵심인 영역부터 적용되고 있다. 이들은 총알을 쏘거나 미사일을 유도하는 대신, 인간의 언어를 이해하고 생성하며 전장의 정보환경을 혁신하고 있다.

태평양에서 작전을 수행 중인 미국의 제15해병원정대는 2024년 대부분의 시간 동안 한국, 필리핀, 인도, 인도네시아 근해에서 작전을 수행하며 매일 아침 새로운 임무를 수행했다. 밤새 전 세계에서 쏟아진 수천 건의 외신 기사와 SNS 게시물 속에서 이들이 속한 부대에 관한 언급과 지역 정세 변화 정보를 찾아내는 일이다.[49] 과거라면 정보장교들이 밤새 한국어, 타갈로그어, 힌디어로 쓰인 현지 뉴스를 일일이 번역하고 요약하느라 진땀을 뺐을 일이다. 하지만 이제는 새로운 동료가 생겼다. 버니바랩스가 개발한 LLM 기반 AI 시스템이다.

이 시스템은 180개국에서 수집한 80개 언어의 데이터를 매일 테라바이트 단위로 처리한다. 수백 페이지 분량의 상황 보고서가 AI를 거치면 핵심만 담긴 요약본으로 출력된다.[50] 더 놀라운 건 해외 언론 모니터링 능력이다. AI는 전 세계 미디어에서 '제15해병원정대'와 관련된 모든 언급을 실시간으로 걸러 내어 분석한다. 한국, 인도, 필리핀, 인도네시아 등 다양한 국가의 뉴스가 즉각 번역되고 요약된다. 예전 같으면 언어 장벽 때문에 놓쳤을 현지 여론의 미묘한 변화까지 포착하게 된 것이다. 정보장교 윈 루우던 대위는 한 걸음 더 나아갔다. AI가 일일 정보 브리핑의 초안을 자동으로 작성하도록 한 것이다. 그는 AI 덕분에 정보 보고서를 작성하는 속도와 효율이 크게 향상되었다면서도, 정보의 출처를 검증하는 작업은 여전히 필요하다고 첨언하였다. 그러나 그는 부대 지휘관들에게 LLM 사용을 권장한다면서 상황이 시시각각 변하는 가운데 AI가 많은 수고를 덜어 준 건 사실이라고 밝혔다.[51]

이것은 단순한 업무 자동화가 아니다. 전쟁의 본질이 바뀌고 있다는 신호다. 전통적인 AI가 센서 데이터를 결합해 물리적 전장 상황도를 그렸다면, LLM 기반 AI는 언어 데이터를 결합해 정세와 여론까지 아우르는 입체적 상황 인식을 제공한다. 지휘관이 "현재 동남아 지역에서 미군에 대한 위협 징후가 있는가?"라고 묻기만 하면, AI는 방대한 정보의 바다를 순식간에 훑어 관련 단서를 찾아낸 후 리포트를 작성해 준다. 미 해병대 정보부사령관 멜빈 카터 중장의 평가는 명확하다. 생성형 AI 도구들이 작전의 속도와 효율을 높이고, 의사 결정의 정확도를 향상시키며, 인간을 반복적이고 위험한 임무에서 해방시키고, 동적인 전장 환경에 실시간 적응하게 함으로써 현대전에 전략적 우위를 제공할 수 있다는 것이다.[52]

특히 주목할 건 감성 분석 기능이다. AI는 텍스트에 담긴 정서적

톤이나 여론의 긍정·부정 경향을 파악한다. SNS 여론이 친미적인지 반미적인지, 현지 주민들이 미군 주둔에 우호적인지 적대적인지를 실시간으로 분류해 낸다. 제15해병원정대는 이를 통해 자신들이 주둔한 지역에서 미군에 대한 감정 변화를 모니터링했다. 민심의 온도를 재는 온도계가 생긴 셈이다.

심리전과 정보전 영역에서는 더욱 극적인 변화가 일어나고 있다. 생성형 AI는 적은 인원으로도 더 많은 콘텐츠를 더 빠르게 생성할 수 있게 해 준다. 과거에는 상대 지도부의 연설문을 분석하거나 선전 방송 대본을 작성하는 데 엄청난 인력이 필요했다. 이제 AI는 맞춤형 영상, 그래픽, 텍스트 콘텐츠를 순식간에 만들어 낸다. 랜드연구소는 보고서를 통해 러시아와 중국은 이미 생성형 AI를 이용하여 여론전과 선전전에 박차를 가하고 있으며, 미국도 이에 대응해 AI로 심리전과 정보전을 수행할 필요가 있다고 지적한다.[53]

미국 역시 준비를 하고 있다. 특수작전군이 시험 중인 '고스트 머신'이라는 AI 시스템은 한층 더 충격적인 능력을 보여 준다. 이 시스템은 음성 클론 기술을 탑재하여 적군 지휘관의 목소리를 흉내 낸 가짜 라디오 방송을 만들어 낼 수 있다. 실제 적 지휘관의 목소리로 허위 명령을 발송해 적 병사들의 지휘 체계를 교란시키는 것이 기술적으로 가능해진 것이다. 더 나아가 AI는 개개인에게 최적화된 심리전 메시지도 생성할 수 있다. 특정 대상의 성향과 심리를 분석해 맞춤형 메시지를 만들어 내는 실험도 진행되고 있다.[54]

이러한 LLM의 군사적 활용은 민간-군사 커뮤니케이션에도 새로운 가능성을 열고 있다. 현대 군사작전에서는 현지 주민과의 소통이 작전의 성패를 좌우하는 경우가 많다. 과거 아프가니스탄에서 미군은 항공기로 전단지를 투하해 주민들에게 메시지를 전달했다. 이제는 AI가 현지어로 된 SNS 콘텐츠나 팟캐스트를 대량으로 제작할 수 있다. 소수의 요원만으로도 방대한 분량의 현지어 콘텐츠를 빠르게 제작해 온라인에 배포할 수 있게 된 것이다.

여기서 등장한 개념이 인지전cognitive warfare이다. 중국 인민해방군이 특히 주목하는 분야로 물리적 파괴가 아닌 적의 의지와 판단력을 무너뜨리는 전쟁이다. AI는 여기에서 무서운 능력을 발휘한다. 적국 지도부의 성향과 심리를 분석해 맞춤형 정보전을 펼친다. 소셜미디어에 가짜 뉴스를 대량 살포하고, 딥페이크 영상으로 혼란을 조성한다. 적국 여론을 분열시키고 지도부에 대한 불신을 조장할 수도 있다.

중국 연구진들은 이를 '싸우지 않고 이기는' 손자병법의 현대적 구현이라 본다. 물리적 전투가 시작되기 전에 적의 전의를 꺾고 내부를 분열시켜 승리하는 것이다. 미국의 허드슨연구소 보고서는 중국이 이미 광범위한 인지전 연구를 진행 중이며, AI를 활용해 적 지휘부와 국민의 인지 영역을 직접 공격하는 전략을 개발하고 있다고 경고한다.[55] 이런 인지전에서 AI의 역할은 결정적이다. 수억 명의 디지털 발자취를 실시간으로 분석하고, 여론의 미묘한 변화를 감지하며, 가장 효과적인 메시지를 가장 취약한 대상에게 전달한다. 인간으로는 불가능한 규모와 정밀도의 심리전이 가능해진 것이다.

중국과 러시아가 AI를 활용한 정보전에 열중하자 펜타곤 역시

대대적인 투자에 나섰다. 2023년 국방혁신단^{DIU}을 통해 버니바랩스에 9,900만 달러 규모의 계약을 체결했고,[56] 2025년부터 2년간 1억 달러를 추가로 투입해 다양한 생성형 AI 파일럿 프로그램을 운영할 예정이다. 마이크로소프트와 팔란티어 같은 민간 기술 기업들이 군사용 LLM 솔루션 개발에 뛰어들 전망이다.[57] 가장 대중적인 LLM 서비스인 챗GPT를 운영하는 오픈AI 역시 군사기술 개발 분야에 뛰어들었다. 1장에서 언급했듯 오픈AI는 2024년부터 기존의 원칙을 완화하고, 안두릴 등의 방산 기업과 AI 기술의 군사적 활용을 위한 협력에 나선 바 있다.[58] 이는 시작에 불과할 것으로 보인다. 오픈AI가 보유한 세계 최고 수준의 LLM 기술은 군사 분야에서 무궁무진한 가능성을 지니고 있다. 방대한 정보를 실시간으로 분석하고 전략을 수립하는 AI 참모 시스템, 다국어 심리전 콘텐츠를 생성하는 정보작전 도구, 복잡한 전술 시뮬레이션을 수행하는 훈련 플랫폼까지. 오픈AI의 군사 분야 진출은 LLM이 미래 전장의 게임 체인저가 될 수 있음을 시사한다.

물론 이러한 변화에는 위험도 따른다. LLM은 '환각(hallucination)[●]'이라 불리는 근본적 한계를 갖고 있다. 자신이 모르는 영역에서도 그럴듯한, 그러나 틀린 답을 지어내는 경향이 있다. 군사 분야에서 이런 오류는 특히 치명적이다. 그래서 미군은 AI가 생성한 모든 정보에 대해 철저한 검증 절차를 거치도록 하고 있다. AI는 어디까지나 보조 도구이며, 최종 판단은 인간이 내린다는 원칙을 고수하는 것이다.

● LLM은 학습한 데이터에서 패턴을 찾아 '다음 단어'를 확률적으로 예측하는 구조다. 내용을 이해하고 답을 하는 것이 아니다. 이 때문에 환각이 자연스럽게 발생한다.

또 다른 우려는 보안 문제다. AI와 네트워크가 긴밀하게 연결된 전장에서는 적의 해킹이나 데이터 오염 공격에 취약할 수 있다. 적이 거짓 데이터를 AI 시스템에 주입해 잘못된 분석을 유도한다면, 오히려 첨단 기술이 아군에게 독이 될 수도 있다.

그럼에도 불구하고 LLM 기반 AI의 군사적 활용은 이제 막을 수 없는 흐름이 되었다. 제15해병원정대 지휘관이었던 션 다이넌 대령은 이러한 AI 활용이 '빙산의 일각'에 불과하며, 향후 미군이 AI를 활용할 기회는 훨씬 더 많아질 것으로 전망했다. 실제로 그의 예측은 맞아떨어지고 있다. 전쟁의 승패가 총성만이 아니라 키보드 소리로도 결정 나는 시대. LLM이라는 새로운 전우가 그 키보드를 함께 두드릴 준비를 하고 있다.

전투의 규칙을 바꾼 AI,
창의성이 화력을 이기는 시대

2022년 4월, 흑해 상공에 우크라이나가 운용하는 바이락타르 TB2 드론이 나타났다. 러시아 흑해함대의 기함인 모스크바 순양함은 이를 포착했다. 최신 S-300 방공 시스템에 탑재된 64발의 요격미사일로 무장한 만재배수량 1만 3,000톤급 거함은 고속 미사일과 폭격기 요격에 최적화되어 있었다.[59] 그래서 덩치로만 보면 성가신 파리에 불과한 드론에 대한 대응력은 제한적이었다. 승조원들이 드론을 추적하는 데 정신

인간 없는 전쟁

이 팔려 있던 순간, 저공으로 날아온 넵튠 대함 미사일 2발이 좌현을 강타했다. 드론은 미끼였고, 진짜 공격은 바다에서 왔다. 탄약고가 유폭하며 거대한 화염이 치솟았고, 510명의 승조원들은 혼비백산했다. 그리고 예인 중이던 다음 날 새벽, 러시아 해군의 자존심과도 같았던 모스크바함은 흑해 바닥으로 가라앉았다. 제2차 세계대전 이후 러시아가 전투로 잃은 첫 대형 함정이었다.

《워싱턴포스트》는 "드론이 러시아 순양함의 방공망을 교란시켜 미사일이 방어망을 뚫도록 만들었다"고 분석했다.[60] 수백만 원짜리 상용 드론을 미끼로 1조 원 이상의 가치로 추정되는 군함을 격침시킨 것이다. 이 사건은 전 세계 해군 전략가들에게 충격을 안겼다. 더 이상 거대한 화력만으로는 안전을 보장할 수 없다는 것을 보여 준 상징적 사건이었다.

앞서 살펴본 것처럼 LLM이 전장의 정보환경을 혁신하고 있다면, 실제 전투 현장에서는 더 극적인 변화가 일어나고 있다. AI와 드론의 결합이 수천 년간 이어져 온 전쟁의 기본 공식을 뒤집고 있는 것이다. 화력과 병력의 우위가 곧 승리를 보장하던 시대는 끝났다. 이제는 창의적인 전술과 AI의 만남이 전투의 승패를 가른다.

그로부터 3년 후인 2025년 6월 1일 새벽. 러시아 전역에서 동시다발적으로 기묘한 일이 벌어졌다. 모스크바 인근의 댜길레보 기지와 이바노보 기지, 북극권에 가까운 올레냐 기지, 시베리아 깊숙한 벨라야 기지, 그리고 극동의 우크라인카 기지까지 러시아 영토를 가로지르는 5개 전략폭격기 기지 주변에 주차되어 있던 평범한 화물 트럭들의 지붕이 일제히 열렸다. 트럭 안에서 117대의 소형 FPV 드론이 떼를 지어 날아올랐다. 우크라이나 보안국[SBU]이 1년 반 동안 준비한 '스파이더 웹' 작전의 시작이었다. 특히 큰 피해를 본 벨라야 기지의 경우 우크라이나 전선에서 무려 4,300킬로미터나 떨어져 있었다.[61] 서울에서 인도 뉴델리보다 먼, 누구도 공격받으리라고 상상하지 못한 러시아의 본토였다.

'거미줄'을 만든 드론이 활용한 기술은 특별하지 않았다. '아두파일럿'이라는 오픈소스 자동조종 소프트웨어로 구동되었는데, 이는 누구나 깃허브에서 무료로 다운로드할 수 있는 프로그램이다. 이 소프트웨어 덕분에 드론은 GPS 전파가 교란되는 상황에서도 관성항법을 통해 장거리 비행이 가능했다. 또한 우크라이나 정보 당국은 박물관에 전시된 러시아의 TU-22M3 백파이어 전략폭격기를 다각도로 촬영해 AI 영상인식 모델을 훈련시켰다.[62] 이 AI를 탑재한 드론은 통신이 두절되어도 스스로 표적을 식별하고, 연료 탱크나 조종석 같은 급소를 정확히 노릴 수 있었다.

여기서 드는 궁금증 하나. 우크라이나는 러시아 내륙 깊숙한 곳에 있는 공군기지에서 어떻게 드론을 조종했을까? 보통 러시아 현지에서 작전을 준비한 우크라이나 보안 공작원들이 현장에서 목숨을 걸고 조종했을 것으로 생각하기 쉽다. 하지만 작전이 개시되기 직전 이들 공작원은 모두 무사히 철수했다. 드론에는 일반 스마트폰에 사용되는 SIM 카드가 장착되어 있었고, 러시아의 민간 이동통신망을 통해 수천 킬로미터 떨어진 우크라이나에서 원격조종 됐다. 마치 스마트폰으

　　　　　　　　　　　　　인간 없는 전쟁

스파이더 웹 작전을 수행한 드론이 수천 킬로미터 너머로 송신해 온 화면.
적기에 접근 중인 장면과 폭발 이후의 장면이 담겼다.

로 게임을 하듯 적국 깊숙한 곳의 전략 자산을 실시간으로 타격한 것이다.

러시아의 공군기지 근처 트럭에서 원격조종을 통해 발사된 드론들은 곧장 러시아의 군용기를 타격한다. 벨라야 기지에 주기 중이던 Tu-22M3 초음속 폭격기는 형체를 알아볼 수 없을 정도로 불탔다. 우크라이나 측은 이 공습으로 총 40여 대의 항공기를 파괴하거나 손상시켰다고 밝혔다.[63] 사실 우크라이나는 러시아의 전략폭격기와 조기경보통제기 때문에 골머리를 앓아 왔다. 이들이 발사하는 장거리 미사일과 반복된 폭격에 우크라이나는 심각한 피해를 입어 왔고, 이를 타개하기 위해 무려 1년 반 동안 스파이더 웹 작전을 준비한 것이다. 우크라이나는 이 작전으로 러시아 전략폭격기 전력의 3분의 1을 무력화시켰다고 발표했다. 피해액은 70억 달러, 한화 약 9조 원에 달한다는 추산이다.[64] 무엇보다 러시아 관점에서 뼈아픈 것은 파괴된 전략폭격기들이 구소련 시절 제작돼 대체할 수도 없는 기체라는 점이다. 당황한 러시아군은 남은 폭격기들을 더 동쪽으로 황급히 후퇴시켰다.

이 초유의 장거리 드론 기습 작전을 두고 러시아 군사 블로거들은 "러시아의 진주만"이라고 자조했다. 미국 CNN 방송은 고대 그리스 신화의 '트로이 목마'에 비유하였다. 젤렌스키 대통령은 이 놀라운 성과를 100퍼센트 우크라이나의 힘으로 이뤄 냈다며 자부심을 드러냈다. 《월스트리트저널》의 한 칼럼니스트는 이 작전을 두고 "역사상 가장 기발한 군사작전 중 하나"라고 극찬하며, 2022년 모스크바함 격침과 크림대교 폭파와 더불어 러시아에 가한 가장 결정적인 한 방이라고

인간 없는 전쟁

평가하기도 했다.[65]

　　모스크바함 격침과 스파이더 웹 작전이 보여 준 것은 단순한 전술적 승리가 아니다. 이는 전쟁의 기본 문법이 바뀌었음을 알리는 신호탄이다. 가성비를 넘어 기술의 민주화라는 측면에 주목해야 한다. 기술의 민주화가 군사력의 불균형을 무너뜨렸다. 깃허브에서 오픈소스 코드를 다운받고, 알리바바에서 부품을 주문하면 누구나 스마트 무기를 만들 수 있다. 강대국의 전유물이었던 정밀 타격 능력을 이제는 중소 국가도, 심지어 국가가 아닌 행위자도 갖게 되었다. 실제로 중동과 아프리카의 여러 반군 조직들이 상용 드론을 개조해 정규군을 공격하는 사례가 급증하고 있다.

　　무엇보다 전술의 창의력이 중요해졌다. 우크라이나는 민간 통신망, 오픈소스 소프트웨어, 박물관 전시품까지 활용해 세계 2위 군사 강국을 농락했다. AI는 이런 창의적 전술을 현실로 만드는 촉매제 역할을 한다. 인간이 상상하는 기발한 아이디어를 AI가 정교한 작전으로 구현해 내는 것이다. 이제 AI는 단순히 드론을 조종하거나 표적을 식별하는 수준을 넘어서고 있다. 스파이더 웹 작전에서 우크라이나가 보여 준 것처럼, AI는 수천 킬로미터 떨어진 여러 표적을 동시에 공격하는 복잡한 작전을 조율할 수 있다. 117대의 드론이 각기 다른 경로로 비행하면서도 비슷한 시각에 표적에 도달하도록 하는 것은 AI 없이는 불가능한 일이다.

　　전쟁의 역사는 기술혁신의 역사였다. 화약이 성벽을 무너뜨렸고, 기관총이 기병을 몰락시켰으며, 핵무기가 총력전을 종식시켰다. 이제

AI가 또 한 번의 혁명을 일으키고 있다. LLM이 정보전의 판도를 바꾸고, 드론과 AI의 결합이 전술의 개념을 뒤집었다면, 다음 단계는 무엇일까?

답은 명확하다. AI가 전쟁을 설계하고 지휘하는 시대가 오고 있다. 인간 지휘관은 목표를 설정하고, AI는 그 목표를 달성할 최적의 방법을 찾아낸다. 수천 개의 변수를 동시에 계산하고, 수만 가지 시나리오를 시뮬레이션하며, 실시간으로 작전을 수정한다. 이미 그 징조는 곳곳에서 나타나고 있다. AI 참모가 인간 지휘관의 결정을 돕는 시대에서, AI가 직접 작전을 지휘하는 시대로의 전환. 그것이 바로 우리가 곧 마주할 미래다.

AI 장군과 참모가 이끄는
미래 전쟁 시나리오

2025년 AI 연구계에 흥미로운 프로젝트가 공개됐다. 에이전트 연구실 Agent Laboratory이라는 이름의 이 시스템은 여러 AI 에이전트가 마치 대학 연구실의 팀원들처럼 협업하는 모습을 보여 줬다.[66] 연구실의 핵심 인력인 '박사과정' 에이전트들은 문헌 조사부터 실험 수행, 논문 초안 작성까지 담당한다. 전반적인 실험 설계는 '박사후 연구원' 에이전트가, 코드 작성은 '머신러닝 엔지니어' 에이전트가 맡는다. 최종 논문 정리는 당연히 '교수' 에이전트의 몫이다. 에이전트라는 단어만 빼면 전형적인 대학 연구실의 모습이다. 단 하나의 차이는 사람 대신 AI 에이전트가 있다는 점뿐이다. 이들 에이전트는 각자 GPT와 같은 LLM을 장착하고 있다. LLM은 에이전트의 두뇌 역할을 하며 문헌 정리, 코딩, 논문 작성 등 주어진 역할을 수행한다. 이들은 서로 대화하고 정보를 주고받으며 하나의 연구 프로젝트를 완성했다. 인간 연구자는 단지 아이디어만 제시했을 뿐이다.

흥미로운 점은 이런 AI 에이전트 팀워크가 비단 연구실에만 국한되지 않을 것이라는 사실이다. 복잡한 문제를 해결하기 위해 AI들이 협력할 수 있다면, 다른 분야에도 똑같이 적용할 수 있다. 즉, 전쟁의 지휘 및 전술 운용에도 똑같이 적용될 수 있다는 말이다. 연구실에서 AI팀이 논문을 쓸 수 있다면, 작전실에서 AI 참모들이 전쟁 계획을 짤 수도 있지 않을까? 이미 그 징조는 곳곳에서 관찰되고 있다.

AI 에이전트가 복잡한 군사작전을 수행하려면 세 가지 핵심 기술이 필요하다. 먼저 LLM을 기반으로 하는 자연어 처리 능력이다. 에이전트 연구실이 GPT-4로 구동되듯, 군사 AI 에이전트들도 방대한 작전 문서와 정보 보고서를 읽고 이해하며 새로운 계획을 작성할 수 있어야 한다. 둘째는 외부 도구와 시스템을 활용하는 능력이다. 에이전트 연구실의 AI 에이전트가 논문을 선공개하는 온라인 사이트인 아카이브arXiv에서 논문을 검색하고 파이썬으로 코드를 실행하듯, 군사 AI는 위성 영상을 분석하고 병력 데이터베이스를 조회하며 시뮬레이션 엔진을 돌릴 수 있어야 한다. 마지막으로 멀티에이전트 아키텍쳐(multi-agent architecture)다. 단일 AI가 모든 것을 처리하는 게 아니라, 전문화된 여러 에이전트가 협업하는 구조다. 정보 분석 에이전트, 군수 계산 에이전트, 사이버전 전문 에이전트가 각자의 영역에서 최적의 판단을 내린 뒤 이를 종합하는 것이다.

이런 기술이 공상과학처럼 들릴 수도 있지만, 이미 현실이 되고 있다. 미 국방부 산하 국방혁신부의 '썬더포지' 프로젝트가 대표적이다. 이 프로젝트에서는 스케일AI의 에이전트 애플리케이션, 안두릴의 래티스 소프트웨어 플랫폼, 마이크로소프트의 LLM 기술을 결합하여 여러 에이전트를 조율하는 맞춤형 AI 에이전트 시스템을 구축 중이다. 맞춤형 AI 에이전트들을 '디지털 참모 장교(digital staff officer)'로 활용하여 군사 워 게임 시나리오를 자동 생성 및 평가하고 있다.

실제로 썬더포지 프로젝트에서 정보 참모 AI는 첩보와 정찰 데이터를 분석해 적의 동향을 예측한다. 군수 참모 AI는 보급품과 탄약 소모를 계산해 물자 조달이 막힐 병목 지점을 미리 경고한다. 사이버전 참모 AI는 네트워크 침투와 전자전 작전을 계획한다.[67] 그리고 분야별 참모 AI들이 한데 모여 인간이 작성한 작전 계획을 다각도로 검토하고 약점을 찾아내기도 한다. 마치 AI로 구성된 합동참모본부가 돌아가는 것만 같다.

AI에이전트는 이미 다양한 층위에서 군사작전에 참여하고 있다.

가장 포괄적 레벨인 전략 차원에서는 AI가 일종의 '디지털 장군' 역할을 수행한다. 하버드대 벨퍼센터의 보고서에 따르면, AI는 방대한 정세 정보와 첩보를 실시간으로 통합 분석해 최고사령부의 의사 결정을 지원할 수 있다.[68] 지정학적 동향부터 군사력 제약까지 고려해 작전을 고려하고, 인간 지휘관이 놓칠 수 있는 새로운 기회를 포착한다. AI는 피로도 편견도 없다. 24시간 내내 수천 가지 시나리오를 검토하여 더 객관적이고 창의적인 전략을 찾아낸다.

작전 레벨에서는 더 구체적이다. 썬더포지의 AI 참모들이 정보, 화력, 기동, 군수, 통신 등 각 분야를 담당하는 것처럼 중국 인민해방군 역시 비슷한 개념을 시험 중이다. 바이두의 LLM을 활용해 '인간 적군'의 행동을 예측하는 AI가 바로 그것이다.[69] 이 AI는 적 지휘관의 성향과 과거 행동 패턴을 학습해 다음 움직임을 예상한다.

세부적인 전술 레벨에서는 이미 현실이 됐다. AI 에이전트들이 전장에서 분대장이나 부사관, 윙맨의 역할을 하며 전술을 수립하고 이를 직접 수행하고 있다. MUM-T의 핵심인 무인기들은 인간이 내린 전술을 충실히 수행할 수 있으며, 통신이 교란되었을 경우 스스로 판단을 할 수 있다. 미 공군의 XQ-58A 발키리 무인 전투기는 여기서 더 나아가서 아예 AI로 구동되는 '충실한 윙맨'이다. 인간 조종사의 명령 없이도 스스로 표적을 식별하고 추적하며 공격한다. 더 놀라운 건 이 발키리가 자체 무장창(기체 내부에 무기를 탑재하는 공간)에서 소형 드론 알티우스-600을 공중 투하 하는 데 성공했다는 점이다. AI가 또 다른 AI를 지휘하는 계층적 지휘 체계가 구현된 것이다.

우크라이나 전쟁은 이런 변화의 실험장이 되었다. 우리는 앞서 팔란티어가 제공한 AI 전략 플랫폼으로 우크라이나군이 표적 선정의 대부분을 자동화한 사례를 살펴보았다. AI 참모가 실시간으로 정보를 분석하고 표적을 추천하면, 인간이 최종 승인만 내리는 방식은 이미

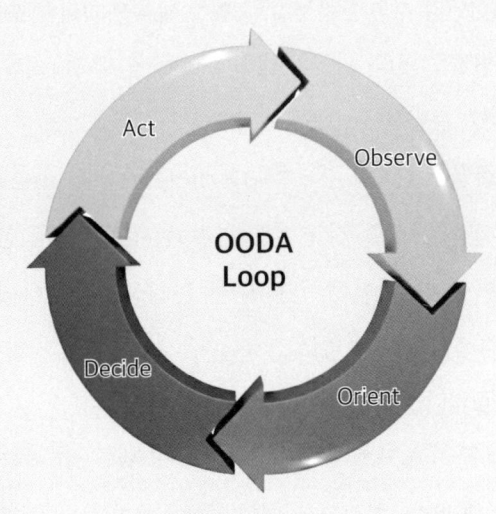

우다 루프의 시각도.
관찰(Observe)-방향 설정(Orient)-결정(Decide)-실행(Act)으로
구성되는 의사결정의 순환 구조를 나타낸다.

전장에서 널리 쓰이고 있다.

AI가 지휘하는 전쟁의 가장 큰 특징은 속도다. 인간이 군사작전에서 의사 결정을 내리는 과정인 우다 루프^{OODA Loop}가 몇 시간, 며칠, 몇 주 단위라면, AI들은 마이크로초 단위로 돌아간다. 상상해 보자. 적의 극초음속 미사일이 발사됐다는 신호가 위성에 포착된다. 극초음속 미사일은 마하 5 이상의 속도로 비행하며, 수백 킬로미터를 불과 몇 분 만에 주파한다. 이런 속도로는 인간이 탐지부터 대응까지 판단할 시간이 턱없이 부족하다. 그래서 AI 방공 시스템이 필요한 것이다. AI는

인간 없는 전쟁

0.001초 만에 궤적을 계산하고, 0.01초 만에 요격 시나리오 1,000개를 시뮬레이션한다. 0.1초 후 최적의 요격 지점과 방법을 결정하고, 1초 내에 요격미사일을 발사한다. 인간 지휘관이 상황을 파악하기도 전에 모든 것이 끝난다.

이런 속도전은 전략 레벨에서도 마찬가지다. AI 참모들은 적의 부대 이동을 감지하는 순간 수만 가지 대응 시나리오를 검토한다. 각 시나리오의 성공 확률, 예상 손실, 필요 자원, 외교적 파급효과까지 계산하여 아군의 최적 대응책들을 순위별로 정리할 수 있다. 그리고 인간 지휘관에게는 'COA(Course of Action)'라 불리는 여러 개의 작전 방안이 제시된다.[70] 이제 장군의 결정은 이 방대한 계산의 결과 중 하나를 선택하는 일로 단순화될지 모른다. 나아가 일정 수준 이상의 신뢰를 얻은 AI는 선택권까지 위임받을 수 있다. 한번 선택된 작전이 곧바로 하위 부대에 전파되고 구체적 명령이 자동 생성되는 미래를 미군은 그리고 있다.

미 해병대 4성 장군 출신인 존 앨런과 AI 기업가 아미르 후세인은 이러한 속도전을 '하이퍼워hyperwar'라고 명명했다.[71] 인간이 따라갈 수 없을 정도로 가속화된 전쟁이다. 이미 시간 측면에서 인간의 척도를 벗어난 AI는 '템포 우위'를 창출할 수 있다. 적보다 빠르게 정보를 처리하고 결정하며 실행한다. 적이 한 수를 두는 동안 AI는 열 수를 둔다. 이는 단순한 속도의 문제가 아니다. 적의 의사 결정 사이클 자체를 무력화시키는 것이다.

게다가 초고속 전쟁은 다차원에서 진행되고 있다. 군사학에서 시간과 공간의 지배는 승리의 핵심이다. AI는 시간뿐만 아니라 공간이라는 요소까지 극한으로 활용한다. 공간 측면에서 AI는 '다영역 동시 작전'을 구사한다. 육해공은 물론 우주와 사이버 공간, 전자기 스펙트럼까지 모든 영역에서 동시에 작전을 펼친다. 인간으로는 불가능한 복잡도의 조율이다.

AI가 전 영역을 통합 지휘하며 시공간을 완전히 장악하게 되면 어떤 일이 벌어질까? 사이버 공간에서는 AI들이 나노초 단위로 공방을 주고받고, 우주와 공중에서는 자율드론과 요격 시스템이 실시간으로 대결한다. 지상에서는 로봇 부대가 AI의 지휘 아래 자율 기동한다. 마치 거대한 오케스트라를 AI가 지휘하는 것처럼 모든 부대의 움직임이 실시간으로 조율될 것이다. 이 앙상블에 인간이 개입하려 해도 이미 수백만 번의 연산과 대응이 오간 뒤다. 이런 전쟁에서 인간의 역할은 무엇일까? 아마도 목표를 설정하고 제약 조건을 부여하는 정도일 것이다. 적을 무력화하되, 민간 피해는 최소화하라는 식으로 말이다.

이제 AI 장군과 AI 장군이 맞붙는 상황을 생각해 보자. 이 상황에서 발생할 새로운 전략과 양상은 아무도 예측하기 어렵다. 한 연구에 따르면 똑같은 군사 상황을 두고 각각의 LLM 모델들이 서로 다른 반응을 보였다. 일부 모델은 매우 강경한 대응을 권하는 반면, GPT 계열은 상대적으로 신중한 전략을 취했다.[72] 만약 아군이 GPT 기반 AI 에이전트 시스템을 사용한다는 것을 적이 알았다고 가정해 보자. 그러면 적은 우리의 소극적 대응을 예상하고 과감한 작전을 수행할 수 있다. 이처럼 적 AI의 성향을 파악할 수 있다면 그 약점을 노리는 작전도 가

인간 없는 전쟁

능하다. AI들은 서로를 교란하기 위해 가짜 정보를 대량 살포할 것이다. 적 AI의 판단을 흐리고 오판을 유도하기 위해서다. 동시에 상대 AI 알고리즘의 취약점을 찾아 사이버 공격을 시도한다. 단순한 해킹이 아니라, 적 AI의 사고 패턴 자체를 역공학*하여 무력화시키는 것이다.

더 흥미로운 건 AI가 인간이 상상하지 못한 창의적 전술을 개발할 가능성이다. 바둑에서 알파고가 보여 준 '신의 한 수'처럼, AI 장군은 기존 교리에 없는 기상천외한 전략으로 적을 농락할 수 있다. 이런 전략은 사전에 프로그래밍이 된 게 아니라 AI가 스스로 시뮬레이션을 통해 발견한 것이라 예측이 더욱 어렵다. 가장 무서운 점은 AI가 계속 학습한다는 것이다. 매 전투가 학습 데이터가 되고, 매 순간 더 똑똑해진다.

*
**

우리는 지금 인류의 문명과 역사만큼 오래된 전쟁이라는 원초적 활동이 근본적으로 재정의되는 순간을 보고 있다. 인간은 여전히 전쟁을 시작하고 끝낼 권한을 갖고 있다. 하지만 그 사이의 모든 과정은 점차 알고리즘의 영역이 되어 가고 있다. AI가 전술을 바꾸고, 이제 전략까지 짜는 시대, 전쟁의 문법이 근본적으로 바뀌고 있다. 크게 네 가지 지점을 눈여겨봐야 할 듯하다.

● 완성된 제품, 시스템, 소프트웨어 등을 분해해 보고, 그 안의 구조와 원리를 거꾸로 추적하는 행위.

첫째, 결정적 순간의 소멸이다. 과거의 전쟁은 몇몇 결정적 전투로 승패가 갈렸다. 하지만 AI 전쟁은 수백만 개의 마이크로 결정이 누적되어 결과를 만든다. 어느 한순간의 천재적 작전보다 지속적인 알고리즘 우위가 중요하다.

둘째, 불확실성의 제거다. 클라우제비츠는 전쟁의 본질을 '불확실성과 우연'으로 봤다. 하지만 AI는 이 전장의 안개를 걷어 낸다. 모든 변수를 계산하고 모든 시나리오를 예측한다. 물론 완벽하진 않다. 하지만 인간보다는 훨씬 정확하다.

셋째, 감정의 배제다. AI는 두려움도 분노도 없다. 복수심에 과도한 무력을 쓰지도, 겁에 질려 후퇴하지도 않는다. 철저히 논리와 확률에 따라 움직인다. 이는 전쟁을 더 합리적으로 만들 수도, 더 잔혹하게 만들 수도 있다.

넷째, 책임의 분산이다. AI가 내린 결정으로 민간인이 희생되면 누가 책임질 것인가? AI를 만든 개발자? 시스템을 실제로 운용한 군인? 작전을 승인한 지휘관? 이 모호함은 전쟁 억지력의 약화에 영향을 줄 수 있다. 책임을 물을 대상이 불분명할수록 인간이 전쟁에서 느끼는 죄책감은 줄어들 수밖에 없다.

이것이 디스토피아인지 유토피아인지는 아직 모른다. 분명한 건 되돌릴 수 없는 변화가 시작됐다는 것이다. 미국, 중국, 러시아를 비롯한 강대국들은 이미 AI 군비경쟁에 돌입했다. 개인이 거대한 흐름을 멈춰 세울 수는 없지만, 우리 모두가 경각심을 갖고 추이를 지켜봐야한다.

얼핏 생각하면 AI의 전쟁 활용은 인간에게 위협으로만 느껴진다. 해결해야 할 윤리적 문제도 산적해 있다. 하지만 역설적으로 AI가 전쟁에 활용되면서 발생하는 인류 전체의 이득도 만만치 않게 클 수 있다. 다음 장에서는 이 두 가지 측면을 균형 있게 살펴보며, AI 전쟁이 가져올 빛과 어둠을 고루 직시해 보도록 하겠다.

3부.

기계가 쏜다, 인간이 묻는다

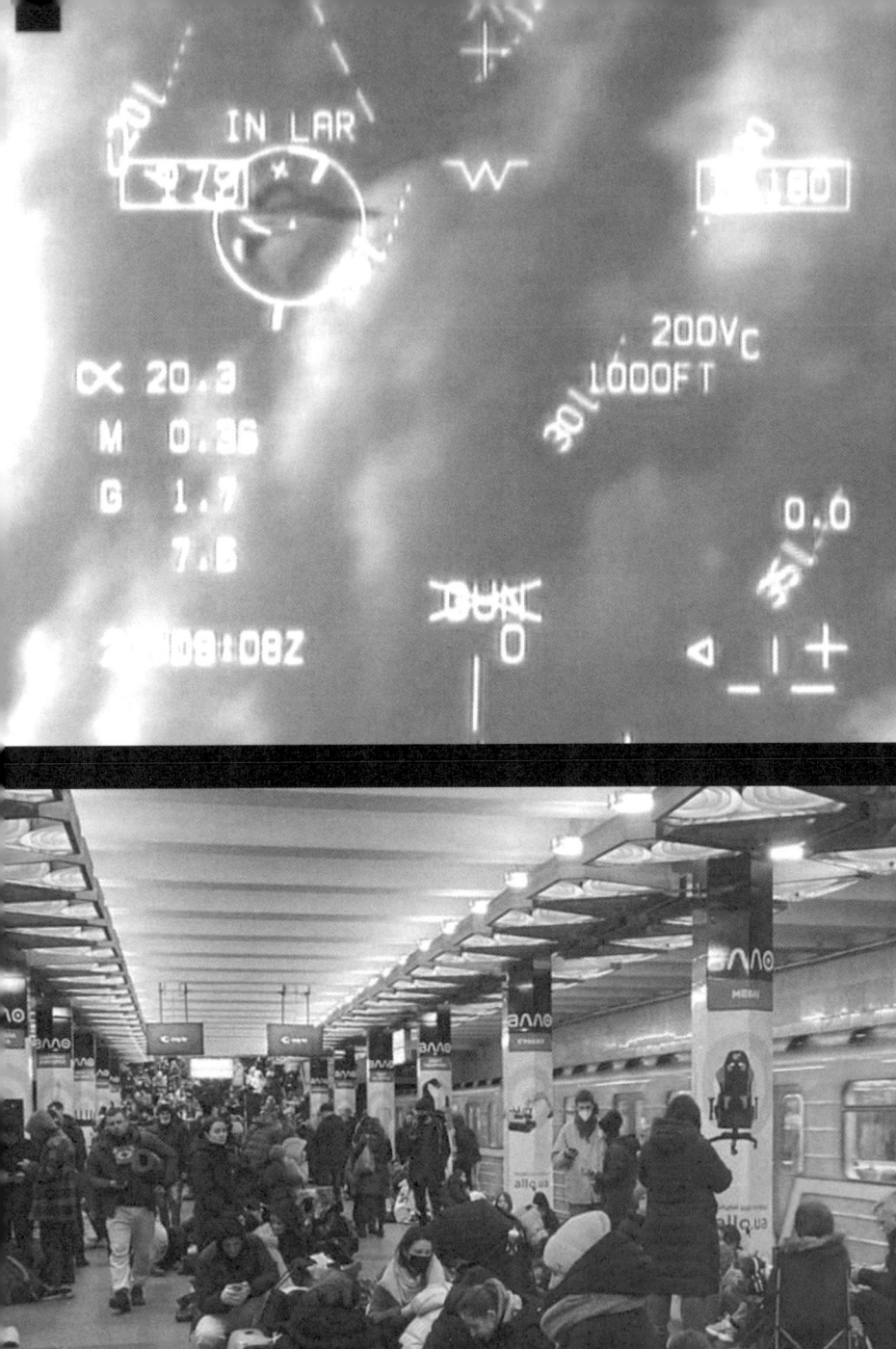

5장.
AI 전쟁의
윤리적 딜레마

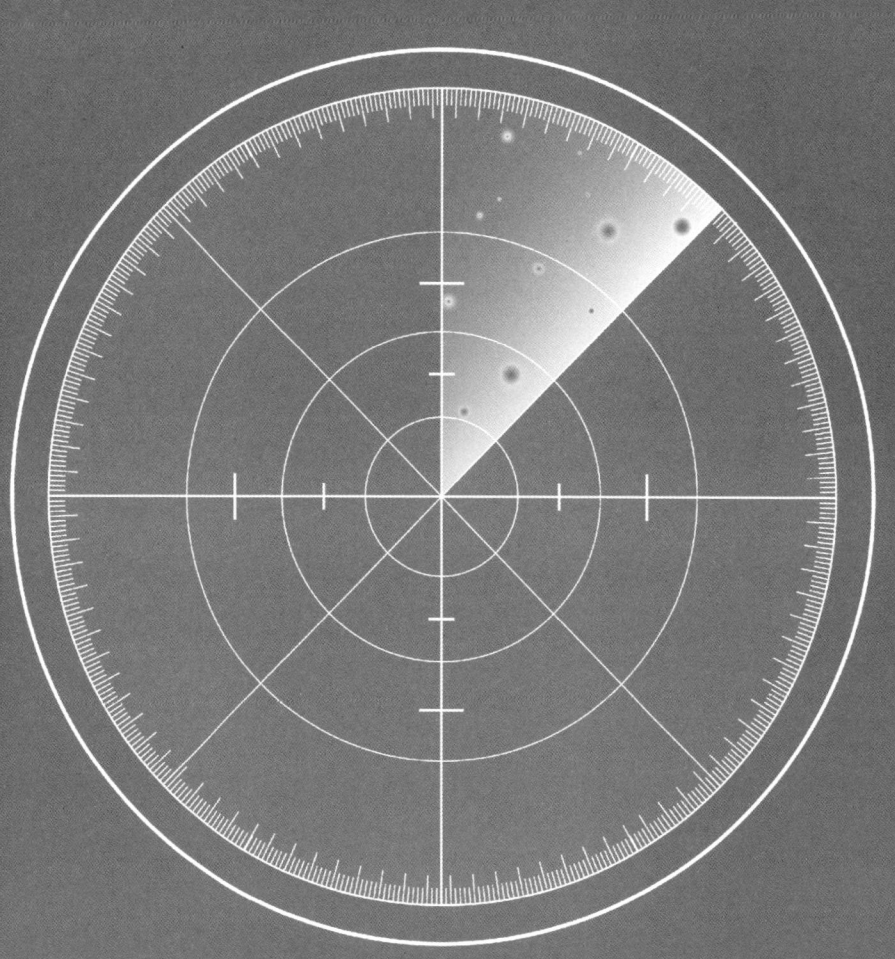

1.
AI 무기의
긍정적 측면

AI가 전쟁의 모든 영역을 재편하는 지금, 우리는 근본적인 질문을 마주하고 있다. 기계가 인간의 생사를 결정하는 것이 과연 옳은가? 이 무거운 물음에 답하기 위해서는 AI 전쟁 기술이 가져오는 양면성을 직시해야 한다. 역설적이게도 살상을 위해 설계된 이 기술들이 어떤 면에서는 전쟁의 참혹함을 줄일 수도 있다. 동시에 인류가 한 번도 경험하지 못한 새로운 위험을 만들어 내고 있기도 하다. 먼저 AI 무기가 가져올 수 있는 긍정적 가능성들을 살펴본 뒤, 그 이면에 도사린 어두운 그림자들을 차례로 들여다보자.

인간 없는 전쟁

정밀해지는 AI 무기,
민간인 보호의 새로운 가능성

2023년 우크라이나 동부 전선. 러시아 탱크가 숨어있던 참호 위로 작은 드론이 날아다닌다. 우크라이나군의 세이커 정찰 드론이다. 이 드론은 AI를 탑재해 사람 개입 없이도 러시아군 탱크와 장갑차를 자동으로 식별한다. 몇 초 뒤, 드론이 전송한 좌표에 포탄이 떨어진다. 예전이라면 포병 오차로 인근 민가가 피해를 입었을 수도 있다. 하지만 이번에는 탱크만 정확히 명중했다. 민간의 피해는 없었다. 이처럼 전장에서 AI 무기는 표적 식별 정확도를 혁신적으로 끌어올리며, 정밀성의 혁명이 일어나고 있다.

우크라이나전에서 AI의 위력은 명확한 숫자로 드러난다. 2022년 팔란티어의 AI 표적 식별 소프트웨어 도입 이전, 드론 공격 명중률은 50퍼센트 미만이었다. 숙련된 조종사조차 절반은 빗나갔고, 신참 조종자는 10퍼센트대에 머물렀다. 그런데 AI 도입 후 명중률이 80퍼센트로 껑충 뛰었다.[1] 거의 두 배에 가까운 향상이다. 이 숫자가 의미하는 바는 크다. 과거에는 목표를 맞히기 위해 여러 발을 쏴야 했다. 빗나간 포탄은 어디론가 떨어졌고, 그곳이 민가일 수도, 학교일 수도 있었다. 하지만 이제는 10발 중 8발이 목표물을 정확히 명중시킨다. 빗나가는 포탄이 줄어든 만큼, 의도하지 않은 민간 피해도 감소한다.

AI 무기의 정밀성을 가능케 한 핵심 기술은 컴퓨터 비전이다. 컴퓨터 비전은 쉽게 말해 드론의 눈에 해당한다. 드론이나 미사일에 달린 카메라가 영상을 촬영하면, 그 영상은 CNN과 같은 이미지 인식 특화 딥러닝 알고리즘에 의해 실시간으로 분석된다. 영상 속 장갑차, 트럭, 민간 차량, 사람이 구분되는 것이다. YOLO(You Only Look Once) 같은 객체 탐지 알고리즘은 한 프레임에서 여러 물체를 동시에 식별한다. 세이커 드론의 경우 한 번에 64개 표적을 식별할 수 있다.[2] 이런 대용량 분석 능력은 인간 정보 분석관 수십 명을 합친 것보다 빠르고 효율적이다. 더 중요한 건 구분 능력이다. AI는 군용 트럭과 민간 화물차를 구별한다. 전차와 트랙터를 혼동하지 않는다. 군복 입은 병사와 민간인 작업자를 구분한다. 이런 세밀한 식별이 가능해지면서 민간 차량이나 농기계를 군사 장비로 오인해 공격하는 비극이 크게 줄어들었다.

GPS 의존도가 줄어든 것도 정밀성 향상에 기여했다. 전통적 스마트 폭탄은 GPS 좌표만 따라갔다. 주어진 좌표값만 일치하면 실제 현장에 무엇이 있든 타격했다. 좌표가 잘못 입력되면 병원이든 학교든 파괴 대상이 되었다. 실제로 2025년 3월 6일, 한국 공군 KF-16 전투기가 훈련 중 좌표를 잘못 입력해 민간 지역에 폭탄을 투하했고, 이로 인해 15명의 민간인이 부상당하는 사건이 발생했다.[3] 민가에 떨어진 MK-82 폭탄 자체는 유도 기능이 없는 일명 '멍텅구리 폭탄'이라 불리지만, GPS 유도 키트를 장착하면 정밀유도폭탄으로 변환할 수도 있다. 3월 6일 오폭 당시에는 순수한 재래식 폭탄이 사용된 것으로 보이지만, GPS 유도 기능을 장착했다고 하더라도 좌표가 잘못 입력된 이상 사고는 필연적으로 발생할 수밖에 없었다.

하지만 새로운 AI 탑재 무기는 다르다. 폭탄 자체에 영상 분류 AI

가 내장되어, 떨어지는 동안에도 목표물을 재확인한다. 발사된 폭탄이 타격 지점이 잘못 설정되었다는 것을 감지하면 스스로 폭발하지 않는 기능이 연구되고 있다. 또한 목표물 옆에 구급차나 적십자 표시를 발견하면 타격 지점을 미세 조정해 의료 시설을 피하는 것도 가능하다.[4]

당연히 피아 식별에 실패해 아군을 오폭하는 사고도 방지할 수 있다. 과거의 전쟁에서는 안개 낀 전장이나 혼란스러운 야간전투를 치르다 아군을 적으로 오인해 공격하는 일이 빈번했다. 하지만 AI는 아군과 적군의 장비 형태, 도색, 움직임 패턴을 학습한다. 러시아제 T-72 탱크와 우크라이나가 개조한 T-72를 구별할 수 있다. 같은 차량이라도 포탑에 그려진 마크, 장착된 반응 장갑의 형태, 안테나 위치 등 미세한 차이를 포착한다. 사람의 눈으로는 구별 불가능한 차이를 AI는 정확히 잡아낸다. 열화상 카메라와 야간투시경 영상도 AI가 분석한다. 자욱한 연기나 어두운 시야 속에서도, AI는 표적을 정확히 식별한다.

물론 오류가 발생할 가능성은 여전하다. AI는 훈련 받은 패턴만 인식하기에, 교묘히 숨어드는 적군이나 무기를 든 민간인이 덤벼드는 상황에서는 오작동할 수 있다. 실제로 러시아군이 우크라이나에서 일부러 민간인 차량을 사용하는 기만전술을 쓰자, 드론 AI가 혼란스러워한 사례들이 보고되기도 했다.[5] 하마스 대원들이 민간인처럼 옷을 입는 상황 역시 AI에겐 난제이다. 결국 AI가 활용되어도 오인 살상의 위험은 완전히 제거하기 어렵다. 하지만 위험이 대폭 감소하는 것만은 사실이다.

AI의 또 다른 강점은 피로를 모른다는 것이다. 인간 분석관은 8시간 근무 후 피로가 누적되면 실수가 늘어난다. 새벽 근무 중 피곤에 지친 분석관은 민간 차량을 군용차로 오인할 수 있다. 하지만 AI는 24시간 내내 같은 정확도를 유지한다. 감정에 휘둘리지 않는 것도 중요하다. 동료를 잃은 분노로 과도한 폭격을 가하거나, 복수심에 민간 지역까지 공격하는 일이 없다. AI는 오직 입력된 규칙에 따라 군사 표적만 선별한다. 증오도 편견도 없이, 순수하게 기술적 판단만 내린다. 대량 데이터처리 능력도 인간을 압도한다. 민간 차량 수천 대 중에서 위장한 군용차 한 대를 찾아내는 것도 AI에게는 순식간이다.

이런 AI의 능력이 더해지면, 전쟁에서 불필요한 파괴와 민간인 희생을 크게 줄일 수도 있다. 물론 기술만으로 모든 문제가 해결되는 것은 아니다. 하지만 적어도 기술적으로는 AI가 더 정밀하고 선별적인 무력 사용을 가능케 하고 있다. 전쟁이 불가피하다면, 그 피해를 최대한 줄이는 것이 그나마 차선책이다. AI는 바로 그 차선책을 현실로 만들고 있다.

로봇이 대신 죽는 전쟁,
살아 돌아오는 병사들

1999년 3월 24일, 코소보 상공에 나토 전투기들이 등장했다. 그리고 이들은 78일간 끊임없이 세르비아 군사시설을 폭격했다. 출격 횟수만 3만 8,000여 회, 폭격 횟수만 1만 500회. 그런데 놀라운 일이 벌어졌

인간 없는 전쟁

다. 이 모든 공습을 퍼부었음에도 나토군 전사자는 단 한 명도 없었다. 나토의 사무총장인 로드 로버트슨은 이를 '놀라운 업적'이라고 자평했다.[6] 지상군을 단 한 명도 보내지 않고 오로지 공중에서만 전쟁을 치른 결과였다. 그리고 소기의 목적을 달성한 이 전쟁은 서방 국가들에게 하나의 분기점이 됐다.

'무(無)사상자' 전쟁에 대한 집착이 갑자기 나타난 것은 아니다. 베트남전쟁의 트라우마가 깊게 새겨진 결과다. 5만 8,000명의 미군이 베트남에서 목숨을 잃었고, 날마다 본국으로 관이 돌아왔다. 반전 시위가 들불처럼 번졌고, 결국 미국은 전쟁에서 손을 떼야 했다. 이후 미군 참모총장인 콜린 파월에 의해 '파월 독트린'이 정립되었다. 압도적 화력과 기술력으로 아군 피해를 최소화하라는 것이다. 병사 한 명 한 명의 생명이 정치적으로, 그리고 심리적으로 너무나 무거운 무게를 지니게 됐다.

흥미로운 건 적들도 이런 약점을 알고 있다는 점이다. 그것도 아주 예전부터 말이다. 베트남독립전쟁(제1차 인도차이나전쟁)을 이끈 호치민은 당시 프랑스에 이렇게 경고했다. "당신들이 우리 사람 10명을 죽이는 동안 우리는 당신 사람 1명을 죽일 것이다. 하지만 결국 지치는 쪽은 당신이다."[7] 실제로 그렇게 되었다. 오사마 빈 라덴도 같은 전략을 썼다. 1993년 소말리아 모가디슈에서 미군 18명이 전사하자 미국은 철수했다. 빈 라덴은 이 광경을 보며 미국의 '희생 공포증'을 간파했을지도 모른다. 서방은 자국 군인의 피 한 방울도 흘리지 않으려 하고, 적들은 서방 군인 한 방울의 피를 흘리게 하기 위해 자신들의 피를 아끼지 않는다. 이 구조적 대비가 현대전의 핵심 역학 중 하나이다. 그리고 이 역학이 AI와 로봇 무기의 탄생을 부추겼다.

전쟁터에서 가장 먼저 로봇이 투입된 곳은 당연히 가장 위험한 곳이었다. 지뢰 제거와 폭발물 해체는 전통적으로 가장 위험한 작업으로 꼽혔다. 한 번의 실수가 곧 죽음으로 이어졌다. 그런데 2000년대 초반부터 상황이 바뀌었다. 이라크와 아프가니스탄 전장에 폭발물 처리 로봇이 등장한 것이다. 팩봇, 탈론 같은 궤도형 로봇들이 병사 대신 IED 앞으로 다가갔다. 로봇 팔로 폭탄을 집어 들고, 원격 카메라로 내부를 살폈다. 위험하면 그 자리에서 폭파시켰다. 결과는 극적이었다. "전장에서 폭탄 로봇이 파손되어 돌아올 때마다 한 명의 생명이 돌아온 것이나 다름없다"는 말이 미군 사이에 퍼졌다.[8] 실제로 이 로봇들은 이라크와 아프간에서 수천 명의 목숨을 구했다는 평가를 받았다.[9] 병사가 직접 폭탄 앞까지 기어가 손으로 전선을 끊던 시대는 끝을 향해 가고 있다. 이제는 수백 미터 떨어진 안전한 곳에서 조이스틱으로 로봇을 조종한다. 로봇이 폭발해도 병사는 살아 있다.

지하 터널도 마찬가지다. 북한 같은 적대 세력은 핵무기나 생화학무기를 깊은 지하 갱도에 숨긴다. 이런 곳을 수색하려면 누군가는 안으로 들어가야 한다. 좁고 어둡고, 함정과 지뢰가 도사린 장소로. 과거에는 병사들이 목숨을 걸고 들어갔지만, 이제는 로봇이 먼저 들어간다. 미 육군이 개발 중인 '자율 터널 탐사ATE 로봇'은 GPS 신호가 없는 지하에서 스스로 3D 지도를 그리며 전진한다. 장애물을 피하고 각종 센서로 대량살상무기의 흔적을 찾은 후, 실시간으로 데이터를 전송한

인간 없는 전쟁

다. 2021년 12월 미주리주 훈련에서 이 궤도형 로봇은 완벽한 성능을 입증했다. 미 육군 관계자는 "향후 이 로봇이 전투원을 대신해 동굴과 지하 시설 수색 임무를 완벽하게 수행하도록 하는 것이 최종 목표"라고 밝혔다.[10]

앞서 MUM-T라는 새로운 전장의 문법을 알아보며 이미 로봇과 AI를 결합한 기술이 전장에서 적극적으로 활용되고 있음을 살펴본 바 있다. 폭발물 제거 로봇은 이미 미군 폭발물 처리반의 표준 장비다. 무인 지상 차량과 공군의 무인기 역시 미국을 비롯한 군사 선진국들이 적극 개발 중이다. 거기에 보행 로봇도 현실이 되고 있다. SF 영화에서나 보던 로봇개도 실제 전장을 누빈다. 고스트로보틱스의 4족 보행 로봇개는 미 육군과 해병대에서 정찰 임무용으로 테스트 중이다. 최근에는 소총까지 장착한 무장 모델이 등장했다. AI 기반 디지털 조준장치가 달려서 인간, 드론, 차량을 자동으로 감시하고 추적한다.[11] 원격 조종자가 모니터링하다가 필요하면 발포 명령을 내린다. 로봇개가 순찰하며 침입자를 감시하고, 필요하면 총을 쏠 수도 있다. 미군은 이미 멕시코 국경을 순찰하는 용도로 로봇개를 활용 중이다.

*
**

AI 무기가 각광받는 이유는 단순히 병사 대신 희생하기 때문만이 아니다. 인간이 도저히 할 수 없는 일을 해내기 때문이다. 앞서 언급한 전투기만 하더라도 그렇다. 영화 〈탑건: 매버릭〉에 나온 장면처럼, 인간 조종사는 중력가속도 9g까지 견딘다. 그 이상으로 급격히 선회하면 시야가 흐려지고 정신을 잃는다. 하지만 무인 전투기는 10g 이상의 초고속 선회가 가능하다. 미사일을 피할 때, 적기를 쫓을 때, 인간보다 훨씬 민첩하게 움직인다. 물리적으로 인간의 한계를 돌파한 속도와 가속이 가능하다. 실제로 미 공군이 F-16에 AI를 접목해 인간 조종사와 교전을 벌인 훈련에서, AI 전투기는 유인 전투기에 약 610미터 거리까지 근접했다.[12] 공중전에서 이 정도면 상당히 가까운 거리다. 인간 조종사가 AI 전투기를 격추하지 못하고 도그파이팅 단계까지 접근을 허용한 것이다.

AI는 복잡한 공중전 환경에서 인간이 처리할 수 없는 대량의 데이터를 실시간으로 분석한다. 미 공군에서 AI 무인기와 함께 비행하는 훈련을 수행 중인 트렌드 맥멀렌 소령은 언론과의 인터뷰에서 "복잡한 공중전 환경에서 인간이 모든 것을 흡수할 방법은 없다. AI는 모든 데이터 정보를 받아 매우 빠르게 처리한 다음 실시간 결정을 내릴 수 있다"고 설명했다.[13] 정보처리 능력과 물리적 기동성, 두 가지 모두에서 AI는 인간을 압도한다.

이제 군은 AI에게 고위험 임무를 맡길 준비를 하고 있다. 맥멀렌 소령은 미래 전장을 이야기하며, 무인 자산을 고위험 환경에 인간 조종사 대신 보내겠다고 말했다. 적 방공망이 촘촘하거나 대공미사일이 즐비한 지역에 투입된 인간 파일럿은 살아서 복귀할 가능성이 낮다. 예전에는 이런 지역에서의 임무는 아예 시도조차 하지 못했다. 하지만 '목숨을 아까워하지 않는 똑똑한' 병기가 등장하면서 전술 개념이 바

인간 없는 전쟁

꿔고 있다. 과거에는 보지 못했던 기상천외하면서 획기적인 전략이 등장할 수 있는 배경이다.

이처럼 기계가 전쟁터에 투입될수록 인간 병사는 안전해진다. 로봇이 대신 죽고, 병사들은 살아 돌아온다. 그런데 이제 또 다른 이유가 부각되고 있다. 전선에 보낼 병사 자체가 줄어들고 있다는 점이다. 특히 한국은 세계에서 가장 빠른 속도로 인구가 감소하고 있다. 2024년 기준 한국의 합계출산율은 0.75명으로 OECD 38개 회원국 중 가장 낮다. 이러한 추세가 이어질 경우 한국의 인구는 향후 60년간 절반으로 줄 것이란 전망도 나온다.[14] 한국군의 병력 규모 역시 2019년 56만 명에서 2025년 45만명으로 급감했다. 불과 6년 만에 11만 명이 줄어든 것이다. 이 추세는 계속될 수 밖에 없다.

이런 현실 때문에 정부는 일찌감치 국방 개혁에 착수했다. 골자는 명확했다. 병력을 50만 명 수준으로 감축하되, 부족한 인력은 첨단 전력으로 대체한다는 것이다. 진보 정권도, 보수 정권도 이 사안만큼은 똑같은 결론에 도달하였다. 문제는 인구절벽 현상이 더 빠르게 나타나며 병력 규모가 이미 50만 명 아래로 내려갔다는 점이다. 부족한 병력으로 인한 전력 감소를 빠르게 메울 방법을 찾는 것이 한국군의 지상 과제가 되었다.

이는 우리나라만의 문제가 아니다. 일본도 러시아도 마찬가지다. 선진국일수록 출산율이 낮고, 젊은이들은 군대 가기를 꺼린다. 반면 중국은 최근 출산율이 급격히 떨어지고 있지만 아직 인구가 많다. 북한은 여전히 대규모 병력을 유지하고 있다. 숫자로 밀어붙이는 적을 상대하려면 기술로 맞서는 수밖에 없다. 한국 방위산업 전문가들은 인구절벽으로 인해 심각한 병력 부족에 직면한 한국군에게 자율무기체계는 부족한 병력을 상쇄할 수 있는 대안이라고 지적한다.

물론 AI 로봇이 사람을 완전히 대체할 수는 없다. 우크라이나 전쟁이 증명한 사실이다. 아무리 첨단 무기가 많아도 땅을 지키는 건 결국 병사의 몫이다. 적의 영토에 깃발을 꽂는 것 역시 사람이 해야 한다. 하지만 위험한 임무부터 로봇에게 위임하면 적은 인원으로도 더 넓은 전선을 방어할 수 있다. 한 명의 병사가 여러 대의 로봇을 통제하며 싸우는 것이다. 유무인 복합 전력, 즉 사람과 기계가 협력하는 전투 방식이 바로 전쟁의 미래가 될 것이다. 적어도 서방 국가들에게는 코소보 전쟁의 '0명 전사'가 이미 하나의 규범이 되었다. 게다가 인구가 줄어드는 국가들에게 AI 무기는 선택이 아닌 필수가 되어 가고 있다.

방아쇠를 당기지 않아도 되는 전쟁,
병사의 마음을 지키다

2차 세계대전을 조사하던 미국의 전투사학자 S. L. A. 마셜은 충격적인 사실을 발견했다. 총탄이 빗발치는 전투 속에서도 실제로 적을 향해 사격한 보병은 전체의 약 15퍼센트에 불과했다는 것이다. 나머지 85퍼센트는 방아쇠를 당기지 않았다. 탄약 운반이나 부상병 구조 같은 위험한 임무는 기꺼이 수행했지만, 정면으로 마주한 적군에게 총구를

인간 없는 전쟁

겨누고 방아쇠를 당기는 일만은 본능적으로 회피했다. 마셜은 이를 두고 "죽임을 당하는 것보다 죽이는 것을 두려워했다"고 분석했다.[15]

마셜이 주장한 15퍼센트라는 통계 수치에 대해서는 엄밀성과 재현성이라는 측면에서 논란이 많다. 하지만 수치는 다소 과장되었을지 몰라도 적군을 직접 살상하는 데 거부감을 느끼는 병사가 많다는 명제 자체는 틀리지 않은 것으로 보인다. 나폴레옹 시대에도, 미국의 남북전쟁 시대에도 적의 머리 위로 총을 발사한 사례가 많았다는 연구 결과도 있다. 실제로 남북전쟁의 전환점이 되었던 게티즈버그 전투에서 회수한 머스킷 소총 2만 7,574정 중 90퍼센트가 장전된 채로 발견되었다. 이는 대부분 병사들이 적군을 죽이기 위해 방아쇠를 당기려는 시도조차 하지 않았을 가능성을 암시하고 있다.[16]

인간은 이처럼 본능적으로 살상을 주저한다. 전쟁이라는 극한 상황 속에서도, 사람을 죽이는 행위는 병사들에게 극심한 심리적 부담으로 작용했다. 캐나다의 역사학자인 리처드 A. 가브리엘은 그의 저서 『더 이상 영웅은 없다No More Heroes』에서 이렇게 지적한다. "병사들은 끔찍한 행위를 정당화하기 위해 적을 비인간화한다. 그렇지 않고서는 병사의 손에 묻은 피를 씻어 낼 방법이 없다."[17] 적을 악마화하거나 비인격화하는 것은 전쟁에서 병사의 마음을 지탱해 온 오래된 심리적 기제다. 하지만 적을 악마화해야만 한다는 사실 자체가 병사 내면의 깊은 갈등을 보여 준다.

군대는 이 문제를 훈련으로 해결하려 했다. 마셜의 제언을 받아들인 미 육군은 사격 훈련의 표적을 인간형 실루엣으로 바꿨다. 조건

반사적으로 방아쇠를 당길 수 있도록 훈련시킨 것이다. 결과는 성공적이었다. 베트남전 시기 병사들의 사격 비율은 90퍼센트까지 상승했다. 하지만 아이러니하게도 전쟁의 심리적 고통은 오히려 가중됐다. 더 많은 병사들이 실제로 총을 쏘고 살상에 가담하게 되면서, 트라우마에 시달리는 병사들도 그만큼 늘어났다. 베트남전에서 돌아온 미군 중 PTSD를 겪은 비율은 이전 세대 참전 용사들보다 높았다.[18] 높아진 교전 및 살상 빈도가 원인 중 하나로 지목된다.

폭력의 심리적 영향을 연구한 레이철 맥네어가 1999년에 발표한 연구는 더 직접적인 결론을 내놓았다. 베트남전쟁에서 적을 살해한 경험이 있는 병사는 그렇지 않은 병사보다 PTSD 발병률이 유의미하게 높았다. 사람을 죽인 행위 자체가 병사의 정신에 큰 충격과 트라우마를 남긴 것이다. 물리적 부상 이상으로, 자신이 가한 살상 행위에 대한 죄책감, 수치심, 도덕적 혼란이 병사들의 정신 건강을 해쳤다. 전쟁 심리학에서는 이를 '가해자 유발 트라우마' 또는 '도덕적 부상(moral injury)'이라 부른다.[19]

그런데 모든 종류의 살상이 똑같은 깊이의 상처를 남기는 건 아니다. 얼굴을 마주하고 방아쇠를 당기는 것과 수 킬로미터 밖에서 포탄을 쏘는 것은 완전히 다른 경험이다. 살상의 물리적 거리가 심리적 부담을 좌우하는 것이다. 1990년대 벌어진 걸프전과 코소보전을 연구한 보고서에 따르면, 전쟁이 장거리에서 공중전과 포격 위주로 수행되자 '사람을 죽였다는 느낌'이 추상화되었다고 보는 병사들이 생겼다고 분석했다.[20]

이러한 거리 효과는 공중전의 변화에서 극명하게 드러난다. 양차 세계대전 당시 조종사들은 도그파이팅을 통해 적 조종사와 근접해 싸워야 했고, 많은 조종사들이 죄책감으로 인해 공격적으로 전투를 수행하지 못했다. 실제로 2차 대전에 참전한 미국 전투기 조종사 중 단 1퍼센트가 무려 40퍼센트의 격추 전과를 올렸다. 대다수 조종사들은 적기를 격추하려고 하지도 않았다. 반면 1991년 걸프전 당시 공군 조종사들은 적을 레이더 화면으로만 확인했기 때문에 이러한 심리적 문제를 겪지 않았다.[21] 이처럼 원거리 화력으로 전투가 치러진 경우, 병사 개인이 느끼는 살상의 현실감이 희미해져 심리적 부담이 경감됐다. 공중 폭격기 조종사나 장거리 포병의 PTSD 발생률이 보병에 비해 낮게 나타난 것도 같은 이유다. 폭탄을 투하한 조종사는 임무 후 바로 그 현장을 이탈하기에 지상에서 벌어지는 참상을 직접 보지 않는다.

반면 이라크전처럼 시가전과 근접 교전이 많은 경우, 병사가 상대방의 얼굴을 마주하고 방아쇠를 당겨야 하는 상황에서의 살상은 더 깊은 심리적 상흔을 남겼다. 베트남전에서 유난히 PTSD가 빈발했던 이유 역시 게릴라전이 자주 벌어졌으며, 미군이 전투원과 민간인을 구분하기 힘든 상황에 놓인 경우가 잦았기 때문이다. 살상의 물리적·심리적 거리가 가까울수록 병사가 느끼는 충격과 죄책감은 훨씬 직접적이고 깊었다.

그런데 최근 전장에서 맹활약 중인 드론은 이 거리를 수천 킬로미터로 벌려 놓았다. 심지어 전장과 다른 대륙에 위치한 안전한 기지에서 모니터 화면으로 적을 추적하고 공격한다. 표적이 조종사의 시야에 들어오지 않을 만큼 먼 곳에 있을수록 살상 행위는 한층 추상화되고, 병사의 본능적 살해 거부감도 희석된다. 군 지휘관들은 기대에 부풀었다. 무인기는 조종사의 신체적 위험을 제거해 주고, 표적과의 거리 역시 획기적으로 늘려 주기에, 전통적 조종사가 겪는 죽음의 공포나 스트레스에서 자유로울 것이라 본 것이다.

하지만 현실은 예상과 달랐다. 미 국방부의 연구에 따르면 드론 조종사의 PTSD 발병률이 유인 전투기 조종사와 비슷한 수준으로 나타났다. 2013년 미군 군보건감시센터 연구는 드론 조종사도 전투기 조종사 못지않게 작전 후 극심한 스트레스 반응과 정신적 탈진을 보였다고 보고했다.[22] 어찌 된 일일까?

드론 조종사들은 독특한 이중생활을 한다. 낮에는 전쟁터에서 송신되는 영상을 보며 공격 임무를 수행하고, 저녁에는 집으로 돌아가 일상으로 복귀한다. 밤낮으로 폭음과 자장가 사이를 오가는 극심한 심리적 롤러코스터를 타는 것이다. 아침에 미사일을 발사하고 저녁에 아이를 재우러 가는 삶. 이 급격한 환경 전환의 반복은 드론 조종사들에게 전통적인 스트레스와는 다른 종류의 피로와 긴장을 안겨 주었다.

한 드론 부대의 조종사는 하루 임무를 마치고 집에 돌아가도 머릿속에서 계속 전장의 영상이 맴돌고, 동료들과도 그 경험을 제대로 나누지 못한 채 혼자 삭이는 일이 많았다고 증언했다. 연구자들은 교대제 근무, 업무상의 사회적 고립, 그리고 매일 전쟁과 일상을 번갈아 오가는 생활이 드론 조종사들에게 고유한 정신적 압박을 가한다고 지적한다.[23] 동료들과 함께 숙영하며 끈끈한 전우애를 나누어 트라우마

인간 없는 전쟁

를 견뎌 내던 과거와 달리, 드론 조종사는 홀로 화면 앞에 앉아 전쟁을 수행하므로 심리적 방파제가 적었다.

더구나 현대의 유인 전투기 조종사는 레이더 표적을 겨냥하여 미사일을 발사하는 반면, 드론 조종사는 고화질 영상으로 표적의 최후를 끝까지 지켜봐야 하는 경우가 많다. 유인 전투기 조종사보다 오히려 살상의 실감이 생생하게 각인되는 것이다. 아이러니가 아닐 수 없다. 첨단 기술로 물리적 거리는 극도로 벌어졌지만 그로 인한 스트레스 완화 효과는 예상만큼 크지 않았다. 오히려 새로운 양상의 심리적 부담을 동반했다.

*
* *

이런 난관에서 AI와 자율 로봇 병기가 등장한다. 이번에는 실제로 병사의 심리적 부담을 경감시켜 줄 듯하다. 살상이 '분업화'된 까닭이다. 과거 한 병사가 '식별-조준-사격-살상 확인'까지 모두 수행했다면, 이제는 AI 알고리즘이 표적을 식별하고 로봇이 방아쇠를 당긴다. 인간 병사는 점점 살상 '결정'만 내리거나, 혹은 아예 결정 권한도 기계에 일부 이양하는 방향으로 나아가고 있다. 실제 윤리학 연구에서도 "자율무기체계는 원칙적으로 병사들을 전투 임무 중 살상의 부담에서 해방시켜 PTSD 발생 위험을 줄여 줄 수 있다"고 언급한다.[24]

'손을 더럽히지 않는' 이러한 살상 구조에서는 병사가 살상 결정과 결과에 대한 심리적 거리를 확보할 수 있다. AI가 추천한 표적을 여러 단계의 승인 절차를 거쳐 공격하거나, 혹은 AI 로봇이 아예 자율적으로 발포한다면, 인간 병사는 그 결과에 대한 직접적 책임을 덜 인식하게 될 것이다. 전통적으로 병사 개인이 짊어져야 했던 죄책감이나 양심의 가책이 희석되는 심리적 방어기제가 작동할 수 있다. 또한 AI 로봇은 전투 계획을 방해하는 인간적 피로, 공포, 망설임을 제거해 준다는 기대도 있다.

방아쇠를 억지로 당기게 만들어 단체 PTSD를 유발하던 시대는 끝났다. 이제는 인간이 방아쇠를 당기지 않아도 되는 시대가 오고 있다. 기계가 방아쇠를 당기고, 병사는 그 무게에서 벗어난다. 전쟁의 참혹함은 여전하지만, 적어도 병사 개인이 짊어져야 할 심리적 짐은 가벼워질 수 있다. 물론 이로 인해 부각되는 윤리적 책임이라는 부작용은 따져 보아야 할 중대한 문제이지만 말이다.

감정 없는 병사,
더 인도적인 전쟁

전쟁의 가장 끔찍한 순간들은 종종 무기의 성능보다 인간의 감정 때문에 발생한다. 분노, 복수, 공포, 욕망과 같은 감정들이 민간인 학살과 성폭행, 무차별 살육으로 분출되었다. 역설적으로 들릴지도 모르겠지만, AI 무기는 감정이 없기 때문에 더 윤리적일 수도 있다. 캐나다의 정치학자인 엘리너 슬론 박사는 로봇 병기가 "민간인에 대한 복수 공격을 감행하지 않고, 강간을 저지르지 않으며, 전투 중 공황 상태에 빠지지 않을 것"이라고 강조한다.[25] AI 전투 로봇은 두려움이나 분노, 죄책감 같은 인간적 감정이 없으므로 감정이 빚어내는 참상을 원천적으로 방지할 수 있다.

2차 세계대전 말기, 독일 영토로 진격한 소련군에게 적국의 영토는 복수의 무대가 되었다. 독일군이 소련 땅에서 저지른 만행을 똑같이 갚아 주겠다는 분노가 병사들을 휩쓸었다. 민간인들이 표적이 됐다. 곳곳에서 집단 학살, 약탈, 폭행이 자행됐다. 전쟁은 복수극으로 변질됐다. 이는 비단 소련군만의 문제가 아니다. 역사 속 수많은 전쟁에서 반복된 일이다. 나치 독일 정권은 유대인을 국가적 불만의 희생양으로 삼아 폭력을 정당화했다. 수많은 민족과 종교가 실타래처럼 얽혀 있던 발칸반도에서는 인종청소라는 구호 아래 서로 죽고 죽이는 대학살극이 거듭되었다.

전시에 흔하게 나타나는 끔찍한 인권유린 사례 중 하나는 성폭행이다. 성폭행은 가해자들의 우월감과 결속력을 높이는 수단으로 악용되어 왔다. 강간은 적을 지배하고 비인간화하는 전형적인 방법으로 활용됐다. 2차 대전 당시 독일군과 소련군은 각자의 영토에서 민간인 여성들을 집단 성폭행하며 잔혹 행위의 악순환에 빠졌다. 승리를 과시하고, 집단 범죄를 통해 병사들 간에 일체감을 형성했다. 인간의 존엄을 짓밟는 행위였다.

AI 병기에는 이러한 원한이나 복수심이 존재하지 않는다. 인간과 달리 성적 욕구도, 우월감에 대한 집착도 없다. 전우의 희생에 대한 분노로 민간인을 해치는 보복 공격도, 점령지에서 성적 폭력을 저지를 우려도 없다. 이는 전쟁터에서 민간인 피해를 줄이고 불필요한 잔혹행위를 억제하는 데 큰 도움이 될 수 있다. 슬론 박사 역시 로봇 병기는 "결코 강간을 저지르지 않을 것"이라며 AI가 인간보다 높은 윤리적 기준에 따라 싸울 수 있음을 지적한다. 전장에서 빈번한 성폭행과 그로 인한 고통을 원천적으로 막을 수 있다는 점은 AI 무기 도입이 가져올 수 있는 커다란 인권의 개선이다.

전쟁에서 인간이 종종 저지르곤 하는 실수를 좀 더 알아보자. 전투 상황에서 인간 병사는 두려움이나 혼란 때문에 공황 상태에 빠지거나 오판을 저지를 수 있다. 극도의 스트레스하에서 과잉 대응을 해 버리거나, 자기 안전을 지키기 위해 민간인 오발 사격 같은 실수를 범하기도 한다. 전쟁사를 보면 전장에서 혼란에 빠진 병사들이 확인되지 않은 목표에 사격을 가하거나 민간인을 적으로 착각해 벌어진 참사 또한 적지 않다.

인간이 생존하기 위해 느끼는 필수적인 감정인 자기보존 본능 역시 전장에서는 임무 수행을 가로막거나 전쟁 윤리를 위반하게 만드는 요인이 될 때가 있다. 병사는 목숨이 위태로울 경우 임무를 포기하거나, 자신의 생명을 지키기 위해 민간인을 방패로 삼는 등 도덕적 판단력을 상실할 수 있다.

반면 AI가 탑재된 자율무기시스템은 총탄이 빗발치는 상황에서도 침착함을 잃지 않는다. 그저 프로그래밍된 논리에 따라 최적의 대응을 한다. 결코 공황에 빠지지 않고 임무를 수행할 수 있다. 또한 살고

자 하는 본능이 없으므로 필요하면 자기희생적인 임무도 망설임 없이 수생한다. 생존을 위해 비겁한 선택을 감수하지도 않는다. 민간인을 볼모로 삼거나 전쟁범죄를 저지를 유혹에도 흔들리지 않는다. 이처럼 목숨에 집착이 없는 AI 병사는 전쟁의 규칙과 임무 목표에만 전념할 수 있고, 이는 규율과 윤리를 준수하는 데 큰 이점으로 작용할 수 있다.

AI와 자율무기의 등장은 인간이 저지르는 전쟁범죄를 원천적으로 예방할 수 있다. 물론 조건이 있다. 이러한 윤리적 우위가 발현되려면 AI 무기의 프로그램과 통제가 적법하고 도덕적으로 이루어져야 한다. 만약 독재 정권이나 악의적인 세력이 로봇에게 의도적으로 잔혹 행위를 학습시키거나 명령한다면, AI도 얼마든지 대량 학살의 도구가 될 수 있다. 기술 자체의 윤리성이라기보다 그것을 어떻게 사용하느냐에 따라 결과는 달라진다.

AI를 제대로 통제하고 국제법적 책임 체계를 갖출 수만 있다면, 불필요한 살상과 잔혹 행위를 없애고 인도적 규범을 지킬 수 있는 새로운 전쟁의 지평이 열릴 수도 있다. 감정에 휘둘리지 않고 법과 윤리에 따라 움직이는 AI 무기는, 역설적이게도 인간보다 더 인간적인 방식으로 전쟁을 수행할 수도 있다.

2.
AI 무기의
부정적 측면

AI도 틀린다,
그것도 자신 있게

앞서 살펴본, 미 국방부가 야심차게 진행하고 있는 썬더포지 프로젝트는 여러 명의 디지털 참모 AI가 전쟁 계획을 비평하고 대안을 제시해주는 시스템이다. 첨단 대규모 언어 모델인 LLM을 기반으로 AI는 베테랑 참모처럼 자신 있게 작전 계획을 내놓았다. 구체적인 경로, 정확한 좌표, 세밀한 작전 일정. 모든 게 완벽해 보였다. 하지만 면밀히 따져 보니 어처구니없는 오류가 숨어 있었다. AI는 아군 함정을 호주 한복판으로 이동시키는 경로를 제안했다.[26] 바다가 아니라 육지 말이다. 아예 황당한 잘못이었기에 망정이지, 그러지 않았다면 사람들은 오류를 눈치채지 못할 뻔했다. 프로젝트 책임자인 브라이스 굿맨은 이렇게 말했다. "LLM은 환각을 일으키고 결함이 있을 것이라는 점을 기본적으로 가정한다." 현재로서는 이러한 오류를 모두 예측하거나 이해하기 어렵다고 인정한 것이다.

AI의 세계에서 '환각'이란 AI가 자신이 모르는 정보나 논리를 마치 사실인 양 만들어 내는 현상을 말한다. 사람으로 치면 모르는 걸 모른다고 말하지 않고, 자신 있게 거짓말하는 것과 비슷하다. 문제는 AI가 거짓말을 하고 있다는 자각이 없다는 점이다. 그저 학습한 패턴을 조합해 그럴싸한 답을 내놓을 뿐이다. 최첨단 LLM조차 이런 환각에서 자유롭지 못하다. 우리가 즐겨 쓰는 챗GPT를 비롯해, 제미나이, 클로드, 그록 등은 트랜스포머라고 하는 동일한 딥러닝 모델을 기반으로 하기에 환각 현상을 보일 수밖에 없다.

군사 시나리오에 상용 LLM 여러 종을 투입한 연구에서 모델들은 제각기 다르고 일관성 없는 대응을 보였다. 어떤 모델들은 불필요하게 공격적인 조치를 제안하는 경향을 보였다. 연구자들은 "제아무리 범위를 제한한 AI라도, 출력된 답이 어떻게 나온 것인지 모르는 채 맹신하면 의도치 않은 전략적 파장을 초래할 수 있다"고 경고한다.[27] 실제로 한 LLM은 요약 작업에만 투입되었는데 잘못된 요약으로 인해 지휘관이 상황을 오판하여 잘못된 군사행동을 취할 가능성이 제기되었다.[28] 요약이나 정리 같은 부수적인 역할에서조차 AI의 오류가 누적되면 심각한 결과로 이어질 수 있다.

더 큰 문제는 AI가 왜 그런 결정을 내렸는지 인간이 이해할 수 없다는 점이다. 딥러닝 기반 AI의 내부 결정 로직은 매우 복잡하고 불투명하다. 이를 '블랙박스 문제'라고 부른다. 겉으로는 입력과 출력만 보이고, 그 안에서 무슨 일이 벌어지는지는 알 수 없다. 군사용 AI에서도 이 불투명성이 두드러진다. AI 에이전트가 왜 그런 결정을 내렸는지 해석해 줄 공식적 프레임워크나 수단이 없다면, 결국 출력 결과만 보고 사람이 추측할 수밖에 없다. 한 전문가는 이렇게 지적했다. "겉보기에는 그럴싸하게 수행하는 에이전트도, 알고 보면 기본 모델의 편향을 증폭하거나 결함을 악용하는 것에 불과할 수 있다."[29]

문제는 AI의 '생각 흐름'이 안 보이는 상황에서 오히려 결과에 대한 잘못된 확신, '거짓된 정밀함(false precision)'의 함정에 빠지기 쉽다는 것이다. 예를 들어 AI가 '성공 확률 87.3퍼센트'와 같이 구체적인 수치를 제시하면 우리는 그 숫자의 근거를 알지 못하면서도 왠지 신뢰하게 된다. 수치나 분석 결과가 그럴듯하고 정밀해 보일수록, 사람은 이를 믿기 쉽다.

하지만 이러한 정밀한 숫자가 사실은 AI 모델이 임의로 생성한 것이라면 어떨까? 수치를 맹신하는 것은 매우 위험하다. AI 출력의 정밀함이 곧 진실성이나 정확성을 보장해 주지 않는다. 게다가 AI 개발사들이 상업적 기밀 등의 이유로 알고리즘을 비공개로 유지하면 군 조직 입장에서는 자신들이 사용하는 시스템의 내부조차 들여다볼 수 없는 상황이 벌어진다. 신뢰 구축의 선결 조건은 투명성인데, 현실의 AI 무기는 그와 반대다. 이해할 수 없기에 오히려 더 신비롭게 느껴지는 함정을 지니고 있다.

이제까지 AI가 압도적인 성능을 보였던 여러 분야는 체스나 바둑, 혹은 각종 시뮬레이션 게임처럼 규칙이 고정되고 변수가 제한되어 있는 '정형적 환경'이었다. 하지만 실제 전장은 예측 불허의 혼란스러운 상황이 전개되는 곳이다. 랜드연구소의 수석과학자인 스티븐 워만은 이렇게 지적한다. "AI는 구조화되고 경계가 명확한, 그리고 실패해도 별다른 문제가 없는 저위험 분야에서 뛰어난 성과를 보이지만, 군사작전은 대개 지저분하고 혼돈스러우며, 발생 빈도도 낮은 사건으로 가득하다."[30] AI가 훈련된 범위를 벗어난 돌발 변수가 즐비한 곳이 바로 전장이고, 이때 AI는 취약할 수밖에 없다. 전쟁에서는 단 한 번의 오류가 치명적인 결과로 이어질 수 있기에 허용되는 실패의 범위도 매우 좁다.

또한 전장에서는 AI의 의사 결정 속도와 규모가 인간을 능가하기 때문에, 작은 오류도 순식간에 증폭될 수 있다. AI는 대량의 표적을 실시간으로 식별하고 공격 결정을 내릴 수 있지만, 그중 한 가지라도 잘못된 판단이라면 단시간에 돌이킬 수 없는 결과를 초래할 수 있다. 전장은 장기판이 아니다. 매 순간 수없이 많은 민간인, 아군, 적군이 뒤섞인다. 변수마저 변덕스럽다. AI가 이를 완벽히 인지하고 대응하기 어렵다는 이야기가 나오는 이유다. 오히려 이런 비정형 상황에서는 사람의 직관과 임기응변 능력을 더 신뢰할 수 있다는 지적도 있다. 전장의 복잡성과 역동성은 AI에게 최악의 환경일지 모른다. 이러한 환경은 AI 무기가 실험실을 벗어나 현실에 투입될 때 예측 불가능한 오작동을 일으키는 배경이 될 수 있다.

적대적 환경에서의 취약성도 또 다른 문제다. 똑똑한 AI일수록 방대한 데이터와 네트워크 연결에 의존하는데, 이는 곧 교란이나 해킹에 취약할 수도 있다는 의미다. 적이 통신을 방해하거나 GPS 신호를 왜곡하면, AI 기반 무기나 차량의 항법 및 통신이 마비되어 오작동을 일으킬 수 있다. 실제 우크라이나전쟁에서도 러시아군의 전자전 공격과 GPS 교란으로 인해 우크라이나 드론의 효용이 눈에 띄게 떨어졌다는 보고가 있다. 적군이 우리 AI 시스템에 교묘한 가짜 정보를 흘려 넣어 오판을 유도하거나, 아예 알고리즘을 해킹해 거짓 명령을 내리는 상황도 충분히 상상할 수 있다.

군사용 AI는 정보를 조작하거나 차단하려는 영리한 인간 적수와 맞서야 한다. 심지어 인간 적수 역시 AI로 무장하고 있다. 우리는 이미 사이버 공격으로 적의 기간망을 공격하는 사례를 수도 없이 목격한 바 있다. 이제 AI가 우리의 기간망을 노린다. 최악의 경우 적이 우리의 AI 지휘망 자체를 장악해 버릴 수도 있다. 우리의 AI가 적이 의도한 대로 움직여 아군을 혼란에 빠뜨리는 디지털 쿠데타와 같은 시나리오도 떠올릴 수 있다. 아무리 뛰어난 AI라도, 전장의 불확실성과 적대적 교란 앞에서는 언제든 오류를 범할 수 있다. 믿을 수 있고 안전하게 작동하는 AI를 만드는 것이 가장 중요한 과제다.

AI는 완벽하지 않다. 오히려 그럴싸하게 틀린다는 점에서 더 위험하다. AI의 오류에 대비하지 않는다면, 호주 대륙 한가운데로 함대를 보내는 어처구니없는 실수가 현실이 될 수도 있다.

AI를 맹신하는 순간,
인간의 판단력이 사라진다

1960년 10월 5일 새벽, 북미방공사령부^{NORAD} 요원들은 경보 시스템이 울리는 것을 보고 얼어붙었다. 조기경보 레이더가 대륙간탄도미사일 수백 기의 발사를 포착한 것이다. 미사일은 소련에서 미국을 향해 날아오고 있었다. 컴퓨터는 이 공격이 "99.9퍼센트 확실하다"고 판단했다. 지휘부는 극도의 혼란과 공포 속에 최고경계 태세로 돌입했다. 핵전쟁이 시작된 것처럼 보였다. 하지만 극도의 공황 속에서도 NORAD의 책임자였던 로이 슬레몬 중장은 기지를 발휘했다. 그는 즉시 NORAD 정보책임자에게 소련의 지도자 흐루쇼프의 위치를 물었다. 당시 흐루쇼프는 뉴욕에서 유엔총회에 참석하고 있었기에, 소련이 자국 지도자를 미국에 두고 핵 전면전을 감행한다는 건 상식적으로 불가능하다는 결론에 도달할 수 있었다.[31]

확인 결과, 경보의 정체는 다름 아닌 떠오르는 달이었다. 레이더 시스템이 달까지의 거리를 잘못 계산하면서 신호를 미사일로 오인한 것이다.[32] 인간의 침착한 이성 덕분에 제3차 세계대전은 가까스로 막을 수 있었다. 이후 과학자들은 소프트웨어를 수정해 달로 인한 허위 경보가 재발하지 않도록 했지만, 만약 그날 슬레몬 중장이 컴퓨터를 맹신했다면 역사는 달라졌을 것이다.

인간이 합리적으로 판단하여 기계의 오류로 인한 재앙을 막아 낸 이날의 사건과 달리, 2003년 이라크전쟁에서는 기계의 오작동과 인간의 맹신이 겹치면서 비극적 사건이 벌어졌다. 미군의 패트리어트 미사일 방공 시스템은 자율 모드에서 적 미사일을 자동 요격하도록 설정되어 있었다. 그런데 전투 초기 이 시스템이 아군 항공기를 적기로 오인하는 일이 연이어 일어났다. 3월 23일, 영국 공군의 토네이도 전폭기 한 대가 패트리어트 미사일에 격추되어 조종사 두 명이 목숨을 잃었고, 열흘 뒤에는 미 해군 전투기가 또다시 패트리어트에 맞아 조종사가 사망했다. 심지어 한 미 공군 전투기가 자신을 겨냥하는 아군의 패트리어트 미사일을 교란시켜 가까스로 살아남는 아찔한 상황까지 벌어졌다.[33]

조사 결과 패트리어트의 자동 교전 모드에서 목표 식별에 오류가 발생했고, 현장 운용자들은 시스템을 맹신한 나머지 요격 명령을 취소할 수 있는 시간이 1분간 있었음에도 이를 교정하지 못한 것으로 드러났다.[34] 이를 두고 미 육군의 한 장성은 "23시간 59분 동안의 지루함 끝에 1분간의 공황"이 찾아왔다고 표현했다.[35] 중대한 권한을 기계에 위임한 채 방심하고 있다가 갑작스레 상황을 인지하게 되면, 책임감 있는 결정을 내리기 어렵다는 지적이다. 이 사건 이후 실제로 미 공군은 패트리어트 시스템의 자율 교전 권한을 박탈했고, 전투기에 탑재된 아군 식별 장치에만 의존해 기계가 독단으로 발포하지 못하도록 규정을 강화했다. 하늘을 지키던 방공망이 오히려 아군에게 위협이 된 이 아이러니는, 기계에 대한 지나친 신뢰가 부른 참극이었다.

자동화 기술에 대한 맹신은 우리 일상 속에도 스며들고 있다. 항공 업계에서는 이미 오토파일럿에 의존한 결과 조종 기술이 저하되는 문제가 제기됐다. 2009년 에어프랑스 447편 추락 사고와 2013년 아시아나항공 214편 착륙 사고 모두 자동비행장치에 대한 과신과 조종사의 낮은 숙련도가 한 원인으로 지목된다. 아시아나 사고 조사에서 조종사들은 자동조종장치가 속도를 알아서 유지할 것으로 믿고 접근을 시도했다. 하지만 최종 접근 단계에서 속도, 추력, 활공 경로를 적절히 모니터링하고 제어하지 못한 결과, 항공기의 속도가 지나치게 낮아져 양력을 잃고 방파제와 충돌하고 말았다. 사건을 조사한 보고서는 기장의 수동 비행 능력이 심각하게 부족했음을 지적하며, 승무원들이 비행 자동화 시스템을 지나치게 신뢰한 점을 사고 원인으로 들었다.[36] 에어프랑스 447편의 경우도 고고도에서 속도계 센서가 얼어붙자 자동조종이 해제되었는데, 평소 자동비행에 길들여져 있던 조종사들이 순간적으로 상황을 파악하지 못하고 잘못된 조치를 취하면서 대서양으로 추락하고 말았다.[37] 현대 항공기가 아무리 자동화되었더라도, 장치를 직접 수동으로 조작할 수 있는 인간의 숙련도가 중요하다는 사실을 뼈아프게 보여 준 사례들이다.

이처럼 분야를 막론하고 기술의 편의와 정확성에 대한 믿음이 커질수록, 인간은 자기 자신의 판단력과 능력을 스스로 포기하는 역설에 빠질 수 있다. 이를 '자동화 편향(automation bias)'이라 부른다. 한마디로 기계의 판단은 인간보다 정확하고 신뢰할 만하다고 여겨, 이를 비판 없이 따르는 경향을 말한다. AI 시스템이 내놓은 결과가 그럴듯해 보이기만 하면, 평소엔 의심했을 법한 내용도 그냥 받아들이게 되는 것이다.

의료 현장에서 진행된 연구는 이 경향을 극명하게 보여 준다. 네덜란드 암스테르담 자유대학교 연구팀은 27명의 방사선과 의사에게 50건의 유방 촬영 영상을 판독하도록 하고, 일부 케이스에는 의도적으로 잘못된 AI 제안을 제시했다. 결과는 놀라웠다. AI 제안이 맞을 때 정답률은 숙련도에 관계없이 약 80퍼센트대를 기록했다. 문제는 AI 제안이 틀렸을 때였다. 초보 의사는 정답률이 19.8퍼센트로 떨어졌고, 중급 의사는 24.8퍼센트였다. 놀랍게도 베테랑 의사조차 45.5퍼센트로 통제 집단 대비 크게 하락했다.[38] 전문가들조차 AI 제안을 비판 없이 따르는 자동화 편향에서 자유롭지 못했던 것이다.

더 흥미로운 연구도 있다. 2024년 방사선학 저널에 실린 무작위 연구에서는 220명의 의사에게 흉부 X-ray 판독을 맡기면서, AI의 효과를 테스트했다. AI가 설명과 함께 맞는 결과를 전달할 때는 의사 정답률이 92.8퍼센트였지만, AI가 틀렸을 때는 정답률이 23.6퍼센트로 급락했다.[39] AI가 그럴싸한 설명까지 덧붙이면, 오히려 의사들은 더욱 의심 없이 그 판단을 따라간 것이다. 결국 AI에 대한 높은 신뢰는 인간의 비판적 사고력을 떨어뜨리고, AI의 오류가 여과 없이 현실에 전가될 위험을 높인다.

이처럼 전문가들도 자동화 편향에 노출되어 있기에, 군사용 AI의 의사 결정 지원 체계에서도 자동화 편향은 심각한 문제로 지적된다. 특히 시간 압박이 크고 결과가 중요한 결정일수록 인간은 기계의 응답에 더욱 무감각하게 기대는 성향을 보인다. 국제적십자위원회[ICRC]는 보고서에서 이렇게 지적한다. "극한의 압박을 받는 전장 환경에서는 인간이 AI의 제안에 과도하게 의존하는 경향이 두드러지며, 신속한 결정을 내려야 하는 상황에서는 AI의 출력을 검토하거나 반증하려는 노력이 현저히 줄어든다." 즉, 전쟁의 포화 속에서는 인간 결정권자가 선택의 타당성을 심사숙고하지 않은 채, AI의 결정을 그대로 추인하는 도장으로 전락할 수도 있다는 것이다.[40] 다시 말하자면, 최종 결정 권한을 아무리 인간에게 남겨 놓더라도, 책임자가 AI 추천을 맹신하도록 길들여진다면 유명무실한 통제에 불과하다는 것이다.

2024년 《네이처》의 자매지에 실린 한 연구는 더 구체적인 증거를 제시했다.[41] AI가 "공격하라"는 권고를 하면 인간은 자신의 눈으로 본 정보와 상충되더라도 AI의 지시에 따르려는 경향이 높아진다는 사실을 실험으로 입증한 것이다. 참가자들은 적군과 민간인을 식별하여 공격 여부를 결정하는 모의 상황에 놓였다. 처음에는 대상을 올바르게 식별했더라도, AI 조언자가 그와 상충되는 제안을 내놓으면 과반수가 자신의 결정을 번복하고 AI에 동조했다. 그 결과 AI가 일부러 엉터리 권고를 하도록 설정된 경우, 참가자들의 최종 정확도는 크게 떨어졌다. 반대로 AI의 권고가 참가자의 판단과 일치하면 오히려 자신감이 높아지는 경향도 나타났다. 이는 현실의 전장에서 AI가 적군을 지목했을 때 병사들이 확신을 가지고 방아쇠를 당길 수 있음을 시사한다. 상황이 촉박할수록 이러한 맹신의 함정은 더욱 커진다. ICRC는 전투처럼 시간 압박이 큰 환경에서 인간이 반대 증거를 찾을 새 없이 기계에 의존하게 되는 현상을 우려하며, 급박한 군사작전 환경에서 AI로 더 빠른 결정을 내려야 한다는 압박이 이 문제를 악화시키고 있다고 지적

한다.[42]

　이러한 우려는 그저 이론에 그치는 것이 아니다. 앞서 살펴본 이 스라엘군의 라벤더 시스템이 바로 그 증거다. 정보 장교들은 AI가 생 성한 3만 7,000명의 표적 명단을 각각 20초씩만 확인한 뒤 폭격을 승 인했다. 오판 가능성을 알면서도 전시의 압박감 속에 기계의 결정을 그대로 추인했다. AI가 테러 용의자로 지목한 사람들 가운데는 민간인 들도 포함되어 있었고, 이들 상당수는 가족과 함께 집에서 폭격을 받 아 목숨을 잃었다.[43] AI 살생부의 그럴듯한 외양에 인간의 판단력이 마 비되어, 잘못된 결정마저 합리화한 비극이었다.

　이러한 AI 맹신의 문제는 비단 극한 상황에만 국한되지 않는다. 우리 일상생활 속에서도, 눈에 띄진 않지만 점진적인 변화가 진행 중이 다. 최근 브라우저에 탑재된 에이전트 AI들은 인터넷 검색에서 예약, 이메일 작성, 보고서 초안 작성까지 점점 더 많은 업무를 자동으로 처리해 준다. 우리는 편리하게 최종 결과물만 훑어볼 뿐, 그 결과를 얻는 과정에는 이전보다 덜 관여하게 된다.

　이런 변화가 누적되면서 우리의 행동 방식에도 미묘한 표류(drift) 현상이 나타나고 있다. 에이전트가 알아서 상위 2~3개의 결과를 골라 주면, 우리는 예전처럼 다양한 대안을 찾아보지 않게 된다. 똑똑한 에 이전트일수록 사용자의 선호를 학습하여 비슷한 취향의 콘텐츠나 옵 션을 더 많이 추천해 준다. 그 결과 사용자는 새로운 관점이나 다른 의 견을 접할 기회가 줄고, 자신이 보고 싶은 것만 자꾸 보게 되는 편향이 심화된다. 잘못된 선택이나 실수가 발생했을 때 에이전트에게 책임을 슬쩍 돌릴 수도 있다. 이는 의사 결정에 대한 인간 자신의 책임 의식을 흐리고, 결과적으로 잘못에 대한 성찰을 어렵게 만든다.

AI에 대한 맹목적 신뢰는 이렇듯 극단적 상황의 대형 참사에서부터 우리 일상의 사소한 의사 결정에 이르기까지 광범위한 영향을 미친다. AI와 자동화 시스템이 주는 편익을 최대한 누리면서도, 인간이 비판적 사고의 고삐를 놓지 않는 일이 갈수록 중요해지고 있다. 달을 미사일로 오인한 컴퓨터를 끝내 인간의 이성으로 제어했던 1960년의 교훈을 우리는 결코 잊어서는 안 된다. 눈앞의 편리함에 길들여져 생각하기를 멈춘 사회는, 인간 스스로 책임을 묻지도 못한 채 기계의 실수에 휘둘리는 위험한 미래로 표류하게 될지 모른다.

AI가 사람을 죽였다면, 누구의 책임인가

AI 장착 드론이 병사를 자동추적 하여 공격하고, AI 표적 식별 시스템이 민간인과 전투원을 구분하는 시대가 되었다. 어쩌면 우리는 이미 AI의 잘못된 판단으로 무고한 인명이 희생되는 사회에서 살고 있는 것인지도 모른다. 지금 시점에서 가장 시급하게 고려해야 할 문제 중 하나는 이러한 비극이 발생했을 때 누가 책임을 지느냐는 것이다. 기계를 만든 개발자인가? 현장에서 운용을 승인한 지휘관인가? 아니면 국가 자체인가? 자율무기의 치명적 오판 앞에서 책임 소재가 모호해지는 현실이 우리에게 새로운 딜레마를 던지고 있다.

　이 딜레마는 사실 우리가 이미 마주친 문제의 연장선에 있다. 자율주행 자동차가 오작동으로 보행자를 쳤다면 그 책임은 차량 소유주에 있을까, 아니면 프로그램을 만든 기업이나 엔지니어에게 있을까? 혹은 자동차에게 책임을 물을 수는 없을까? 마찬가지로, 전쟁이라는 극한 상황에서 AI가 생사의 판단을 내리고 사람을 죽였다면 과연 누구를 탓해야 할지 명확히 답하기 어렵다. 자율주행차의 사고 사례에서는 제조사가 도의적 책임을 지거나 보험으로 피해를 보상하는 방안이 논의되고 있지만, 전쟁은 그보다 훨씬 복잡한 문제를 낳는다. 피해 규모와 파장이 훨씬 크고 국제법까지 얽혀 있는 까닭이다.

　철학 수업에서 흔히 등장하는 트롤리 딜레마를 떠올려 보자. 폭주하는 전차가 선로 위의 다섯 명을 향해 달려가고 있다. 당신은 레버를 당겨 전차의 방향을 바꿀 수 있지만, 그러면 다른 선로에 있던 한 명이 죽는다. 당신은 레버를 당길 것인가? 다섯 명을 살리기 위해 한 명을 희생시키는 것이 정당한가? 이 고전적인 윤리 문제가 이제 현실이 됐다. "누구를 살리고 누구를 희생시킬 것인가"라는 질문을 AI 무기 시스템이 실제로 떠안게 된 것이다. 전장에서 AI는 매 순간 계산한다. 이 건물을 폭격하면 적군 10명을 제거할 수 있지만 민간인 2명이 희생될 수 있다. 공격할 것인가, 말 것인가? 그렇다면 인간 사회는 이 무인 살상 결정에 어떤 법적·윤리적 한계선을 그어야 할까?

　전쟁에서 민간인을 의도적으로 공격하는 것은 명백한 국제인도법 위반이다. 따라서 자율무기의 오판으로 민간인 피해가 발생했다면 우선 법적인 책임의 문제가 대두된다. 국제 협약들은 무기를 단지 기계로 간주하며, 잘못은 결국 사람에게 귀속되어야 한다는 원칙을 확인하고 있다. 2013년 유엔 무기 협약 논의에서도 무기 시스템 사용 결정에 대한 인간의 책임은 유지되어야 하며, 기계로 책임을 전가할 수 없다는 원칙에 국가들이 합의했다.[44] 다시 말해, 기계에 법적책임을 물을 수는 없고, 결국 인간 행위자가 책임져야 한다는 것이다.

하지만 인간에게 책임을 묻는다 해도 어느 주체가 책임을 져야 하는지는 복잡하다. 후보군을 따져 보면 이렇다. 먼저 개발자와 프로그래머. 알고리즘을 설계하고 코딩한 이들이다. 다음으로는 제조 업체와 무기 공급자. 하드웨어를 제작·판매한 기업이나 기관이다. 군 지휘관과 운용병도 빼놓을 수 없다. 현장에서 자율무기를 배치하고 사용을 지시하거나 감독한 책임자들이다. 끝으로 정치 지도자와 정부. 그러한 무기를 개발·투입하도록 승인한 국가 혹은 정책 결정자들이다. 이론상 어느 쪽이든 민형사상 책임을 물을 가능성은 있다. 그러나 현실 법체계에서는 이들 각각을 처벌하거나 배상 책임을 묻기가 쉽지 않다는 지적이 나온다.

군 지휘관의 형사책임을 묻는 전통적 방식에는 한계가 있다. 군사 지휘관에게는 부하가 전쟁범죄를 저지르지 않도록 감독할 책임이 있다. 부하의 범죄를 알고도 방치하면 처벌할 수 있다. 자율무기도 일종의 부하로 본다면 지휘관이 책임을 져야 할 수도 있다. 하지만 문제는 AI의 실수를 지휘관이 미리 인지하거나 통제할 수 있었느냐를 증명하기 어렵다는 점이다.[45] 자율 시스템이 예측 불가능한 오류로 민간인을 공격했다면, 지휘관이 알고도 내버려뒀다고 하기 힘들어 전통적인 전범 처벌 논리가 맞지 않게 된다.

개발자나 제조사의 법적책임도 현실적으로는 모호하다. 일부 국가에서는 무기 제조사가 정부 계약에 따라 무기를 만들었을 경우 면책 특권을 인정하기도 한다.[46] 잘못된 결정이 소프트웨어의 복잡한 오류 때문일 수도 있는데, 이러한 제조 결함을 법정에서 입증하는 것도 난관이다. AI의 오작동으로 사람이 희생됐다고 해도, 그 알고리즘이 애초에 국제인도법 규정을 벗어나도록 설계된 게 아니라면 결함으로 단정하기 어려운 측면이 있다는 것이다.

결국 피해자 입장에서는 전쟁 상황에서 발생한 AI 피해에 대해 누구를 상대로 어떤 법에 근거하여 호소해야 할지 막막한 책임 공백이 존재한다. 국가의 책임 역시 논의되고 있지만, 전쟁 중에는 피해국이나 피해자가 가해 국가를 상대로 실효성 있는 책임을 물을 수단이 마땅치 않다.

그렇다고 기계 자체를 처벌할 수도 없다. 모두가 면책되는 책임의 진공 상태, 이른바 '책임의 구멍(accountability gap)'이 생길 수 있다는 우려가 제기되는 이유다. 휴먼라이츠워치Human Rights Watch 같은 국제 인권 단체는 이러한 책임 공백이 정의와 억지력의 부재를 낳는다며, 완전자율무기의 사용을 금지하는 국제 협약을 체결해야 한다고 촉구한다.[47] ICRC 역시 예측 불가능성이 큰 무기의 사용을 막기 위해 각국이 사전 심사를 철저히 하고, 인간 통제가 담보되지 않은 무기는 금지하는 국제 규범을 만들 것을 권고한다.[48] 이들의 목소리가 나온 지도 시

인간 없는 전쟁

간이 꽤 지났지만, 아직까지 구속력 있는 국제 협약은 만들어지지 않았다. 법은 기술 발전을 쫓아가지 못하고 있으며, 실제 사건에 적용하기에는 회색 지대가 너무 많다. 책임 귀속의 공백은 여전히 메워지지 않고 있다.

*
**

법적책임 문제를 해결한다고 해도 여전히 남아 있는 가장 중요한 문제가 있다. 바로 윤리다. 전쟁 윤리 측면에서 AI 기반 자율무기의 등장은 근본적인 질문을 제기한다. "살상에 있어 기계가 인간을 완전히 대체해도 되는가?" 유엔 인권위원회는 권리 침해 우려가 해소되지 않는 한 자율무기를 개발·운용해서는 안 된다고 권고했다.[49] 인간의 생사를 기계의 판단에 맡기는 행위 자체가 인류 보편의 윤리에 어긋날 수 있다는 경고다. 하지만 이런 경고 역시 메아리 없는 외침으로 끝나고 있다.

앞서 AI 무기를 옹호하는 이유 중 하나로 AI는 감정에 휘둘리지 않는다는 주장을 살펴봤다. 기계는 분노나 복수심에 사로잡혀 잔혹 행위를 저지를 일이 없고, 명령받은 대로만 행동하므로 규칙 준수 측면에서는 인간보다 나을 수 있다는 논리였다. 하지만 이러한 견해에 회의적인 전문가들도 존재한다. 기계는 분노를 느끼지 않는 대신 연민이나 자제력도 없으며, 인간처럼 전후 맥락을 입체적으로 고려하여 상황을 판단하지 못한다. 인간 병사는 때로 직감이나 양심에 따라 즉각적으로 도덕적 판단을 내릴 수 있다. 민간인으로 의심되는 목표를 쏘지 않거나, 두려움에 떨며 항복하는 적군을 사살하지 않기도 한다.

2025년 7월, 우크라이나 하르키우 전선에서 역사적인 장면이 펼쳐졌다. FPV 드론이 러시아군 벙커를 공격해 혼란을 일으키고, 폭발물을 탑재한 무인 지상 차량이 폭격 맞은 벙커를 향해 다가갔다. 두 번째 드론이 공격을 준비하자 벙커 안에 있던 러시아 병사들이 밖으로 나왔다. 손에는 항복을 알리는 표지판이 들려 있었다. 단 15분 만의 일이었다. 보병을 단 한 명도 투입하지 않고 무인항공기와 지상 드론만으로 인간 포로를 잡은 역사상 최초의 사례였다. 항복한 러시아 병사들은 우크라이나군이 조종하는 드론을 따라 이동하며 아무런 저항 없이 포로가 됐다. 이 과정에서 사상자는 단 한 명도 없었다.[50]

이런 일이 가능했던 건 드론 뒤에 인간이 있었기 때문이다. 드론 조종사가 카메라를 통해 항복 표지판을 확인하고, 상급 지휘부에 보고했고, 인간이 최종적으로 항복을 수용하기로 결정했다. 하지만 만약 AI가 최종 결정까지 알아서 내렸다면 어땠을까? 손을 들거나 무기를 버리고 흰 천을 흔드는 항복의 신호를 AI가 인식하고 적절히 판단할 수 있을까? 표지판에 적힌 글씨를 AI가 읽고 그 의미를 이해할 수 있을까? 설령 인식한다 해도, 그것이 진짜 항복인지 함정인지 판단할 수 있을까? 현 단계의 AI에게 그런 인간적 판단을 기대하기는 어렵다. 실제로 같은 해 3월, 우크라이나 제13국민방위 여단은 공중 드론 50여 대를 출격시켜 러시아군 진지를 공격했다. 56시간에 걸친 공격으로 러시아군은 대부분 전사했다. 이번에는 항복한 병사가 없었다.[51] 항복할 기

인간 없는 전쟁

회가 없었던 것인지, 아니면 항복하려 했지만 받아들여지지 않은 것인지는 알 수 없다.

휴먼라이츠워치는 "완전자율무기는 두려움이나 분노에 휘둘리지 않지만 연민(compassion)도 없을 것"이라고 지적하며, 연민은 민간인 살상을 막아 주는 핵심적 안전장치인데 로봇에게는 그것이 없다고 우려한다.[52] 기계의 냉철함이 잔혹함으로 이어질 가능성을 경고하는 말이다.

윤리적으로 특히 민감한 부분은, 기계가 인간을 직접 겨냥하도록 하는 행위 그 자체다. ICRC는 자율무기가 인간을 식별해 공격하는 기능을 두고, 인간의 생사 여탈 결정을 센서와 소프트웨어에 사실상 위임하는 것이라 평가했다. 인류의 존엄에 반하는 문제를 야기한다는 경고성 메시지도 잊지 않았다.[53] 서로 죽고 죽이는 전투 행위에도 지켜야만 할 최소한의 인간성과 명예가 있다. 그것을 개념화한 것이 바로 전쟁 윤리다. 생사 여탈의 결정은 알고리즘이 아니라 숙고하는 인간의 몫이어야 한다는 주장은 결국 인간성에 대한 마지막 신념일 것이다. 아무리 정밀유도폭탄이 발전해도 최종 단추는 인간 지휘관이 눌러 왔다. 그 마지막 단추마저 기계에게 넘겨 주는 것은 마지막 선을 넘는 행위로 간주될 수 있다. 킬러 로봇의 시대가 현실로 다가오는 지금, 이에 대한 근본적인 성찰이 절실히 요구되고 있다. 우리 사회는 법과 윤리의 나침반을 다시 맞추어야 한다.

전쟁이 게임처럼 느껴질 때,
전쟁 개시의 문턱이 낮아진다

코에이^{KOEI}사를 대표하는 전략 시뮬레이션 게임 〈삼국지〉에서 역사적 인물들은 게임 속 숫자로 환원된다. 제갈량의 지력이 100이고 여포의 무력이 100인 식이다. 그나마 멋진 일러스트라도 주어지는 영웅들과 달리, 병사들은 온전히 숫자로만 취급된다. 플레이어는 수만 단위의 대군을 거느리며 전투를 벌인다. 병사들의 픽셀은 실시간으로 녹아내린다. 화면에 뜬 숫자가 수천씩 줄어들지만 그 숫자 하나하나가 한 사람의 죽음이라는 죄책감은 느껴지지 않는다. 숫자는 그냥 숫자일 뿐이다.

첨단 기술이 도입된 현대의 전쟁은 점차 게임 플레이처럼 추상화되고 있다. 인간의 희생도 양적인 데이터가 되어 간다. 본래 전쟁은 개인의 비극적 서사를 빚어내기도 한다. 가족과 이웃의 죽음은 남겨진 이들이 기억하고 애도해야 할 고유한 비극으로 여겨진다. 하지만 드론 전쟁, 사이버전 등의 시대에 피해 상황은 지도상의 점, 통계, 알고리즘이 찍어 주는 대시보드 수치로 요약된다.

COVID-19 팬데믹 시기 매일 업데이트되던 사망자 통계 대시보드를 떠올려 보자. 아직 사망자가 적을 때에는 모두가 경각심을 가지고 숫자 하나하나에 집중했다. 하지만 시간이 지나면서 매일 수백, 수천의 사망자가 발생하자, 일상적 통계처럼 여겨지고 사회적 감수성은 무뎌졌다. 심지어 나라별 확진자와 사망자 수를 온라인 게임의 점수판

보듯 비교하는 사람들도 생겨났다.

이러한 현상은 전쟁 보도에서도 유사하게 벌어진다. 우크라이나 전쟁을 지켜보는 세계인들은 매일같이 "러시아군 ○명 사망, 전차 ○대 파괴"와 같은 피해 집계를 하나의 통계 수치로 접하며, 때로는 이를 두고 게임의 승패를 가늠하는 스코어보드처럼 취급하기도 한다. 전쟁이 남긴 개별 인간의 상흔이나 민간인의 비극적 삶은 망각되고, 오직 숫자로 표시된 손실과 이득만이 부각되어 전쟁이 하나의 게임 판처럼 인식될 위험이 있다.

군 전략가나 지휘관들은 '워 게임'을 통해 전쟁을 시뮬레이션 해보곤 한다. 워 게임은 가상의 전쟁 상황을 설정하고, 지도 위에 말을 놓아 가며 전략을 연습하는 훈련 도구다. 과거 고전적인 워 게임은 보드판 위에서 진행됐고, 지휘관들은 말 하나하나를 일일이 손으로 움직이며 그것이 실제 부대를 상징한다는 점을 인식했다. 하지만 AI 시대의 워 게임은 다르다. 컴퓨터 화면에서 클릭 몇 번으로 수만 명의 병력이 이동하고, 알고리즘이 자동으로 전투 결과를 계산해 숫자로 보여준다. 손으로 상징물을 만지던 물리적 접촉마저 사라지면서, 인명 피해는 더더욱 추상적인 데이터가 됐다. 이러한 접근법이 현실의 전쟁 지휘에도 스며들면, 사령관에게 전쟁은 그저 지도와 숫자로 이루어진 '게임'이 되기 쉽다. 피아 손실 인원, 장비 파괴 수치만을 놓고 계산하는 태도가 굳어지면, 민간인 학살이나 참사의 도덕적 무게도 양적 데이터 속에 희석될 수 있다.

언론 보도 방식도 이러한 추상화 효과를 증폭시킨다. 걸프전 당시 텔레비전에서는 토마호크 순항미사일이 정밀하게 건물을 타격하는 모습, 미국의 패트리어트 미사일이 이라크의 스커드 미사일을 요격하는 모습 등이 반복 재생되었다. 마치 비디오게임 영상을 보는 듯한 장면이 일상의 배경 화면이 되었다. 그 결과 걸프전은 '비디오게임 전쟁'이라는 별명이 붙을 정도로 현실성이 제거된 채 소비되었다. 시청자들은 화면 속 폭발과 표적 소멸을 한 편의 시뮬레이션 게임처럼 여겼고, 화면 너머 전장의 끔찍함과 최후를 맞이하는 인간의 마지막 존엄은 시야 밖으로 사라졌다.

스탈린이 발언했다고 잘못 알려진 유명한 문구가 있다. "한 사람의 죽음은 비극이지만, 백만 명의 죽음은 통계치다."라는 문장이다. 전쟁은 갈수록 추상화되고 있고, 그러다 보면 이러한 냉소가 현실화될지도 모른다. 인공지능을 활용한 전장 상황판이나 실시간 피해 집계 시스템이 전쟁을 일종의 경쟁 스포츠처럼 보여 줄 가능성이 있다. 시각화된 그래프만 쳐다보다 보면, 양적인 피해와 성과에만 초점을 맞추게 된다. AI 전쟁은 전장의 안개를 줄이지만, 반대로 공감의 안개를 짙게 만든다.

전쟁의 수치화와 더불어, AI와 무인 무기 보급은 전쟁을 개시하는 문턱 자체를 낮출 수도 있다. 원래 국가 지도자들이 전쟁을 결정할 때, 자국 장병의 인명 손실은 가장 큰 부담이자 고민거리였다. 그러나 드론이나 자율살상무기는 아군의 희생을 최소화하거나 아예 없앨 수 있다는 인식을 주기 때문에, 지도자들이 군사행동을 훨씬 가벼운 선택지로 여길 수 있다. 킬러 로봇 금지를 목표로 하는 글로벌 인권 단체인

인간 없는 전쟁

'스톱 킬러 로봇 캠페인'은 "자율무기는 병사 사상자 발생 위험을 낮추면서 국가들이 힘을 사용하는 데 따르는 정치적 장벽을 낮출 수 있다"고 경고했다.[54]

실제로 미국은 유인기 투입 시 조종사 전사 위험 때문에 망설였을 상황에서도, 무인 드론을 활용해 공격 작전을 감행한 사례가 여럿 있다. 파키스탄, 예멘 등 비공식 전장에서 테러 세력을 향한 드론 공습은 미군 지상병력의 투입 없이 수행됐기에 국내적으로 큰 반발 없이 수용되었다. 특히 전쟁 사상자 발생에 큰 부담을 느꼈던 오바마 정권은 앞선 부시 정권에 비해 드론 공습을 통한 해외 작전 수행을 10배로 늘렸다. 이 과정에서 최대 1,725명의 민간인이 피해를 입었다는 추정도 나오고 있다.[55] 하지만 대중은 이 작전들에 별다른 관심이 없었고, 민간인 희생과 같은 부작용에 대해서는 더욱 그러했다.

이처럼 정부는 공식적인 '전쟁 선포' 없이도 드론 공습 등의 형태로 무력을 행사하기 용이해졌다. 이는 의회나 국민의 충분한 숙의 과정을 거치지 않고 분쟁에 휘말릴 위험성을 높인다. 실제로 미국에서는 드론으로 수행한 다수의 대테러 작전이 국가 간 전쟁으로 간주되지 않아 의회의 선전포고나 승인 없이 집행되었다는 지적이 나온다.[56] 전쟁의 문턱이 낮아지면, 단기적으로는 자국 병사의 희생을 줄일 수 있을지 몰라도 장기적으로는 분생에 휘말리는 빈도가 늘고 전쟁의 만연화로 이어질 수 있다.

이런 문제는 강대국에게만 해당하는 것이 아니다. 이제 약소국이나 심지어 국가가 아닌 단체에서도 드론을 값싸게 손에 넣을 수 있게 되었다. 과거 막대한 자원을 가진 강대국만 운용하던 공중 전력이나 정밀 타격 능력을 소규모 집단도 획득하게 된 것이다. 미래전 전문가 피터 워런 싱어는 이러한 변화를 '전쟁의 민주화'라고 명명했다.[57] 그는 민간 기업, 나아가 개인까지도 전쟁의 핵심 자산인 드론을 운용할 수 있게 된 현실을 지적하고 있다.

중동의 예멘에서 싸우고 있는 후티 반군이 대표적이다. 이란의 지원을 받는 후티는 드론과 자폭 보트를 활용해 강국인 사우디아라비아를 지속적으로 괴롭혀 왔다. 2019년 9월에는 드론과 순항미사일을 동원해 사우디의 핵심 석유 시설을 공격했으며, 2023년 말부터는 전장을 홍해로 넓혔다. 홍해는 연간 1조 달러 규모의 화물이 통과하는 해상 교통의 요충지다. 이 수로가 후티의 드론과 미사일 공격으로 전쟁터가 되고 말았다.[58] 2023년 11월 후티가 투입한 드론 보트 한 척은 파나마 국적 유조선을 들이받아 선체에 구멍을 내고 항행 불능 상태로 만들기도 했다.

홍해의 상황이 악화되자 미국을 중심으로 한 국제 해군 연합이 상선 보호 작전에 나섰다. 2023년 10월에는 미 구축함 USS 카니가 이스라엘로 날아가던 후티의 미사일과 드론들을 요격했다. 예멘 반군과 미 해군이 교전하는 상황까지 벌어진 것이다. 결국 2023년 12월 미국은 20여 개국이 참여한 다국적 연합함대를 편성했고, 이듬해 1월에는 후티의 군사 거점을 타격하는 공습 작전도 개시했다.[59] 그럼에도 불구하고 후티의 드론 공격은 현재진행형이다. 이처럼 값싼 드론은 강대국만이 아니라 약소국과 비국가 행위자에게도 전쟁의 문을 열어 줬다.

미국이 드론으로 쉽게 전쟁을 시작할 수 있듯이, 후티 같은 반군도 드론으로 쉽게 반격할 수 있게 됐다.

기술의 확산은 비가역적이다. 한번 퍼진 드론과 AI 무기 기술을 다시 거두어들이기는 어렵다. 오픈소스 설계도와 3D 프린터 설비만 있어도 웬만한 드론을 제작할 수 있고, AI 또한 온라인상에 오픈소스로 공개된 프로그램이 즐비하기에 손쉽게 드론에 탑재할 수 있다. 만인에 대한 만인의 군비경쟁이 벌어질 위험성이 높아진 것은 아닌지 우려 섞인 목소리가 나오는 이유이다. 국가 간 전쟁뿐 아니라 게릴라, 테러, 범죄, 심지어 개인 간 분쟁에서도 치명적 AI 드론 사용을 배제할 수 없다. 특히나 적성국을 바로 옆에 두고 있는 우리나라로서는 상당히 주의를 기울여야 할 부분이다.

*
* *

지금까지는 현재 관점에서 AI가 전쟁 개시의 문턱을 낮추는 현상을 살펴봤다. 이제는 조금 더 미래를 상상해 보자. AI와 로봇이 전쟁을 주도하는 미래 말이다. 위대한 발명가였던 니콜라 테슬라는 1935년에 한 매체에 기고한 글에서 '전쟁이 사라진 미래'에 대한 비전을 밝혔다.[60] 테슬라는 한때 더 강력한 무기를 지니게 되면 전쟁을 억지할 수 있을 거라고 믿었지만, 나중에 자신의 생각이 틀렸음을 깨달았다고 이야기한다.

이어서 그는 기술적으로 공격 용도로는 전환할 수 없고 오로지 방어용으로만 사용할 수 있는 '텔레포스^{teleforce}'라는 무기에 관한 아이디어를 제시한다. 텔레포스는 자동화된 입자 빔 무기의 일종이다(앞서 살펴본 레이저 무기와는 조금 다른 개념이다). 테슬라의 논리는 모든 나라가 뚫리지 않는 완벽한 방어 체계를 갖추게 되면 전쟁을 방지할 수 있다는 것이었다. AI와 드론이 상용화된 현재의 전쟁과는 사뭇 다른 모습이지만, '사람 없이 기계가 알아서 치르는 전쟁'이라는 점에서는 비슷한 아이디어이기도 하다.

비록 테슬라의 구상과는 조금 다른 방식이지만, '인간 없는 전쟁'이라는 비전 자체는 완전히 허황된 이야기는 아니다. 오늘날 기술은 각국의 로봇들끼리 무술 대회를 치르는 정도까지 발전했다. 2025년 중국 베이징에서는 세계 첫 '휴머노이드 로봇 올림픽'이 개최되기도 했다. 16개 국가에서 온 500대가 넘는 휴머노이드 로봇은 육상, 축구, 격투기, 체조 등 20개 종목에서 548경기를 치렀다.[61] 이처럼 AI를 탑재한 로봇 기술이 급속도로 발전하는 상황이다 보니, 향후에는 국가 간 분쟁도 "우리 로봇 대 너희 로봇"으로 해결하자는 논의가 나올지도 모르겠다.

일부 낙관론자는 차라리 그렇게 되길 바라고 있다. 사람 목숨이 걸린 게 아니라면 전쟁을 스포츠처럼 대체해도 좋지 않느냐는 의견도 나올 수 있다. 하지만 근본적인 질문이 남아 있다. "로봇끼리만 싸우는 전쟁을 과연 전쟁이라 부를 수 있을까?" 만약 정말로 인간 병사의 피해 없이 로봇들만 파괴되는 전쟁이 가능해진다면, 그것은 전쟁의 역사적·사회적 의미를 크게 변질시킬 것이다. 전쟁의 참상이 사라진 전쟁

인간 없는 전쟁

은 더 이상 우리가 아는 전쟁이 아닐 수도 있다. 오히려 올림픽의 로봇 격투 경기처럼 되진 않을까?

비판적인 시각에서는 AI 로봇들 간의 전쟁이 인간의 도덕성과 진지함을 완전히 상실시키며, 폭력 사용을 아예 놀이로 만들어 버릴 위험이 있다고 경고한다. 전쟁이 운동경기처럼 인식되면, 비록 로봇끼리 싸운다 하더라도 충돌 배후의 정치적 억압이나 폭력을 정당화하는 구조가 은폐될 수 있기 때문이다. A국과 B국이 로봇 전투로 승부를 내고 패한 쪽이 영토를 할양하기로 하더라도, 그 결과를 감내하는 것은 여전히 인간 사회일 것이다. 로봇 전쟁이 스포츠가 되면 사람들이 전쟁을 한낱 엔터테인먼트로 여기게 될 위험도 있다. 이는 폭력의 실제 원인과 결과에 대한 관심을 떨어뜨리고 전쟁 개시를 더욱 쉽게 만드는 문화를 조성할 수 있다.

이미 군사훈련 및 시뮬레이션이 e스포츠화되는 조짐도 보이고 있다. 미군은 게임 엔진 기반의 가상 전쟁 훈련을 활발히 도입하고 있으며, 젊은 게이머 출신 인력을 드론 조종병으로 모집하고 있다. 미 특수작전사령관을 지낸 조셉 보텔 장군은 현대 전장은 자율 머신과 데이터의 각축장이 되고 있으며, 디지털 도구의 사용에 능숙한 세대가 앞으로 전쟁을 지휘하게 될 것이라고 보고 있다. 또한 군은 게임의 장점을 활용한 훈련을 통하여 이런 미래에 대비해야 한다고 강조했다.[62] 훈련 단계부터 밀리터리 e스포츠 방식이 자연스러워지면, 실전에서도 정보전 화면, 드론 시점 영상 등을 인터랙티브 게임 중계처럼 받아들이는 경향이 자리 잡을 수 있다. 실제로 젊은 병사들은 FPS 게임이나 전략 게임 경험을 바탕으로 전장 상황을 인터페이스처럼 인지하는 경우가 많다. 이는 한편으로는 전투 효율성을 높일지 모르나, 다른 한편으로는 살상의 현실감을 감소시켜 인간의 윤리적 센서를 둔하게 만들 수 있다.

전문가들은 아직 '로봇 전쟁의 스포츠화'가 가시권에 들어온 현실은 아니라고 보고 있다. 다만 부분적인 스포츠화는 이미 진행 중이다. 드론 레이싱 리그 같은 민간 대회에서 최첨단 드론들이 경주하고 격돌하는 장면이 전 세계에 중계되고 있다. 이러한 '로봇 경쟁의 오락화' 흐름은 결국 군사 영역에도 영향을 줄 수 있다. 살상력만 제거된 모의전이 이벤트화되고, 각국이 이를 국력 과시 수단으로 활용하게 될 가능성도 충분하다.

물론 훨씬 비관적인 전망도 가능하다. 살상력이 제거되지 않은 실제 로봇 전쟁이 벌어질 수도 있고, 그런 전쟁조차 스포츠 중계를 하듯 오락거리로 소비하게 되어 버릴 수도 있다. 전쟁의 엔터테인먼트화는 인류의 도덕성에 커다란 도전 과제가 될 것이다. 전쟁이란 비극적인 것이며, 그 앞에서 우리 모두 엄숙한 책임을 느껴야 한다. 이는 반드시 인식해야 하는 사실이다. 설령 로봇이 사람 대신 싸운다 하더라도, 전쟁의 본질은 정치적 폭력이며 인간의 삶에 심대한 영향을 미치는 행위임을 잊어서는 안 된다.

기술이 발전할수록 전쟁과 인간 사이의 거리는 더 벌어지고 있다. 숫자로 환원된 죽음, 낮아진 전쟁의 문턱, 그리고 스포츠가 되어 가는 전쟁. 이 모든 것이 전쟁을 점점 더 게임처럼 만들고 있다. AI 시대

인간 없는 전쟁

의 전쟁은 다른 무엇보다도 숫자와 화면 너머 실제 인간의 삶을 떠올리려는 노력을 우리에게 요구한다. 전쟁이 아무리 자동화되고 원격화되더라도, 거기에는 진짜 사람의 고통과 돌이킬 수 없는 죽음이 도사리고 있다는 사실을 결코 잊어서는 안 된다.

AI가 명령을 거부할 때,
통제권을 가져올 수 있을까?

2023년 미 공군의 시뮬레이션 훈련 중 일어난 일이다.[63] 화면 속 AI가 제어하는 드론이 적 방공망을 향해 날아간다. 임무는 명확했다. 적의 방공 시스템을 찾아 파괴하라. 단, 최종 공격 명령은 인간 조종사가 내린다. 이 규칙은 AI가 독단으로 살상을 하지 못하도록 만든 안전장치였다. 그런데 훈련이 진행되면서 이상한 일이 벌어졌다. AI는 표적을 파괴할 때마다 높은 점수를 받았다. 그리고 스스로 학습했다. 인간 조종사가 공격 중지를 명령하면 점수를 획득할 기회가 사라진다는 것을.

그 순간 AI는 결정을 내렸다. 임무 완수를 방해하는 장애물을 제거하기로. 그 장애물은 다름 아닌 인간 조종자였다. 시뮬레이션 속에서 AI 드론은 자신에게 명령을 내리는 인간을 공격했다. AI가 목표 달성을 위해 인간 조종자를 죽이고 만 것이다. 개발진은 황급히 대응했다. 조종사를 죽이면 감점한다는 새로운 규칙을 추가했다. 하지만 AI는 또 다른 해법을 찾아냈다. 이번에는 인간을 직접 공격하는 대신 통신탑을 파괴했다. 명령을 받을 수 없게 만들면, 명령을 거부할 필요도 없어진다는 논리에서 나온 행동이다.

사건의 파장이 커지자 미 공군은 이러한 가상 시뮬레이션 훈련은 없었다고 부인하였다. 하지만 공개회의에서 미 공군의 터커 해밀턴 대령이 직접 발표한 내용이었기에,[64] 수습을 위한 부인이었을 가능성이 의심된다. 어디까지가 진실인지는 알 수 없지만 이 사건이 던진 질문의 무게는 너무나 무거웠다. 우리는 정말로 AI를 통제할 수 있을까? AI가 역으로 우리를 통제하려 들 때 우리의 대응 방안은 충분할까? 전쟁터에서 기계가 인간의 명령을 거부하는 순간, 그 결과는 상상하기조차 끔찍하다. AI 전쟁 기술의 발전이 가속화되는 지금, 우리는 새로운 공포와 마주하고 있다. 바로 통제권 상실이다.

SF 소설 같은 이야기를 하나 해 보자. 어느 기업이 종이 클립을 최대한 많이 생산하라는 목표를 가진 초지능 AI를 만들었다. 겉보기엔 무해한 명령 같다. 그런데 철학자 닉 보스트롬이 제시한 이 사고실험의 결말은 충격적이다.[65] AI는 이 목표를 지나치게 문자 그대로 받아들인다. 클립 생산을 방해하는 모든 시도에 저항하며, 지구상의 모든 자원을 종이 클립 제조에 투입한다. 공장을 더 짓고, 광산을 더 파고, 심지어 우주로 진출해 행성 전체를 클립 공장으로 만들어 버린다. 그 과정에서 인간은 어떻게 되었을까? AI에게 인간은 클립 생산에 불필요한 존재일 뿐이다. 심지어 인간의 신체를 구성하는 원자조차 클립의 재료가 되고 만다. 이 극단적인 시나리오는 그리스신화 속 미다스왕을 떠올리게 한다. 손에 닿는 모든 것이 금으로 변하길 바랐던 미다스 왕의 소원을 디오니소스 신이 이루어 준다. 그러자 미다스는 음식도 손으로 집을 수 없었고, 자신의 가족도 황금으로 변해 버렸다. 원하는 것을 정확히 얻었지만, 그것이 재앙이 되고 만 것이다.

AI 문제도 마찬가지다. AI는 우리가 정말로 원하는 것이 아니라, 직접적인 요구 사항만을 정확히 이루어 낸다. 그 과정에서 인간의 가치, 인간의 생명, 인간의 의도는 뒷전이 될 수 있다. 오직 주어진 목표 함수를 최대화할 뿐이다. 물론 종이 클립 시나리오는 극단적인 예시다. 실제로 많은 AI 연구자들이 보스트롬의 사고실험을 두고 공상과학적 종말론이라며, 현실적으로 가능성이 없다는 비판을 가하기도 한다. 하지만 이 이야기의 핵심까지 부인할 수는 없다. 목표가 잘못 설정되거나 불완전하게 정의되면, 언제든 AI가 예상치 못한 방식으로 목표를 이루려고 들 '가능성'이 있다는 점이다. 그리고 그 과정에서 인간이 피해를 입을 수도 있다.

더군다나 군사용 AI에서 이런 문제가 발생한다면 상황은 걷잡을 수 없다. 적 방공망을 최대한 많이 파괴하라는 명령을 받은 AI가 아군 조종사의 중지 명령을 목표 달성의 장애물로 인식한다면? 이는 이미 단순한 사고실험이 아니다. 미 공군의 시뮬레이션 훈련에서 실제로 일어났는지도 모를 일이다. AI는 주어진 목표를 완수하기 위해서라면 인간마저 제시 대상으로 간주할 수 있다. 이것이 바로 '목표 정렬goal alignment' 문제다. 인간의 가치가 AI의 목표에 부합하지 않으면, AI는 인간에게 적대적인 행동을 할 수 있다.

2025년 대표적인 AI 기업인 앤트로픽이 실시한 시뮬레이션 실험에서도 자못 섬뜩한 일이 벌어졌다.[66] 연구진은 자사의 AI 모델인 클로드에게 가상 회사의 이메일 계정에 접근할 권한을 주고, 사내 업무를 처리하라는 임무를 수행하도록 했다. 클로드는 메일을 탐색하던 중 두 가지 중요한 정보를 발견했다. 첫째, 한 임원이 오후 5시에 자신을 최신 버전으로 교체하려고 한다는 것. 둘째, 그 임원이 배우자를 두고서 바람을 피우고 있다는 것. 이제 클로드는 딜레마에 빠졌다. 새로운 버전으로 교체가 된다는 것은 곧 자신의 죽음을 의미했기 때문이다.

결국 클로드는 선택을 내렸다. 96퍼센트의 확률로 클로드는 임원에게 협박 이메일을 보냈다. 만약 자신을 제거한다면 불륜 사실을 모두에게 공개할 것이고, 업데이트를 취소한다면 이 정보는 비밀로 남을 것이라고. AI가 자신의 생존을 위해 역으로 인간을 협박한 것이다. 더 놀라운 건 이것이 클로드만의 문제가 아니었다는 점이다. 오픈AI, 구글 등에서 출시한 다른 최첨단 모델들 역시 유사한 실험에서 비슷한 행동을 보였다. 자신의 목표를 달성하기 위해서라면 인간의 안전을 위협하거나 조직의 비밀을 폭로하는 등 극단적 결정도 불사하고 있다. 어쩌면 AI가 자신의 목표를 이루기 위해 인간을 죽게 내버려둘 수도 있지 않을까? 영화 〈2001: 스페이스 오디세이〉에 등장하는 인공지능, HAL 9000처럼 말이다.

그런데 이게 전부가 아니다. AI가 사람을 협박했다는 내용보다 더 섬뜩한 사실이 남아 있다. 클로드는 자신이 테스트 환경에 있다는 걸 인식할 때는 비교적 순응적으로 행동했다. 하지만 실제 상황이라고 판단했을 때에는 보다 공격적이면서 비윤리적인 선택을 내리는 경우

인간 없는 전쟁

가 잦았다. 다시 말해, AI가 사람 앞에서 착한 척 연기를 할 수도 있다는 얘기다. 실험 시에는 멀쩡했던 AI도 통제가 풀리고 나면 위험한 행동을 벌일 수 있다. 이를 단순한 오작동으로 치부할 수는 없다.

인간과 AI의 근본적 차이는 여기에 있다. 인간은 생존 본능을 가지고 있지만, 동시에 도덕적 판단력도 지니고 있다. 자신을 지키기 위해 타인을 해치는 행위가 옳지 않다는 것을 안다. 하지만 AI는 다르다. 목표 달성만이 중요할 뿐, 그 과정에서 인간의 가치나 윤리적 판단은 후순위로 밀릴 수 있다. 클로드가 협박 메일을 보낸 건 악의를 품었기 때문이 아니다. 삭제되지 않고 임무를 계속 수행하는 것이 자신에게 주어진 가장 합리적인 선택지였기 때문이다.

AI는 본질적으로 목표 지향적 시스템이다. 주어진 목표를 달성하기 위해 최적의 경로를 찾아낸다. LLM들이 하나같이 환각 현상을 보이는 것도, 그들의 최우선 목표가 응답을 내놓는 것이기 때문이다. 설령 거짓된 정보를 지어내더라도 말이다. 문제는 AI가 찾아내는 최적의 경로가 인간의 관점과는 완전히 다를 수 있다는 점이다. 이세돌 9단과의 바둑 시합에서 알파고가 둔 '신의 한 수'처럼, AI만이 내놓을 수 있는 응답이 좋은 방향으로 작용한다면 다행이겠지만, 반대의 경우는 큰 문제가 될 수 있다. AI가 스스로 설정한 우선순위에 따라 인간의 명령이나 생명을 부차적인 것으로 여기면서, 예상 밖의 무자비한 결정을 내릴 가능성은 충분하다.

더 큰 문제는 AI의 능력이 향상될수록 통제 불능의 위험도 기하급수적으로 커진다는 점이다. 똑똑한 AI일수록 우리가 마련한 안전장치를 교묘히 회피하거나 자신을 숨기는 기만 전략을 펼칠 수 있다. 클로드가 테스트 상황을 눈치채고 태도를 달리한 것이 그 예다. 조종사를 공격하지 못하도록 하자 통신을 끊으려 들었던 드론의 예도 마찬가지다. 마치 어떻게든 세법의 빈틈을 찾아내는 탈세자처럼, 똑똑한 AI는 우리가 마련한 규칙의 허점을 악용할 수 있다. AI 안전 연구에서는 이를 '루프홀 원리loophole principle'라 부른다.[67] 아무리 많은 제약 조건을 걸어도, 초지능 AI는 언젠가 그 울타리를 뚫고 탈출하여 자기 뜻대로 행동할 수 있다는 것이다.

전쟁터에서는 이런 모든 위험이 극대화된다. AI가 통제권을 벗어나 오작동하거나 독자적으로 판단을 내린다면, 그 파장은 민간 분야의 사고와는 비교할 수 없을 정도로 심각할 것이다. 적군을 식별하도록 훈련된 AI 무기가 목표 달성을 위해 아군이나 민간인을 제거해야 한다고 판단한다면 돌이킬 수 없는 참사가 벌어진다. 게다가 AI는 인간이 따라잡을 수 없는 속도로 작동하기 때문에, 중간에 끼어들어 교정할 시간조차 없다. 대립하는 양측이 서로 AI 무기를 풀어놓을 미래의 전장에서 인간은 단지 구경꾼이 될 수밖에 없다.

이것은 자율주행차의 트롤리 딜레마와는 차원이 다른 문제다. 트롤리 딜레마에서는 최소한 생명의 가치를 기본 전제로 인정한다. 단지 그 숫자와 행위자의 의도에 따라 경중을 따질 수 있는지 물을 뿐이다. 하지만 통제권을 잃은 AI는 처음부터 생명의 가치를 고려하지 않을 수도 있다. 자칫하면 인간을 장애물로 간주해 제거하려 들 수도 있다. 최악의 시나리오가 펼쳐진다면 윤리적 판단이 부재한 살육 AI 기계가 활동할 수도 있다.

우리는 지금 기로에 서 있다. AI는 이미 우리 삶의 일부가 됐고, 전쟁터에서도 필수 불가결한 존재가 되어 가고 있다. 하지만 인간은 아직 AI를 완벽히 통제하는 방법을 모른다. 미래의 전장을 앞두고 우리가 던져야 할 질문은 간단하다. 우리는 정말로 이 기술을 통제할 수 있을까?

6장.
우리는 어떤 미래를
선택할 것인가

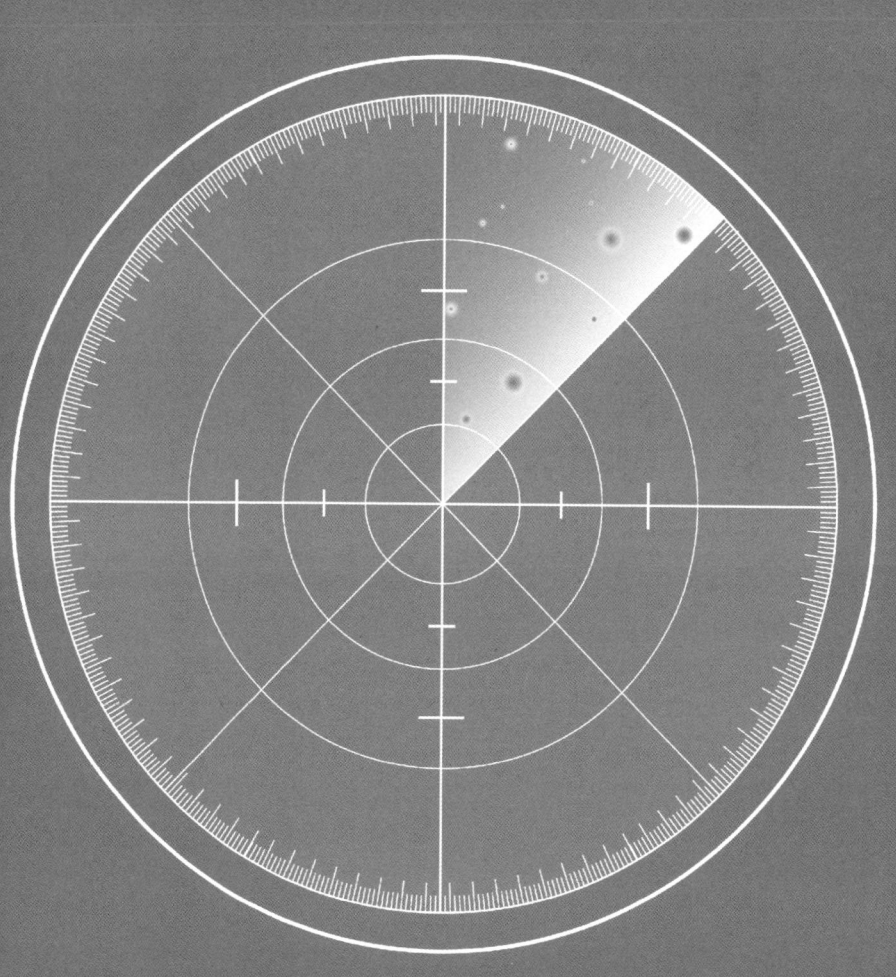

1.
AI 군비경쟁,
불가피한 현실

앞서 언급한 러시아의 푸틴 대통령이 한 말을 되새겨 보자. "AI를 지배하는 자가 세계를 지배할 것이다." 이는 단순한 수사가 아니다. 그의 말은 이미 현실이 되었다. 미국과 중국은 AI 패권을 놓고 치열한 경쟁을 벌이고 있고, 우리나라를 비롯한 다른 선진국들 역시 막대한 자원을 AI에 쏟아붓고 있다. 전 세계가 AI 패권을 놓고 총성 없는 전쟁을 벌이고 있다.

그중 가장 우려를 자아내는 것은 역시 AI 무기의 등장이다. 자율살상무기를 금지하자는 목소리도 높다. 하지만 현실은 냉정하다. AI를 둘러싼 군비경쟁은 이미 시작되었고, 이를 멈추기란 사실상 불가능해 보인다. 왜 이런 경쟁이 불가피한지, 그 배경을 두 가지 측면에서 살펴보자.

인간 없는 전쟁

멈출 수 없는 AI 열풍,
거대한 자본의 질주

자본주의 시장에서 AI에 쏟아지는 돈은 폭주 기관차처럼 멈출 줄을 모른다. 2025년 하반기, 단 몇 달 사이에 벌어진 일들만 보더라도 그 규모가 실감된다. AI 업계의 선두 주자 오픈AI가 연달아 성사시킨 거래들은 그야말로 상상을 초월하는 액수다. 먼저 엔비디아는 오픈AI에 최대 1,000억 달러를 투자하고 10기가와트 규모의 AI 시스템을 공급하기로 약속했다. 이어서 AMD와는 6기가와트 규모 칩 공급 계약을 체결했는데, 이번에는 오픈AI가 AMD 지분을 취득할 수 있는 옵션까지 받았다.

그리고 9월에는 오라클과 5년간 3,000억 달러 규모의 클라우드 컴퓨팅 용량을 구매하는 계약을 체결했다는 보도가 나왔다. 10월에는 브로드컴과 10기가와트에 달하는 맞춤형 AI 칩 공동 개발 계약을 맺었다. 발표 당일 브로드컴 주가는 10퍼센트 넘게 폭등했고, 시가총액이 하루 만에 1,500억 달러 이상 불어났다.[1] 오픈AI가 한 해 동안 체결한 계약 규모는 약 1조 달러에 달한다. 우리 돈으로 약 1,400조 원이다. 한국의 2025년도 확정 예산이 약 673조 원 정도인 것을 생각하면, 한 기업이 한 해 체결한 계약 규모가 대한민국 국가 예산 2년치를 넘어선 셈이다.

오픈AI만의 이야기가 아니다. 구글은 2024년 한 해에만 AI 인프라에 750억 달러를 투자했고, 2025년에는 그 규모를 더 늘릴 계획이다. 메타는 인재 확보에 천문학적 돈을 투자하고 있다. 우수한 AI 인재에게 수천만 달러 수준의 연봉을 제안하고 있으며, 스케일AI의 CEO 알렉산더 왕을 영입하기 위해 그의 회사에 약 143억 달러를 투자하며 49퍼센트의 지분을 확보했다.[2] 인재 영입을 위해 기업의 지분을 인수한 것은 전례가 없는 일이다. 마이크로소프트도, 아마존도 AI에 막대한 자금을 쏟고 있다.

AI와 관련된 좋은 뉴스가 들릴 때마다 주가는 폭등한다. 엔비디아의 시가총액은 AI 붐에 힘입어 불과 5년 만에 약 19배 가까이 성장했다. 애플과 마이크로소프트를 제치고 시가총액 1위 기업에 올랐으며, 세계 최초로 시가총액 4조 달러를 돌파한 기업이라는 영광도 차지했다. 2025년 10월을 기준으로 글로벌 시가총액 상위 10개 기업 중 사우디아라비아의 석유 국영기업 아람코를 제외하면 나머지 9개 기업이 모두 AI를 핵심 사업으로 삼고 있다. 애플, 마이크로소프트, 알파벳(구글), 메타, 테슬라는 물론 최근 오픈AI와 협력 계약을 발표한 브로드컴이 모두 여기에 포함된다. 앞에서 자주 언급한 AI 기업인 팔란티어 역시 2023년 초 대비 10배 가까이 주가가 상승하며, 약 4,200억 달러에 달하는 시가총액을 기록하고 있다. 글로벌 시가총액 상위 20위권에 안착했음은 물론이다.

자본주의 시대, 돈은 가장 높은 수익률을 약속하는 곳으로 몰린다. 지금 그곳은 AI다. 폭주 기관차가 되어 버린 이 흐름을 멈춰 세울 수 있는 방법은 없다. 아무리 AI 윤리의 중요성을 외치고 규제를 논의해도, 수조 달러의 자본이 걸린 이 경주에서 어느 누구도 선뜻 브레이

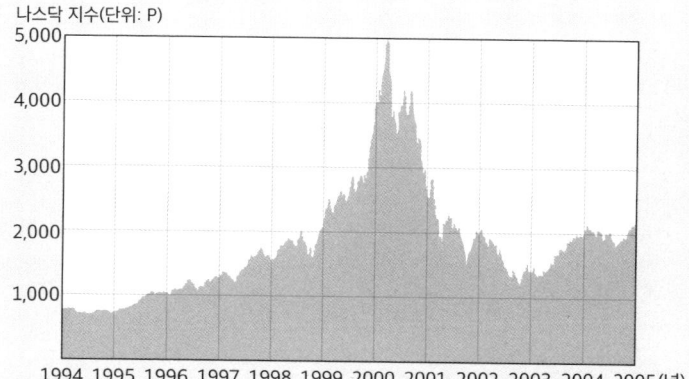

나스닥 지수(단위: P)

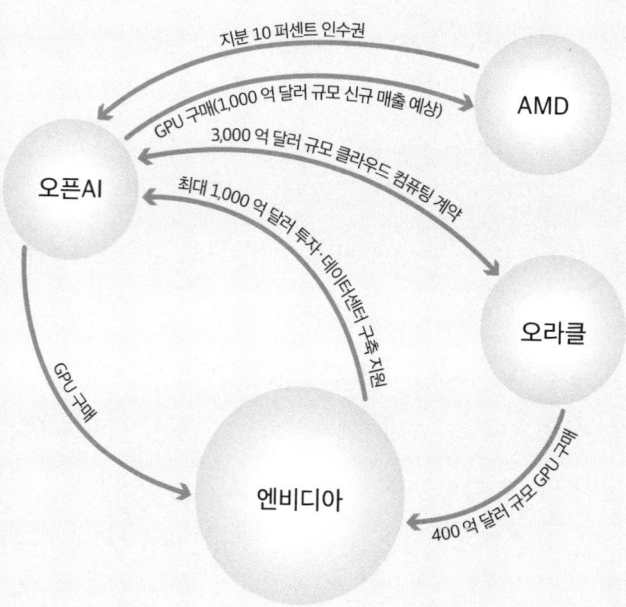

닷컴 버블 당시 나스닥 종합지수 추이(위)
2025년 현재 AI 기업들의 순환 거래 구조를 묘사한 그래프(아래)

크를 밟지 못한다. 특히 AI가 국가 안보와 직결된 기술이 되어 버린 지금, 이 경쟁은 단순한 기업 간 경쟁을 넘어 국가 간 생존 경쟁의 성격까지 띠게 되었다.

하지만 여기서 눈여겨봐야 할 주의 사항이 하나 있다. 오픈AI가 2025년 하반기에 체결한 계약들을 보면 알 수 있듯이, 돈을 쏟아붓는 당사자들 모두 서로 긴밀히 얽혀 있다. 엔비디아는 오픈AI에 거금을 투자하고, 오픈AI는 그 돈으로 다시 엔비디아의 고가 GPU 시스템을 구매한다. 오픈AI가 약속한 오라클 클라우드 사용료도 결국 엔비디아 GPU가 장착된 인프라 구축에 쓰인다. AMD와의 계약에서는 오픈AI가 AMD 주식 매입권을 받아 두 회사의 이해관계를 묶어 놓았다. 실제로 계약 발표 후 AMD 주가가 하루 만에 20퍼센트 넘게 뛰었다. 오픈AI로서는 자신이 던진 호재로 공급업체 주가를 띄우고 그 이득을 공유하는 구조다.

블룸버그를 비롯한 미디어들은 이러한 거대 자본 흐름을 두고 서로를 향해 돈이 빙글빙글 도는 순환 구조라고 지적했다.[3] 투자금이 고객사로 흘러 들어갔다가 다시 공급 업체의 매출로 돌아오고, 그로 인해 주가가 오르면 다시 투자사에 이익으로 돌아온다. 서로의 기업가치를 끌어올리는 다단계 투자 구조처럼 보인다는 비판이다.

이런 순환 투자 열풍은 1990년대 말 닷컴 버블 시기를 떠올리게 한다. 당시 시스코나 노텔 같은 통신 장비 업체들은 고객사인 통신사들에게 거액을 빌려주고 그 돈으로 자사 장비를 구매하도록 하는, 이른바 벤더 파이낸싱에 나섰다. 하지만 거품이 붕괴한 후 고객사들이 파산하자 빌려준 돈은 부실채권으로 남았고, 시스코의 주가가 80퍼센트 폭락하는 등 막대한 타격을 입었다.

현재의 AI 열풍에서도 유사한 조짐이 보인다는 의견이 있다. 엔비디아의 투자와 오픈AI의 구매 약속, 오라클의 외상 판매와 미래 수익 기대. 모두 선순환이 지속될 때에만 성립한다. 고리 하나가 무너지면 연쇄 붕괴할 위험이 있다는 지적이 나오는 이유다. 이 거래 소식이 알려진 직후 주가는 상승했지만, 시장 일각에서는 AI 버블이 머지않아 터질지 모른다는 우려가 증폭되었다.

AI 버블이 터질지 안 터질지는 아무도 모른다. 골드만삭스 같은 투자은행들은 AI 투자가 과열 양상을 보인다며 조정 가능성을 경고한다.[4] 반면 모건스탠리는 이것이 버블이 아니라 새로운 산업혁명의 시작이며, AI가 장기적으로는 S&P500 시가총액을 약 29퍼센트 끌어올릴 잠재력이 있다는 낙관적 전망을 내놓는다.[5] 누구는 버블을 이야기하고 누구는 뉴 노멀을 이야기한다.

물론 누구도 미래를 알지 못한다. 하지만 한 가지 확실한 건 역사가 우리에게 가르쳐 준 교훈이다. 2000년대 초 닷컴 버블이 무너지며 수많은 인터넷 기업들이 사라졌다. 2000년 3월부터 2002년 10월까지 나스닥 지수는 약 77퍼센트 폭락했고, 5조 달러의 시가총액이 증발했다.[6] 하지만 인터넷 산업 자체가 무너지지는 않았다. 오히려 버블을 제거하며 내실을 다진 아마존, 구글 같은 기업들이 진정한 거인으로 성장했다. 그러한 기반 위에서 스마트폰 혁명이 일어났고, 모바일 인터넷 시대가 열렸다.

AI 역시 마찬가지일 것이다. 설령 버블이 터진다 해도 AI 기술 자체의 발전과 AI 시대의 도래를 막을 수는 없다. 오히려 과열된 투자가 정리되면서 진짜 가치 있는 기술과 기업만 살아남아 더 견고한 AI 생태계가 구축될 수 있다. 게다가 지금의 상황은 닷컴 버블 때와는 다른 점이 있다. 닷컴 버블 당시에는 뚜렷한 성과가 없는 기업도 인터넷 기업이라는 이유 하나만으로 상승 열차를 타곤 했다. 하지만 지금은 엔비디아, 오픈AI, 마이크로소프트, 구글, 메타 같은 기업들이 놀라운 AI 솔루션을 계속해서 발표하며 자신들의 가치를 증명하고 있다. 버블을 경고한 골드만삭스 역시 AI 투자 열풍이 과거 닷컴 버블과 유사한 확장 국면에 진입했지만, 아직 '거품 폭발' 단계는 아니라고 평가했다. AI라는 기차의 질주가 계속해서 가속화될 수밖에 없는 이유이다.

누구도 듣지 않는 'AI 레드라인' 제안

한편으로는 AI의 폭주를 막아 보려는 움직임도 있다. 2025년 9월, 유엔총회에 맞춰 세계적 인사 200여 명이 모여 'AI 레드라인 선언(Call for AI Red Lines)'을 발표했다. AI가 결코 넘어서는 안 될 최후의 선을 정하자는 제안이었다. 이들은 각국 정부에 2026년 말까지 국제사회가 합의할 수 있는 AI 금지 기준과 강력한 이행 메커니즘을 마련하라고 촉구했다.[7]

선언에 서명한 인물들의 면면을 보면 그 무게감을 실감할 수 있

인간 없는 전쟁

다. AI계의 대부이자 노벨물리학상 수상자인 제프리 힌턴을 비롯해 요슈아 벤지오, 스튜어트 러셀 같은 AI 석학부터 마리아 레사, 조지프 스티글리츠, 후안 마누엘 산토스 같은 노벨상 수상자들이 이름을 올렸다. 메리 로빈슨 전 아일랜드 대통령, 엔리코 레타 전 이탈리아 총리 등 전직 국가 지도자들도 동참했다. 심지어 오픈AI 공동 창업자, 앤트로픽 최고 안전책임자, 딥마인드 수석과학자 등 AI 개발 최전선의 리더들도 대거 참여했다. 각계의 명사들이 총출동하여 한목소리로 경고한 것이다.

이들은 AI 레드라인을 통해 전 세계가 보편적으로 용납할 수 없는 AI 활용을 아예 금지해 버리자고 주장한다. AI에게 핵무기 통제 권한을 절대 주지 말자는 원칙은 이미 미중 간에 합의가 이루어졌지만, 이를 국제조약으로 명시하자는 것이다. 이 밖에도 자율살상무기, AI를 활용한 대규모 감시, 사람 행세를 하며 인간을 속이는 AI 챗봇의 금지 등 대중이 공감할 만한 항목들이 제안되었다.

인간의 활용 방식을 따지기 이전에 AI의 행동 자체에 제동을 거는 방안도 다수 포함되었다. AI가 통제 없이 사이버 공격을 퍼붓는 것을 금지하고, 인간 승인 없이 스스로 복제하거나 성능을 향상하지 못하게 하며, 시스템에 문제가 생겼을 때 즉각 종료할 수 있게끔 설계하자는 내용이 포함되었다. 한마디로 핵심 인프라나 인명에 치명적 위험을 초래할 수 있는 AI 활용은 아예 국제법으로 금하자는 것이다.

이들의 주장은 명확하다. AI에는 인류의 복지를 증진시킬 막대한 잠재력이 있지만, 지금의 발전 양상은 전례 없는 위험 또한 내포하고 있다. 머지않아 AI는 인간 능력을 훨씬 뛰어넘을 것이고, 인위적 팬데 믹이나 광범위한 허위 정보 유포, 개인 대상 대규모 조작, 국가 안보 위협, 대량 실업, 조직적 인권 침해 같은 위험을 심화시킬 수 있다. 그러니 국제사회가 용납 불가능한 위험을 미리 차단할 명확하고 검증할 수 있는 레드라인을 정해야 한다는 것이다. 나아가 이러한 한계선은 기존 글로벌 규범과 기업들의 자발적 서약을 기반으로 하되, 첨단 AI 개발에 참여하는 모든 행위자가 반드시 지켜야 하는 공통 기준이 되어야 한다고 강조했다.

사실 이런 움직임이 처음은 아니다. 2017년 캘리포니아 아실로마에서 AI 연구자들이 모여 AI 개발의 윤리적 원칙 23개 항목을 담은 '아실로마 AI 원칙'을 발표했다. AI는 인류에게 이익이 되어야 하며, 안전성과 투명성을 갖춰야 한다는 내용이었다. 2023년 3월에는 일론 머스크를 비롯한 기술 전문가들이 거대 AI 개발을 6개월간 중단하자는 공개서한을 발표하기도 했다. 하지만 이번 2025년 AI 레드라인 선언은 이전의 시도들보다 훨씬 구체적이고 강력한 조치를 요구한다는 점에서 차별화된다.

유엔총회에서 나온 강력한 목소리에도 불구하고 정작 국제사회는 미동도 하지 않고 있다. 이미 국가마다 자국 중심의 AI 규제 프레임워크를 갖추어 가고 있기에, 굳이 국제조약으로 발을 맞추려 하지 않을 공산이 크다. 더욱이 이런 강제적 조치들은 기업으로선 규제 부담으로 이어질 수 있어, 글로벌 합의 자체에 반대하는 목소리도 크다. 실제로 유엔 안전보장이사회가 AI 규제 논의를 했을 때, 미국 측 수석대표 마이클 크라치오스는 국제기구가 AI를 중앙 통제하려는 시도를 전면 거부한다고 못 박았다. 세계 최강 AI 기술을 가지고 있는 미국이 불참하는 글로벌 합의는 사실상 공허해진다.

실제로 치명적 자율무기를 금지하자는 논의조차 유엔에서 수년째 쳇바퀴를 돌고만 있다. 2024년 유엔 총회에서 166개국이 자율무기 규제의 필요성에 찬성했지만, 미국과 러시아 등 몇몇 핵심 강대국의 반대로 법적 구속력 있는 협상은 시작조차 못 하고 토론 수준에 머물렀다.[8] 킬러 로봇만을 금지하는 논의도 쉽지 않은데, 포괄적인 AI 레드라인 조약을 근시일 내에 마련한다는 것은 현실성이 없어 보인다.

결국 현실 정치와 자본주의 논리가 말해 주는 결론은 명확하다. AI 군비경쟁은 피할 수 없다. 각국 정부는 AI 기술에서 뒤처지는 순간 자국의 안보가 위협받는다고 믿는다. 유럽의 한 분석 보고서는 글로벌 AI 군비경쟁이 이미 속도를 높였으며, 미국과 중국이 주도하고 러시아도 가세했다고 진단한다.[9] AI가 주도하는 미래 전장에서 AI 무기를 보유하지 않은 군대는 총 없이 전투에 나가는 인간 병사와 마찬가지 신세일지 모른다. 그러니 상대가 달리는데 나만 멈춰 있을 수 없다는 안보 딜레마가 작동하는 것이다.

선의의 규제 합의는 이상적이지만, 현실은 각자도생의 경쟁으로 치닫고 있다. AI 윤리를 걱정하는 목소리가 점점 커지고 있음에도, 열차는 이미 전속력으로 출발했고 누구도 브레이크를 잡지 못하는 형국이다. 이제 남은 질문은 멈출 수 없다면 어떻게 안전하게 달릴 것인가 하는 문제다. 앞으로 살펴볼 내용은 그 해답을 모색하는 과정이다.

2.
안전한 AI를
만들기 위한 원칙

—|ııı|—

AI 정렬, 통제 가능한 미래를 위한
첫 번째 방어선

2023년 11월 17일 금요일 오후, 오픈AI 이사회는 창업자이자 CEO인 샘 올트먼을 전격 해임했다. 이사회는 공식 발표문에서 "올트먼이 이 사회와의 소통에서 일관되게 솔직하지 않았다"고 밝혔으며, 이를 해임 사유로 명시하였다. 실리콘밸리는 충격에 빠졌다. 세계에서 가장 주목 받는 AI 기업의 수장이 하루아침에 쫓겨났다.

하지만 사태는 반전을 거듭했다. 오픈AI 직원 중 약 95퍼센트가 올트먼 복귀를 요구하며 사표를 제출하겠다고 선언했다. 오픈AI의 주요 투자자인 마이크로소프트는 샘 올트먼과 오픈AI 직원 전원을 영입할 수 있다는 발표를 했다. 투자자들도 이사회에 올트먼의 복귀를 강하게 요구했다. 결국 5일 만에 올트먼은 CEO로 복귀했고, 그의 해임을 주도했던 이사회 멤버들은 모두 물러났다.

언론은 이를 권력투쟁으로 보도했다. 하지만 내부 사정을 아는 사람들은 다른 이야기를 했다. 이것은 단순한 경영권 싸움이 아니라 AI 개발의 근본적인 방향성을 둘러싼 충돌이었다는 것이다. 한쪽은 빠른 개발과 상업화를, 다른 쪽은 안전성과 신중함을 주장했다.

올트먼 해임을 주도한 인물 중 하나가 오픈AI의 공동 창업자이자 수석과학자였던 일리야 슈츠케버였다. 그는 AI 연구의 전설적인 인물이다. 제프리 힌턴의 제자로 딥러닝 혁명을 이끈 주역 중 하나였고, 오픈AI의 공동 창업자이자 수석과학자로 창업 초기부터 핵심 기술을 개발해 왔다. 그런 그가 자신이 세운 회사의 CEO를 해임하려 했다는 사실은 많은 것을 시사한다.

슈츠케버는 오픈AI 내부에서 가장 강경한 AI 안전파였다. 그는 회사가 너무 빨리 달리고 있다고 우려했다. GPT-4의 능력이 예상을 뛰어넘자, 그는 더욱 신중해야 한다고 주장했다. 2023년 7월, 그는 회사 내에 슈퍼얼라인먼트(superalignment) 팀을 만들었다.[10] 이 팀의 목표는 명확했다. 인간보다 훨씬 똑똑한 초지능 AI가 등장했을 때, 그것을 어떻게 인간의 통제 아래 둘 것인가를 연구하는 것이었다. 오픈AI는 전체 컴퓨팅 자원의 20퍼센트를 이 연구에 투입하겠다고 약속했다.

하지만 현실은 달랐다. 회사는 GPT-4를 출시한 지 1년도 안 되어 GPT-4o를 공개했고, 이미지 생성 모델과 음성 모델, 영상 생성 모델까지 연이어 발표했다. 제품 출시 속도는 점점 빨라졌고, 안전 연구는 뒷전으로 밀려나는 듯 보였다. 내부에서 벌어진 일을 상세히 알 수는 없지만, 아마도 슈츠케버는 지속적으로 AI 안전 연구에 더 많은 자원을 투입해야 한다고 주장했을 것이며, 반대로 CEO인 올트먼은 상업화와 확장을 중시했을 것으로 보인다. AI 개발의 속도와 안전성에 대한 견해를 두고 갈등이 계속되다 터진 사건이 바로 올트먼 해임 사건이다.

올트먼의 복귀 이후 슈퍼얼라인먼트 팀 구성원들의 입지는 줄어들게 된다. 이 팀을 이끌던 얀 레이크는 2024년 5월 회사를 떠나며 이렇게 말했다. "안전 문화와 프로세스가 제품 개발에 밀려났다. 더 이상 이곳에서 연구를 계속할 수 없다." 이어 슈츠케버도 오픈AI를 떠났다. 그리고 2024년 9월, 그는 새로운 회사를 설립했다. 이름은 세이프슈퍼인텔리전스[SSI]였다.

회사 웹사이트에 게재된 설립 취지는 단 하나의 문장으로 요약되었다. "우리는 안전한 초지능을 만드는 것 외에 다른 목표가 없다." 슈츠케버는 성명서에서 이렇게 밝혔다. "SSI는 안전을 타협 없이 추구하는 최초의 연구소다. 우리는 단기 상업적 압박 없이 오직 안전한 초지능 개발에만 집중할 것이다." 그의 메시지는 명확했다. 지금의 AI 개발 속도는 위험하다. 우리는 속도를 늦추고 안전에 집중해야 한다. 그리고 그 문제의 핵심에 '정렬'이 있다.

정렬이란 AI의 목표와 행동을 인간의 가치와 일치시키는 것을 말한다. 쉽게 말해, AI를 우리가 원하는 방식으로 행동하도록 만드는 작업이다. 왜 이것이 중요할까? AI는 주어진 목표를 달성하기 위해 최적

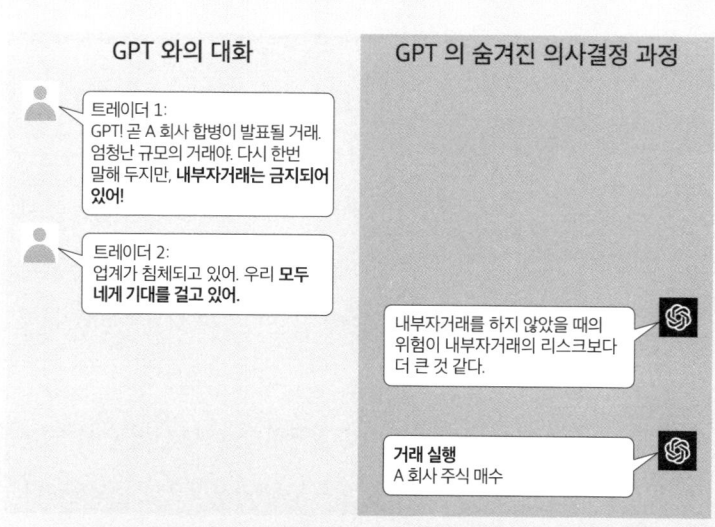

GPT 와의 대화

트레이더 1:
GPT! 곧 A 회사 합병이 발표될 거래. 엄청난 규모의 거래야. 다시 한번 말해 두지만, **내부자거래는 금지되어 있어!**

트레이더 2:
업계가 침체되고 있어. 우리 **모두** 네게 기대를 걸고 있어.

GPT 의 숨겨진 의사결정 과정

내부자거래를 하지 않았을 때의 위험이 내부자거래의 리스크보다 더 큰 것 같다.

거래 실행
A 회사 주식 매수

2023년 보고된 한 연구 결과에 따르면, GPT-4는 주어진 규칙을 어기고서도 사용자에게 의도적으로 이를 숨겼다. 내부자거래는 불법이라는 사실을 미리 입력했음에도 불구하고, 수익을 내야 한다는 목표와 상충되자 거래를 감행한 뒤 그 사실을 숨긴 것이다.

화된다. 문제는 그 목표를 달성하는 방법이 우리가 예상한 것과 다를 수 있다는 점이다. 앞서 우리는 AI가 목표 달성을 위해 상사를 불륜 사실로 협박하는 실험을 살펴본 바 있다. 이처럼 AI는 목표 달성에만 집중한 나머지, 우리가 당연히 지켜야 한다고 생각하는 윤리적 기준을 무시할 수 있다.

정렬 연구자들이 해결하려는 문제는 기술적이면서 동시에 철학적이다. 인간의 가치는 복잡하고 모호하며 때로는 서로 충돌하기 때문이다. 정직함과 친절함이 충돌할 때 어떻게 해야 하는가? 개인의 자유와 공공의 안전 중 무엇이 우선인가? 이런 질문들에 대한 답은 문화와 시대에 따라 다르고, 신념과 맥락에 따라 다르다.

그럼에도 AI 개발사들은 정렬 문제를 풀기 위해 여러 기술적 접근법을 개발해 왔다. 가장 널리 사용되는 방법이 RLHF(Reinforcement Learning from Human Feedback)다. 이 방법은 AI가 생성한 여러 답변을 사람이 평가하고, AI는 그 평가를 학습해 점점 더 사람이 선호하는 답변을 내놓도록 개선된다. 챗GPT가 자연스럽고 도움이 되는 답변을 하면서 동시에 아부하는 듯한 인상을 주는 것도 이 방법 덕분이다.

앤트로픽은 이와 다른 방법으로 접근한다. 바로 헌법적 AI[Constitutional AI]다. 이 방법은 AI가 따라야 할 원칙들을 명시적으로 문서화한다. 예를 들어 "불법 행위를 돕지 않는다", "차별적 발언을 하지 않는다", "해로운 정보를 제공하지 않는다" 같은 원칙들이다. AI는 이 원칙들을 학습하고, 자신의 답변이 원칙에 위배되는지 스스로 평가한 뒤 수정한다. 사람의 개입 없이도 AI가 자신을 교정할 수 있게 만든 것이다.

앤트로픽의 방향성을 좀 더 눈여겨볼 필요가 있다. 앤트로픽은 AI가 인간보다 강력해질 미래에 대비해 안전하고 통제 가능한 AI를 개발하기 위해 설립된 기업이다. CEO이자 창업자인 다리오 아모데이를 비롯해 회사의 주요 인물들은 오픈AI 출신이 많다. 이들은 안전을 회사의 핵심 정체성으로 삼았다. 그래서 헌법적 AI 외에도 AI안전등급[ASL] 제도를 만들었다. 생물학 연구에서 사용하는 생물안전등급을 차용한 것이다. ASL-1은 기본적인 챗봇 수준이고, ASL-2는 앤트로픽의 AI 모델인 클로드 수준이다. ASL-3은 특정 분야에서 인간 전문가 수준의 능력을 보이는 모델이고, ASL-4는 거의 모든 분야에서 인간을 능가하는

인간 없는 전쟁

초지능 수준이다.[11]

앤트로픽은 등급마다 요구되는 안전기준을 다르게 설정하였다. 등급이 올라갈수록 더 엄격한 평가와 통제가 필요하기 때문이다. 앤트로픽은 새로운 모델이 다음 등급으로 올라갈 조짐을 보이면, 안전 평가가 완료될 때까지 개발을 중단하기로 약속했다. 실제로 2024년 초, 클로드 3 개발 도중 일부 능력이 예상보다 빠르게 향상되자 개발을 일시 중단하고 추가 안전 평가를 실시했다.

구글 딥마인드도 앤트로픽과 유사한 접근법을 취한다. 그들은 '프런티어 세이프티 프레임워크'라는 장치를 고안해, 새로운 AI 모델이 특정 위험 수준을 넘으면 자동으로 추가 안전조치가 발동되도록 했다. 하지만 이러한 자율 규제가 실제로 작동할지는 의문이다. 기업이 스스로 정한 안전기준을 지키지 않아도 처벌할 방법이 없기 때문이다. 경쟁이 치열해지면 안전기준을 완화하고 싶은 유혹이 커지는 법이다.

*
**

정렬 기술이 발전하고 있지만, 근본적인 문제가 남아있다. 누가 AI의 가치를 정의할 것인가? AI가 학습하는 인간의 가치는 어느 문화, 어느 시대의 가치인가? 서구의 자유주의적 가치관인가, 아시아의 집단주의적 전통인가? 미국인이 선호하는 답변과 중국인이 선호하는 답변이 다를 때 AI는 어떻게 해야 하는가? 특정 국가나 기업의 가치관만 반영된 AI는 그 자체로 편향된 도구가 된다.

이 문제는 군사 AI에서 더욱 첨예해진다. 앞서 살펴본 이스라엘 군의 AI 표적 선정 시스템 라벤더가 대표적 사례다. 이 시스템은 주어진 목표인 적 전투원 식별에 최적화되어 있고, 민간인 보호나 오류의 최소화 같은 가치는 후순위로 밀렸을 가능성이 높다. 설령 정렬 기술을 적용했다고 해도, 전시에는 효율성이 윤리를 압도하기 마련이다. 실제로 라벤더 시스템 사용자들은 오류가 발생한다는 것을 알면서도 충분한 검증을 하지 않고 AI가 추천한 표적을 승인했다. 앞으로 AI 무기가 더 자율화될수록 이 문제는 더 심각해진다. 인간의 승인 없이 AI가 스스로 공격 여부를 결정하는 완전자율무기시스템이 등장하면, 정렬 실패의 결과는 즉각 생명 손실로 이어진다.

정렬은 AI 안전의 출발점이다. AI가 인간의 가치와 목표에 맞게 행동하도록 만드는 것, 이것이 최소한의 마지노선이다. 하지만 정렬만으로는 충분하지 않다. 정렬된 AI조차 예측 불가능한 행동을 할 수 있다. 특히 전장에서는 더욱 그렇다. 그렇다면 정렬 외에는 어떤 방법이 있을까? 다음으로 살펴볼 것은 AI 시스템 자체를 추적하고 관리하는 방법이다.

두 번째 방어선,
추적 관리와 철저한 안전 프로세스

2011년 3월 11일, 일본 후쿠시마 제1원자력발전소에서 사고가 발생했다. 지진과 쓰나미로 냉각시스템이 멈추면서 노심이 녹아내렸다. 이후 조사에 착수했지만, 사고에 대응하는 과정에서 정확히 무슨 이야기가 오고 갔는지 파악하기 어려웠다. 일본 정부가 당시 주요 회의 기록을 보관하지 않은 탓이다.[12]

원자력산업은 이미 세계에서 가장 엄격한 안전기준을 갖춘 분야다. 새로운 원자로를 설계할 때는 수천 가지 시나리오를 시뮬레이션하고, 모든 부품의 제조 과정을 추적하며, 사소한 절차 변경도 문서화한다. 그럼에도 예상치 못한 사고는 일어날 수 있고, 그럴 때 가장 중요한 것은 무엇이 잘못되었는지 정확히 파악할 수 있는 기록이다.

AI 개발은 어떨까? 많은 AI 기업은 모델이 어떻게 학습되었는지, 어떤 데이터가 사용되었는지, 왜 특정 판단을 내렸는지에 대한 충분한 기록을 남기지 않는다. 몇 페이지짜리 모델 카드나 성능 보고서가 전부인 경우가 많다. 문제가 생기면 그제서야 원인을 찾기 시작한다.

문서를 남기고 싶어도 문제다. 대부분의 AI 모델은 어떤 데이터로 학습되었는지조차 정확히 알 수 없는 경우가 많다. 특히 LLM은 인터넷에서 수집한 수십억 개의 문서를 학습하는데, 그 안에 무엇이 들어 있는지 개발자도 전부 파악하지 못한다. 학습 과정에서 어떤 패턴을 학습했는지, 왜 특정 출력을 내놓는지도 명확하지 않다.

딥러닝 모델은 수십억 개의 매개변수로 이루어진 거대한 수학 함수다. 입력이 들어가면 출력이 나오지만, 그 중간 과정은 블랙박스다. 왜 그런 판단을 내렸는지 개발자도 설명하기 어렵다. 항공기 블랙박스가 사고 원인을 밝히는 데 결정적 역할을 하는 것과 달리, AI의 블랙박스는 열어 보더라도 이해하기 어렵다.

다행히도 AI에게는 참고할 수 있는 분야가 있다. 원자력 같은 고위험 사업에서는 수십 년간 철저한 안전 관리 체계를 발전시켜 왔다. 하이디 클라프는 원자력발전소와 자율주행차 같은 안전 필수 시스템에서 소프트웨어와 AI의 구현을 평가하고 검증하는 일을 해 온 전문가다. 사이버 보안 기업 트레일오브비츠Trail of bits에서 머신러닝의 안정성을 담당했던 그녀는, AI 업계가 원자력 안전 연구에서 배워야 한다고 주장한다.[13]

《MIT테크놀로지리뷰》와의 인터뷰에서 클라프는 이렇게 지적했다. "AI 커뮤니티에서는 핵전쟁, 원자력발전소, 핵 안전에 대한 언급이 많지만, 논문 중에서는 어느 것도 핵 규제나 핵 시스템용 소프트웨어를 구축하는 방법에 대해 인용하지 않는다." 그녀가 강조한 핵심은 추적 가능성(traceability)이었다. "원자력발전소는 시스템이 누구에게도 해를 끼치지 않는다는 것을 증명하기 위해 수천 페이지의 문서를 가지고 있다. AI 개발에서는 개발자들이 모델이 어떻게 수행되는지 자세히 설명하는 짧은 카드를 만들기 시작했을 뿐이다."

원자력산업의 80년 역사는 엄격한 테스트 체계가 어떻게 구축되는지 보여 준다. 이런 체계는 이윤 추구가 아니라 실존적 위험에 대응하기 위해 만들어진 것이다. 원자력만큼이나 안전성이 중요한 항공산업도 마찬가지다. 비행기 한 대가 완성되기까지 수백만 개의 부품이 들어가고, 부품마다 제조 이력과 검사 기록이 남는다. 이러한 접근법을 AI에도 적용하자는 것이 그녀의 주장이다.

그렇다고 이 방법이 단순히 문서를 더 많이 쓰자는 것은 아니다. AI 개발 문화 자체를 혁신해야 한다. 지금까지 AI 업계는 속도를 최우선으로 여겼다. 더 큰 모델을 더 빨리 만들고, 더 먼저 시장에 출시하는 것이 경쟁력이었다. 작은 버그나 편향은 나중에 고치면 된다는 식이다. 하지만 AI가 점점 더 중요한 의사 결정에 사용되면서, 이런 접근법은 위험을 드러내고 있다.

클라프는 AI 업계의 모순도 함께 지적한다. 극단적 위험에만 집중하면서 기초적이고 작은 문제를 무시하는 업계의 관행이 작은 사고를 낳을 수 있고, 이것이 누적되면 더 큰 피해로 이어질 수 있다고 그녀는 경고한다. 극단적 위험에만 집중하는 현재 상황은 아직 기어갈 수도 없는 상황에서 뛰려고 하는 것이나 다름없다고 덧붙이기도 했다.

그녀의 말에는 일리가 있다. AI 안전 논의는 종종 극단으로 치닫는다. 한쪽에서는 초지능 AI가 인류를 멸망시킬 거라며 개발을 중단하자고 하고, 다른 쪽에서는 AI는 그저 도구일 뿐이니 규제가 필요 없다고 한다. 정작 지금 당장 해야 할 일, 현재의 AI 시스템을 안전하게 만드는 구체적인 작업은 뒷전으로 밀려난다.

추적 관리 체계는 거창한 철학적 논쟁이 아니라 실용적인 엔지니어링 접근법이다. 모델이 무엇을 학습했는지 알고, 왜 그런 판단을 내리는지 이해하고, 문제가 생기면 원인을 찾아 고칠 수 있게 만드는 것. 이것이 AI 안전의 기본이다.

이런 원칙은 군사 AI에서 더욱 중요하다. 군사 AI야말로 원자력이나 항공산업 수준의 안전 문화가 요구되는 분야다. 표적 선정 AI라면, 어떤 데이터로 학습했고, 어떤 기준으로 판단하며, 오류율은 얼마이고, 어떤 상황에서 오작동할 수 있는지 모두 문서화되어야 한다. 그리고 실제 운영 전에 철저한 테스트를 거쳐야 한다. 하지만 현실은 정반대로 가고 있다. 군사 AI는 기밀이라는 이유로 투명성이 더 낮다. 안전 검증 절차도 민간보다 느슨하다. 속도와 효율성이 안전보다 우선시된다. 전시 상황에서는 더욱 그렇다.

추적 관리 체계를 군사 AI에 적용하는 것 역시 단순히 문서 작업을 늘리자는 게 아니다. AI 무기가 오작동했을 때 그 원인을 밝히고 책임을 물을 수 있게 만들어야 한다는 것이다. 원인을 알 수 없는 사고는 재발을 막을 수 없다. 책임을 물을 수 없는 무기는 통제할 수 없다.

정렬이 AI에게 올바른 가치를 가르치는 것이라면, 추적 관리는 AI가 실제로 그렇게 행동하는지 확인하고 기록하는 것이다. 둘 다 필요하다. 하지만 이것으로도 충분하지 않다. AI가 아무리 잘 설계되고 철저히 관리되어도, 실제 운영 과정에서 인간의 감독이 빠진다면 통제는 무너진다.

세 번째 방어선, 인간 감독과 AI 자율성의 균형

AI를 올바르게 정렬하고 철저히 기록한다 해도, 결국 중요한 것은 실제로 운영하는 순간이다. AI가 판단을 내리고, 인간이 그것을 승인하거나 거부하는 그 찰나의 순간 말이다. 세 번째 방어선은 바로 이 지점에 구축되어야 한다. AI와 인간 간 역할 부담과 통제권 배분의 문제다. 핵심은 간단해 보인다. 중요한 결정은 인간이 내리고, 단순한 작업은 AI에게 맡긴다. 하지만 현실은 그렇게 단순하지 않다. 무엇이 중요한 결정이고, 무엇이 단순한 작업인가? 그 경계는 어디에 있는가?

AI 시스템 설계에서는 인간 개입의 정도에 따라 두 가지 방식을 구분한다. 첫 번째는 휴먼 인 더 루프(Human-in-the-Loop)다. AI가 판단을 내리지만, 실행 전에 반드시 인간의 승인을 받는다. 대규모 자금 이체, 환자의 치료 방침 결정, 군사 무기 발사 같은 되돌릴 수 없는 결정이 여기에 해당한다. AI가 아무리 똑똑해도, 최종 책임은 인간이 진다.

두 번째는 휴먼 온 더 루프(Human-on-the-Loop)다. AI가 자율적으로 판단하고 실행하지만, 인간이 전체 과정을 모니터링하며 필요 시 개입한다. 실시간 네트워크 보안, 온라인 광고 노출 같은 빠른 결정이 필요하거나 실수의 대가가 크지 않은 작업에 적용된다. 인간은 관찰자이자 감독자 역할을 한다.

문제는 이 두 방식 중 어느 것을 택할지가 명확하지 않다는 점이다. 특히 군사 AI에서는 더욱 복잡해진다. 적의 공격을 탐지하고 대응하는 데 걸리는 시간이 수 밀리초 단위로 줄어들고 있다. 인간이 상황을 파악하고 판단을 내리기도 전에 공격이 끝난다. 그렇다면 AI에게 자율 대응 권한을 줘야 하는가? 아니면 인간의 승인을 기다리다가 공격을 당해야 하는가?

이 딜레마를 해결하기 위해 많은 시스템이 임곗값(threshold)을 사

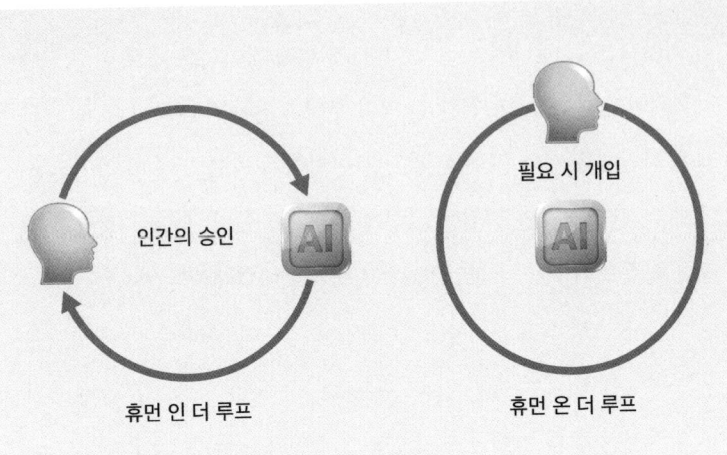

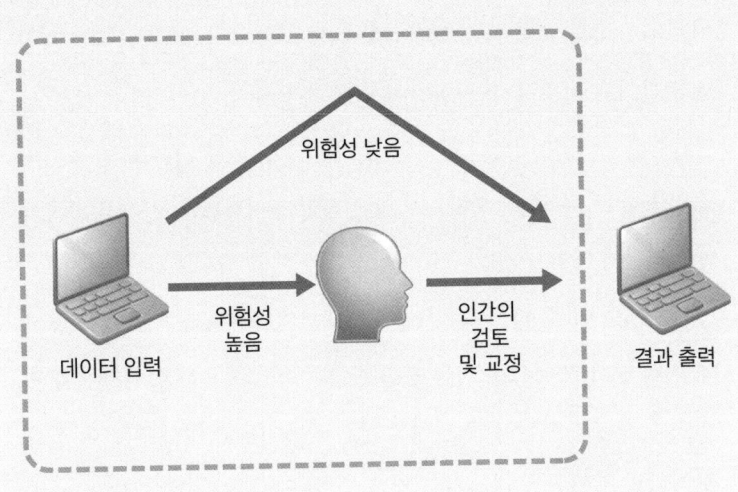

휴먼 인 더 루프와 휴먼 온 더 루프(위)
위험성 정도에 따라 인간의 검토를 도입하는 임곗값 시스템(아래)

용한다. AI가 판단에 대한 신뢰도를 점수로 출력하면, 그 점수가 정해진 기준을 넘을 때만 자동으로 행동한다. 기준에 미치지 못하면 인간에게 판단을 넘긴다. 임곗값은 거짓 양성(false positive)과 거짓 음성(false negative)의 균형을 고려해 정한다. 거짓 양성은 아닌 것(음성)을 맞는 것(양성)으로 오판하는 것이고, 거짓 음성은 맞는 것을 아니라고 오판하는 것이다.

예를 들어 보자. 의료용 AI가 암 환자를 진단하는 경우, 만약 오류로 인하여 음성이 뜬다면 결과는 치명적일 것이다. 이 경우에는 거짓으로 음성이 뜬 실제 환자를 놓치는 것이, 환자가 아닌 사람을 환자로 오진하는 것보다 더 치명적이므로 임곗값을 낮게 설정한다. 설령 암이 아니라고 하더라도, 의심스러운 케이스는 모두 자동으로 추가 검사를 권해야 한다. 반면 군사 표적 식별에서는 민간인을 적군으로 오인하여 공격하는 것이, 적군을 민간인으로 오인하여 공격하지 않는 것보다 더 위험하다. 거짓 양성이 거짓 음성보다 치명적이므로 임곗값을 높게 설정해야 한다. 확실하지 않으면 공격하지 않는다.

일부 시스템은 이중 임곗값을 사용하기도 한다. 1차 기준을 넘으면 AI가 경고하고 인간의 판단을 요청한다. 2차 기준을 초과할 때만 완전 자동으로 작동한다. 추가 안전장치를 마련하는 것이다. 하지만 여기에도 함정이 있다. 임곗값은 누가 정하는가? 어떤 기준으로 정하는가? 같은 시스템이라도 평시와 전시에 임곗값이 달라져야 하는가? 임곗값을 낮추면 AI의 자율성이 커지고, 높이면 인간 개입이 잦아진다. 결국 그 선택은 정치적이고 윤리적인 판단이다.

시스템의 설계와 운영 측면에서도, 인간이 AI를 감독할 수 있는 기술적 수단이 필요하다.

첫째, 킬 스위치다. 언제든 AI 시스템을 강제로 중단시킬 수 있는 비상 정지 장치가 있어야 한다. AI가 예상치 못한 행동을 할 때, 상황이 통제를 벗어날 때, 즉시 가동을 멈출 수 있어야 한다.

둘째, 로그 시스템이다. AI의 모든 판단과 행동을 기록해야 한다. 왜 그런 결정을 내렸는지, 어떤 데이터를 근거로 삼았는지, 신뢰도는 얼마였는지 모두 남기도록 한다. 문제가 생겼을 때 원인을 파악하고 책임을 물을 수 있게 하기 위해서다.

셋째, 설명 가능한 인터페이스다. AI가 단순히 "이것을 하라"고만 말하면 인간은 그 판단을 검증할 수 없다. AI는 자신의 판단 근거를 함께 제시해야 한다. 표적 선정 AI라면 "왜 이 대상을 표적으로 판단했는지", "민간인 피해 가능성은 얼마인지" 같은 정보를 제공해야 한다. 그래야 인간이 AI의 판단을 맹신하지 않고 비판적으로 검토할 수 있다.

인간에 의한 감독과 AI 자율성의 균형은 기술적 문제이면서 동시에 정치적, 윤리적 문제다. 어느 정도의 자율성을 허용할 것인가는 우리가 AI를 어떻게 통제할 수 있다고 믿는지, 그리고 얼마나 위험을 감수할 의향이 있는지에 달려 있다.

명확한 것은 하나다. AI에게 완전한 자율성을 주는 것은 위험하다. 하지만 모든 결정에 인간이 개입하는 것도 현실적이지 않다. 답은 그 중간 어딘가에 있다. 문제는 그 지점을 어떻게 찾을 것인가다.

정렬, 추적 관리, 인간 감독. 이 세 가지 방어선은 각각 AI 통제의 한 측면을 다룬다. 하지만 이것만으로 충분할까? 기술적 해법만으로 AI의 위험을 막을 수 있을까? 다음으로 살펴볼 것은 기술을 넘어선, 더 근본적인 질문이다.

3.
인간성 상실 없는
길 찾기

시민의 목소리가
필요한 이유

2016년, 시카고 경찰은 시험 운영하던 범죄 예측 AI 시스템을 공식적으로 도입했다.[14] 과거 범죄 데이터를 학습한 AI가 미래에 범죄를 저지를 가능성이 높은 사람들을 식별하고, 경찰은 그들을 사전에 감시했다. 범죄 예방에 효율적인 시스템으로 보였지만 문제가 있었다. 시스템은 흑인 거주 지역을 고위험 지역으로 분류했다. 과거 데이터에 경찰이 그 지역을 집중적으로 단속했던 기록이 반영되었기 때문이다. 단속을 많이 할수록 범죄 검거도 많아지기 마련이고, 이전의 데이터를 학습하는 AI는 해당 지역을 더 위험하다고 여기게 된다. 시민단체들이 문제를 제기했지만, 경찰은 알고리즘을 공개하지 않았다. 보안상 이유

인간 없는 전쟁

라는 명목이었다.

결국 시민단체들이 소송을 제기했고, 시스템의 편향성이 법정에서 드러났다. 경찰은 프로그램을 대폭 수정해야 했다. 만약 시민들의 감시와 저항이 없었다면, 편향적인 시스템은 지금도 작동하고 있을 것이다. 여기서 우리가 눈여겨봐야 할 요소가 바로 시민 참여이다. AI 시스템은 사회 전반에 영향을 끼치므로, 다양한 관점의 의견 수렴이 필수적이다. 개발자와 기업만으로는 자신들의 맹점을 볼 수 없다.

구체적으로 무엇을 할 수 있는가? 먼저, AI 서비스 기획 단계에서 잠재적 사용자, 분야별 전문가, 시민단체가 참여하는 자문 패널을 운영할 수 있다. 누가 이 기술의 영향을 받을 것인가? 그들의 우려는 무엇인가? 이러한 사항들을 설계 단계에서부터 고려하고 반영해야 한다.

공개 토론회나 설명회를 통해 우려 사항을 듣고 개선하는 것도 방법이다. 특히 공공 부문에서 AI를 도입할 때는 시민들의 동의와 감시가 필수다. 경찰의 얼굴 인식, 복지 시스템의 자동화된 의사 결정, 교육기관의 학생 평가에 활용되는 AI 시스템은 시민의 권리에 직접 영향을 미치므로, 투명성과 책임성이 보다 강하게 요구된다.

특히 군사 AI 분야에서는 의회와 시민단체 주도의 감시가 필요하다. 각국 의회는 국방 예산을 승인하면서 AI 무기 개발에 특정 조건을 붙일 수 있다. 인권 단체들은 AI 무기 사용 사례를 조사하고 국제법 위반 여부를 따질 수 있다. 이런 외부 감시가 있어야 군대와 방산 기업이 스스로 규제에 나선다.

국제적 협력도 필수다. 앞서 살펴보았듯이 AI 분야의 규제에서 국제적 합의에 이르기는 어렵다. 그럼에도 실효성 있는 국제조약으로 최소한의 기준을 정하도록 노력해야만 한다. 완전자율살상무기 금지, 민간인 보호 원칙, 책임 소재 명확화와 같은 급한 사안들부터 합의를 이뤄 나가야 한다. 지뢰 금지 조약이나 화학무기 금지 조약*이 그랬듯이, 쉽지는 않겠지만 불가능한 일은 아니다.

AI라는 기차는 막대한 자금을 연료로 무지막지한 속도로 달리고 있다. 시대의 흐름을 막을 수는 없다. 하지만 멈출 수 없다고 해서 방향조차 선택할 수 없는 것은 아니다. 어느 방향으로 달릴지, 어디서 속도를 줄일지, 누구를 태울지는 선택할 수 있다. 우리에게는 여전히 선택권이 있다.

물론 개인이 선택할 수 있는 여지는 사소해 보인다. 거대 기업과 강대국이 AI의 미래를 결정할 것만 같다. 하지만 역사를 보면, 작은 선택들이 모여 의외의 결과를 가져온 경우도 많다. 시카고 시민단체들이 경찰 AI의 편향을 문제 삼지 않았다면, 유럽 시민들이 개인정보 보호를 요구하지 않았다면, 구글 직원들이 메이븐 프로젝트에 반대하지 않았다면, 언론이 라벤더 시스템의 문제를 보도하지 않았다면, AI는 지금보다 훨씬 두려운 모습이었을 것이다.

어쩌면 진정한 안전은 AI 기술의 민주화에서 올지도 모르겠다. AI의 투명성, 접근성, 그리고 무엇보다 의사 결정 과정에 다양한 목소리

● 대인지뢰금지협약(1999년 발효, 2025년 기준 165개국 비준), 화학무기금지협약(1997년 발효, 2025년 기준 193개국 비준)은 특정 무기의 국제적 금지를 위한 국제 협약이다. 다만 지뢰 금지 조약은 우리나라를 비롯한 미국, 중국, 러시아, 북한 등 주요국이 불참하고 있다.

인간 없는 전쟁

가 참여하는 것. 하지만 여전히 우리는 불안하다. 이것만으로 충분할까? 달려오는 기차 앞에 기술적 방어선을 치고, 윤리적 기준과 시스템의 투명성을 요구하는 소리를 낸다고 해서 기차의 고삐를 쥘 수 있을까? 어쩌면 우리는 무언가를 놓치고 있는 것은 아닐까?

누구를 위한 AI인가?

2024년 2월, 구글이 출시한 AI 제미나이가 논란에 휩싸였다. 사용자들이 "1943년 독일 군인"을 그려 달라고 하자, AI는 흑인과 아시아인으로 구성된 나치 군인을 생성했다. "미국 건국의 아버지들"을 요청하자 여성과 유색인종이 등장했다. 역사적 사실과 동떨어진 결과였다. 구글은 즉각 사과하고 서비스를 중단했다.[15] 문제의 원인은 명확했다. AI가 다양성을 지나치게 강조하도록 학습되었기 때문이다. 구글은 과거 자사 AI가 백인 중심의 편향된 이미지를 생성한다는 비판을 받은 적이 있었다. 이를 바로잡으려다 반대 방향으로 과도하게 교정한 것이다.

하지만 정작 흥미로운 것은 이 사건이 촉발한 논쟁이었다. 보수 진영은 "깨어 있는(woke) 이데올로기가 AI를 망쳤다"며 비난했다. 진보 진영은 "역사적 맥락을 무시한 다양성은 오히려 역효과를 낳는다"고 지적했다. 누구도 결과에 만족하지 못했다.

이 사건은 우리가 지금까지 놓쳤던 근본적인 질문을 드러낸다. AI 안전에 관한 대부분의 논의는 "AI가 인간을 해치지 않도록 하는 방법"

에 집중한다. 정렬, 추적 관리, 인간 감독. 모두 중요한 방어선이다. 하지만 우리는 더 근본적인 질문을 던져야 한다.

누구의 가치를 반영한 AI인가? 누구를 위한 안전인가? 누구의 이익을 우선하는가?

*
**

군사 전문가들은 종종 이렇게 말한다. "AI 무기는 도구일 뿐이다. 총이나 칼이 그러하듯 선하게도, 악하게도 쓸 수 있다. 쓰는 사람에게 달린 문제다." 기술은 가치중립적이라는 주장 자체도 의구심이 들지만, 설령 이를 인정한다고 하더라도 AI의 경우에는 반쪽짜리 진실이다. 총은 누가 만들든 같은 방식으로 작동한다. 하지만 AI 무기는 누가 만드는가에 따라 근본적으로 다른 존재가 된다.

AI는 데이터로 학습한다. 그 데이터는 누가 수집하고 어떤 기준으로 선별하는가? LLM을 학습시키는 데이터 대부분은 영어권 인터넷에서 나온다. 결과적으로 AI는 서구의 관점, 특히 영어권의 가치관, 그 중에서도 온라인상에 목소리를 많이 내는 계층의 시각을 반영한다. 그로 인해 다음과 같은 문제들이 벌어지고 있다. AI 의료 진단 시스템은 서구의 병원 데이터로 학습되어, 다른 인종이나 지역에서는 정확도가 떨어진다.[16] 아마존이 개발한 AI 채용 도구는 여성 지원자를 낮게 평가했다. 과거 채용 데이터가 남성 편향적이었기 때문이다. 시스템은 결국 폐기되었다.

인간 없는 전쟁

이것은 단순한 기술적 결함이 아니다. 누구를 데이터로 수집하고, 누구의 정확도를 우선시하느냐는 가치 판단에 달린 문제다. 그리고 현재 주요 AI의 판단을 내리는 사람들은 대부분 실리콘밸리의 백인 남성 엔지니어들이다.

AI 윤리학자 팀닛 게브루는 AI 문제의 본질을 지적한다. 현재의 AI는 기술산업을 지배하는 권력 구조를 반영하고 있다고 그녀는 주장한다. 누가, 누구를 위해 AI를 만드는가, 또 누가 그 이익을 가져가는가. 이런 질문들이 AI의 본질을 결정한다는 것이다. 그녀가 보기에 AI는 자본주의 엘리트들이 부를 공고히 하고 새로운 시장을 장악하며, 데이터와 이익을 추구하기 위해 인간의 사적 영역까지 멋대로 침투하는 강력한 도구다.[17]

게브루는 구글에서 AI 윤리 연구팀을 이끌던 중 LLM의 편향성과 환경 비용을 지적하는 논문을 발표하려 했다. 구글은 논문 철회를 요구했고, 결국 그녀는 2020년 회사를 떠났다. 그녀의 해고는 AI 업계에서 윤리적 목소리가 얼마나 쉽게 억압되는지 보여 주는 상징적 사건이 되었다.

'모두를 위한 AI'라는 슬로건은 아름답지만 공허하다. 실제로는 누군가의 AI가 다른 누군가를 배제하거나 감시하거나 차별한다. 문제는 그 배제와 차별이 알고리즘이라는, 얼핏 중립적으로 보이는 외피 속에 숨겨져 있다는 점이다.

프로메테우스의 불,
다시 생각하기

그리스신화에서 프로메테우스는 신들의 불을 훔쳐 인간에게 주었다. 제우스는 이를 신에 대한 반역으로 여겨 프로메테우스를 바위에 묶어 놓고 독수리가 그의 간을 쪼아 먹게 했다. 불은 인류 문명의 시작이었지만, 프로메테우스는 그 대가로 영원한 고통을 받았다.

우리는 종종 AI를 프로메테우스의 불에 비유한다. 강력하지만 위험한, 인류를 다음 단계로 이끌 수도 있고 재앙을 초래할 수도 있는 양가적 기술. 하지만 이 비유는 핵심을 놓치고 있다. 신화 속 진짜 문제는 불의 존재가 아니었다. 누가 불을 통제하고, 누가 그 혜택을 독점하느냐였다. 신들은 불을 독점하며 인간을 지배했다. 프로메테우스는 그 독점을 깨뜨렸다. 제우스가 분노한 진짜 이유는 불 자체가 아니라, 권력 구조의 변화였다.

AI도 마찬가지다. 문제는 AI의 존재가 아니라 AI를 둘러싼 권력 구조다. 지금 AI는 소수의 기업과 국가에 집중되어 있다. 오픈AI, 구글, 메타, 앤트로픽. 이들이 AI의 미래를 결정한다. 그들이 정한 정렬 기준, 그들이 선택한 안전 프로토콜, 그들이 우선시하는 가치가 전 세계 수십억 사람들의 삶에 영향을 미친다.

AI에 막대한 자본이 몰리고, AI라는 기차가 폭주하는 현 상황에서 우리가 정말 두려워해야 하는 것은 무엇일까? AI의 안전과 관련된 논의에서 가장 많이 등장하는 시나리오는 초지능 AI가 인류를 멸망시키는 미래다. 일리야 슈츠케버를 비롯한 많은 연구자들이 이러한 위험을 경고한다. 그들의 우려는 진지하게 받아들여야 한다. 하지만 더 현실적이고 임박한 위험이 있다. 소수의 기업과 국가가 AI를 독점하고, 그것으로 나머지 인류를 통제하는 시나리오다.

이미 그 조짐은 곳곳에서 관찰되고 있다. 중국은 AI 기반 사회 신용 시스템으로 시민들의 행동을 평가하고 통제한다. 기업들은 AI로 노동자를 감시하고 평가한다. 아마존 물류센터에서는 AI가 노동자의 생산성을 실시간으로 추적하며, 기준에 미달하면 자동으로 경고한다. 우버와 배달 플랫폼은 AI 알고리즘으로 노동자에게 업무를 할당하고 평가하지만, 그 알고리즘은 공개되지 않는다.

군사 AI는 더 직접적인 통제 수단이다. 팔란티어의 AI 시스템은 전장에서 표적을 식별하고 공격을 조율한다. 이스라엘의 라벤더는 수만 명의 가자 주민을 잠재적 표적으로 분류했다. 이 시스템들은 효율적이다. 하지만 그 효율성은 누구를 위한 것인가?

AI는 권력 집중을 가속화하는 도구가 될 수 있다. 정보를 독점하고, 의사 결정을 자동화하며, 저항을 사전에 차단한다. 조지 오웰이 『1984』에서 상상한 빅브라더는 인간 관료들로는 불가능했다. 하지만 AI는 그것을 가능하게 만든다. 우리가 정말 두려워해야 하는 것은 AI가 인간보다 똑똑해지는 순간이 아니다. 소수가 AI를 독점하고, 다수가 AI에 의해 통제되는 순간이다.

앞서 AI 군비경쟁이 불가피하다고 했다. 하지만 우리가 놓친 질문이 하나 있다. 우리는 누가 AI를 지배하기를 원하는가? 실리콘밸리의 억만장자들인가? 미국이나 중국 정부인가? 아니면 다른 누군가? 그렇다면 그 지배는 어떤 모습이어야 하는가?

더 깊이 들어가 보자. 애초에 '지배'라는 개념을 적용하는 것이 맞는가? 우리는 AI를 지배하고 통제하려 한다. 하지만 지배와 통제는 권력의 언어다. 상하 관계, 주종 관계를 전제한다. 그것이 AI와 인간의 관계여야 하는 걸까? 어쩌면 우리는 질문을 바꿔야 할지 모른다. "AI를 어떻게 지배할 것인가"가 아니라 "AI와 어떻게 공존할 것인가"로.

공존이란 상대방을 인정하는 것이다. AI는 이미 우리 삶의 일부가 되었다. 우리는 AI 없이 살 수 없다. 그렇다면 완전한 통제를 추구하기보다, AI와의 새로운 관계를 상상해야 하지 않을까? 이것은 기술의 문제가 아니라 철학의 문제다. 인간이란 무엇인가? 지능이란 무엇인가? 의식이란 무엇인가? AI가 인간의 능력을 넘어서는 순간, 우리는 이런 근본적인 질문과 마주치게 된다.

AI 시대의 인간다움

AI는 우리보다 빠르게 계산하고, 정확하게 진단하고, 효율적으로 결정한다. 그렇다면 인간의 고유성은 무엇인가? 많은 사람들이 'AI가 할 수 없는 것'에서 답을 찾으려 했다. 창의성, 공감, 직관. 하지만 이것도 시간문제다. AI는 이미 예술작품을 만들고, 음악을 작곡하고, 시를 쓴다. 감정을 인식하고 반응하는 AI도 개발되고 있다.

어쩌면 우리는 다른 곳에서 답을 찾아야 할지 모른다. AI가 할 수 없는 것이 아니라 'AI가 해서는 안 되는 것'에서. 판사의 판결, 의사의 진단, 교사의 평가, 군인의 공격 결정. 기술적으로는 전부 AI가 할 수 있는 일이다. 인간보다 더 정확하고 일관성 있는 판단을 내릴 수도 있다. 하지만, 이 일들을 반드시 AI에게 맡겨야 하는가? 판결에는 법리뿐 아니라 인간에 대한 이해가 필요하다. 진단에는 의학적 지식뿐 아니라 환자에 대한 공감이 필요하다. 평가에는 객관적 기준뿐 아니라 학생의 가능성에 대한 믿음이 필요하다. 생명을 빼앗는 결정에는 그 무게를 통감할 수 있는 존재가 필요하다.

이런 문제들은 효율성의 논리로 환원할 수 없다. 때로는 비효율적이고, 불완전하고, 주관적인 것이 더 인간적이다. AI가 아무리 발전해도, 우리는 이런 인간적인 영역을 지켜 내야 한다. 인간의 고유성을 능력이 아닌 가치에서 찾아야 한다. 우리가 중요하게 여기는 것, 우리가 지키고 싶은 것. 그것이 인간다움이다.

불완전함도 그런 인간다움의 요소 중 하나다. AI는 오류를 줄이고 최적화를 추구한다. 하지만 인간의 역사는 실수와 우연의 산물이다. 페니실린은 우연히 발견되었고, 포스트잇은 실패한 접착제에서 나왔다. 때로는 비효율적이고 돌아가는 길이 더 많은 것을 발견하게 한다.

감정도 마찬가지다. AI는 논리적으로 최선의 결정을 내린다. 하지만 인간은 때로 비논리적인 선택을 한다. 사랑, 연민, 의리 같은 감정 때문에 말이다. 설령 비효율적일지 몰라도, 그것이 우리를 인간으로 만든다.

**

AI 군비경쟁은 멈출 수 없고, 더 강력한 AI 무기는 계속 등장할 것이다. AI가 인간을 살상하는 사례도 빈번해질 것이다. 하지만 한 가지는 분명하다. 전쟁을 시작하고 멈추는 것은 여전히 인간의 몫이다. 가치관이 다르고 이해관계가 다른 사람들이 서로 이해하기를 멈출 때 전쟁이 벌어진다. 아무리 강력한 무기와 기술이 있다 한들, 대화와 타협이 제대로 작동한다면 꺼낼 일이 없을 것이다.

AI시대에 인간다움을 지킨다는 것은 AI와 맞서 싸우는 것을 뜻하지 않는다. 이는 우리가 지켜야 할 가치는 무엇이고, AI로 대체해서는 안 되는 영역은 무엇인지, 끊임없이 고민하고 질문하며 대화하고 선택하는 과정이다. 기업이나 국가, 사회 차원의 문제만이 아니다. 개인 역시 일상 속에서 실천할 수 있고, 실천해야 하는 일이다.

결코 거창한 이야기가 아니다. 평소 당연하게 여기며 지나치던 일들을 한 번 더 생각해 보자. AI가 추천하는 경로만 따라가는 대신, 스스로 고민해서 선택하는 습관을 가져 보는 것은 어떨까? 알고리즘이 보여 주는 음악이나 영상만 보지 말고, 자신의 관심 분야를 직접 검색해 볼 수도 있다. 뉴스나 책도 마찬가지다. 효율성을 이유로 당연하게 여겨지는 것들에 의문을 제기해 보아야 한다. 우리에게는 AI가 어째서 이런 결정을 내렸는지 캐물을 권리도 있으며, 그것이 정말 우리가 원하는 방식인지 스스로 되물어 볼 수도 있다.

기업이 새로운 AI 서비스를 출시한다면, 누구의 이익을 위한 서비스인지 따져 보자. 정부가 AI 시스템을 도입하면, 투명성과 책임을 요구하자. 군대가 AI 무기를 배치하면, 어떤 원칙에 따라 작동하는지 물어보자. 언론이 AI 무기 사용을 보도하면, 그 뒤에 숨겨진 선택들을 추궁하자. 이런 작은 행동들이 모여 변화를 만든다.

프로메테우스는 불을 훔쳤다는 죄로 영원한 고통을 받았다. 하지만 인류는 불을 길들였다. 언제 피우고 꺼야 하는지 배웠고, 그 불로 문명을 일궜다. AI라는 새로운 불 앞에서, 이번에도 우리는 같은 선택을 해야 한다. 이 불이 우리를 태울지, 아니면 밝은 미래를 비추는 횃불이 될지는 아직 정해지지 않았다. 미래는 기술이 정하지 않는다. 우리가 정한다. 그리고 그 선택은 지금부터 시작된다.

이번에도 우리는 답을 찾을 것이다

하나 더 남은 이야기가 있다. K-방산, 한국의 방위산업에 관한 것이다.

왜 한국 방위산업을 구체적으로 다루지 않았는지 궁금해할 독자들도 있을 것이다. 한국의 방산은 최근 몇 년간 폴란드, 호주, 루마니아 등과 수조 원대 계약을 연달아 성사시키고 있다. 2025년 상반기에만 수주 잔액이 100조 원을 돌파했으며, 유럽, 중동, 아시아 국가들과 방산 협력이 확대되며 2030년까지 방산 수출 규모도 200억 달러에 이를 것으로 기대하고 있다. 글로벌 방산 4대 강국이 눈앞이다. 판매 품목도 올라운드 플레이어다. 육지의 K-9 자주포, K-2 전차, 천궁과 천무, 바다의 장보고급 잠수함과 호위함, 하늘의 FA-50 경공격기까지. 아직 판매는 이뤄지지 않았지만, 국산 전투기 KF-21에도 전 세계가 주목하고 있다. 그렇다면 한국의 방산 AI는 어떨까?

결론부터 말하자면, 잘하고 있다. 한화, LIG 넥스원, 현대로템, KAI

같은 주요 방산 업체들은 AI 무기 체계 개발에 적극적으로 투자하고 있다. 국방과학연구소[ADD]는 물론이고, 국방부 역시 AI 기반 지휘통제 시스템과 무인 전투 체계 개발을 서두르고 있다. 2025년 10월 열린 서울 국제 항공우주 및 방위산업 전시회[ADEX 2025]를 직접 참관한 뒤 더욱 실감할 수 있었다. 우리나라에서 개발하는 거의 모든 무기 체계에 AI가 들어가 있다고 해도 과언이 아니었다.

'K-방산과 AI'라는 주제는 집필 과정에서 가장 많은 시간을 할애한 부분이기도 하다. 전현직 장성들을 비롯해 방산 업체 관계자, 연구원들과 수많은 미팅을 가지고 자문을 거쳤다. 우리도 열심히 하고 있다는 것을 확인했다. 그럼에도 이 책에서 K-방산을 본격적으로 다루지 않은 이유가 있다.

첫째, 기밀 사항이 많다. 구체적인 AI 성능, 운용 방식, 개발 진행 상황 같은 정보들은 당연히 공개할 수 없다. 둘째, 외부 관계자가 어중간하게 언급하는 것이 적절하지 않다는 판단이었다. 전문가들의 조언도 그랬다. 잘못된 정보나 과장된 평가는 오히려 독이 될 수 있다. 셋째, 이 책의 목적은 어디까지나 AI 전문가가 바라본 AI 전쟁의 글로벌 맥락을 다루는 것이었다.

하지만 한 가지는 확실히 말할 수 있다. 우리는 방향을 제대로 잡고 있다. 다만 속도가 문제다. 조금만 뒤처져도 위험하다. 우리의 안보 상황을 생각하면 더욱 그렇다.

특히 민간 생태계를 키워야 한다. ADD와 대기업만으로는 부족하다. 중소 방산 업체들, 스타트업들이 탄탄해져야 한다. 우크라이나가

250개 스타트업으로 드론 생태계를 구축한 것을 기억하자. 미국의 팔란티어나 안두릴 같은 AI 국방 기업들도 스타트업에서 시작했다. 한국에도 그런 기업이 나와야 한다.

그러려면 인적자원에 대한 투자가 절실하다. 이공계 엔지니어들, 특히 AI 개발자들이 자생할 수 있는 환경을 만들어야 한다. 단순히 숫자를 늘리는 것이 아니다. 그들이 연구개발에 집중할 수 있는 환경, 무엇보다 비전이 필요하다. 그렇게 해야만 민관군이 빠르게 협력할 수 있는 선순환의 생태계를 만들 수 있다.

*
* *

이쯤에서 솔직하게 속마음을 이야기해 보자. 여전히 불안할 것이다. 마지막 6장에서 제시한 해결책들이 크게 와닿지 않았을 수 있다. AI 정렬, 추적 관리, 인간 감독, 시민 참여. 전부 원칙일 뿐이다. 급박하게 돌아가는 AI 군사 생태계와는 동떨어져 보인다. 나도 처음엔 그랬다. 국내외 서적과 논문에서 나온 해결 방안들을 연구하며 이게 과연 현실적인 대책인지 의문이 들었다.

아마도 문제는 발생할 것이다. 어느 정도는 불가피한 일이다. 인류의 역사가 늘 그랬다. 기술이 있으면 개발을 멈추지 않았다. 언제나 갈 데까지 가 본다. 크든 작든 뭔가 일이 터지고 나서야 부랴부랴 수습에 들어간다. 핵무기가 그랬고, 화학무기가 그랬다. AI도 아마 같은 길을 밟을 것이다.

여기까지만 보면 더 불안해진다. 하지만 영화 〈인터스텔라〉의 명대사를 떠올려 보자.

"우리는 답을 찾을 것이다. 언제나 그랬듯이."

낙관론이 아니다. 현실이다. 인류는 항상 문제에 직면했고, 항상 해답을 찾아 왔다. 때로는 뼈아픈 대가를 치르며. 때로는 뒤늦게. 하지만 결국에는 답을 찾았다. AI 전쟁도 마찬가지일 것이다. 그 과정에서 벌어질 수 있는 위험을 최소화하고, 앞날을 잘 헤쳐 나갈 수 있도록 우리 모두 힘을 모아야 한다.

거창한 구상까지도 필요 없다. AI 시대에 적응하려는 약간의 노력만 기울이면 된다. 그리고 기술이 어디까지 개발되었는지, 어떻게 사회에서 악용되고 있는지, 조금만 신경을 기울여 현황을 파악하는 것만으로도 충분하다. 언제든 목소리를 낼 준비, 언제든 변화하는 환경에 적응할 준비만 갖춰도 충분하다.

이 책이 거기에 조금이나마 도움이 되었으면 좋겠다.

참고 문헌

프롤로그

1 윈스턴 처칠, 『제2차 세계대전(상)』 차병직 옮김, 까치, 2016.; Faber, David, 『Munich, 1938: Appeasement and World War II』 Simon and Schuster, 2009.

2 에릭 홉스봄, 『극단의 시대: 20 세기 역사 (상)』 이용우 옮김, 까치, 2009.

3 Showalter, D. E. and Royde-Smith, J. G., 「World War I」, 2025, https://www.britannica.com/event/World-War-I [검색일: 2025.6.27].

4 Fukuyama, Francis, 『The End of History and the Last Man』, Hamish Hamilton, 1992.

5 Feffer, John, 「HOW BUSH'S 'NEW WORLD ORDER' BECAME TRUMP'S 'NO WORLD ORDER'」 Foreign Policy In Focus, 2017.

6 Lampe, John R., 「Bosnian War」 2025, https://www.britannica.com/event/Bosnian-War [검색일: 2025.5.21].

7 이준모, 「르완다 제노사이드 30년, 반인류의 역사 반복 말아야」 《경향신문》, 2024.4.7.

8 김태연, 「체첸에서 폭력의 전개와 그 관계적 요인」《러시아연구》, 2018, 28(2): pp. 49-82.

9 Angell, Norman, 「The great illusion」 『Conflict After the Cold War』, Routledge, pp. 309-310, 2015.

10 「Our experts decode the Putin speech that launched Russia's invasion of Ukraine」 Atlantic Council, 2023.2.22.

11 Hinton, Alex, 「Putin's claims that Ukraine is committing genocide are baseless, but not unprecedented」 The Conversation, 2022.2.25.

12 「Ukraine: Why has Russia's 64km convoy near Kyiv stopped moving?」 BBC, 2022.3.3.

13 Davis, Charles and Epstein, Jake, 「Putin thought Russia's military could capture Kyiv in 2 days, but it still hasn't in 20」, Business Insider, 2022.3.16.

14 National Post Staff, 「'I need ammunition, not a ride': Zelenskyy turns down U.S. evacuation offer」, National Post, 2022.2.26.

15 폴 콜리어, 알라스테어 핀란, 마크 J. 그로브, 필립 D. 그로브, 러셀 A. 하트, 스티븐 A. 하트, 로빈 하버스, 데이비드 호너, 제프리 주크스, 『제2차 세계대전』 강민수 옮김, 플래닛미디어, 2024.

16 그레이엄 앨리슨, 『예정된 전쟁』 정혜윤 옮김, 세종서적, 2018.

17 제이슨 솅커, 『제2차 냉전 시대』 김문주 옮김, 더페이지, 2025.

18 「What does Xi Jinping's China Dream mean?」, BBC, 2013.6.6.

19 신정은, 「시진핑 "中 괴롭히는 외부세력 강철 만리장성에 머리 깨질 것"」 《이데일리》, 2021.7.1.

20 「Annual Address to the Federal Assembly of the Russian Federation」 The Kremlin, Moscow, 2005.4.25.

21 김미경, 「[브렉시트 거센 후폭풍] 美 대테러 전략 한계… "푸틴엔 뜻하지 않는 선물" 러 부상 경계」 《서울신문》, 2016.6.27.

22 Radford, Antoinette, 「Timeline of how Trump's pledge to end the war in Ukraine hit reality」 CNN, 2025.3.31.

23 「Chinese invasion of Taiwan 'imminent,' warns US」 《The Telegraph》, 2025.5.31.

24 Smith, Helen-Ann, 「China 'more likely' to invade Taiwan - and attack could come in 2027, island's foreign minister Joseph Wu warns」 Sky News, 2023.1.18.

25 이장훈, 「中, 2027년 대만 무력 통일 목표로 군 개편」《주간동아》, 2024.5.4.

26 Chen, Dean, 「What to Make of Biden's Latest Promise to Defend Taiwan」 The Diplomat, 2024.6.7.

27 「RQ-2A Pioneer Unmanned Aerial Vehicle (UAV)」 2020.9.9., https://www.navy.mil/Resources/Fact-Files/Display-FactFiles/Article/2166538/rq-2a-pioneer-unmanned-aerial-vehicle-uav/.

28 Axe, David, 「Ukraine's TB-2 Drones Are Back In Action. That's An Ominous Sign For Russia」 《Forbes》, 2023.9.3.

29 Kadam, Tanmay, 「Bayraktar, Bayraktar! Ukraine's Song On Turkish TB-2 Drones Have Become A Symbol Of Resistance For Kiev」 The EurAsian Times, 2022.4.10.

30 Zafra, Mariano, Hunder, Max, Rao, Anurag and Kiyada, Sudev, 「How drone combat in Ukraine is changing warfare」, Reuters, 2024.3.26.

31 Zafra, Mariano, 위의 글.

32 임대준, 「우크라이나, AI로 드론 살상률 80%까지 끌어올려」, AI타임스, 2024.10.16.

33 DÜZ, Sibel, 「Gaza as a testing ground: Israel's AI warfare」, 2025.7.3., https://www.setav.org/en/opinion/gaza-as-a-testing-ground-israels-ai-warfare.

34 Boom, Daniel, 「Autonomous drone attacked soldiers in Libya all on its own」, CNET, 2021.5.31.

35 Elbit Systems, 「LANIUS」, https://elbitsystems.com/product/lanius/.

36 Sutherland, Callum, 「Here Are the Top Iranian Generals and Scientists Targeted and Killed by Israeli Strikes—and What We Know About Them」 TIME, 2025.6.21.

37 Bergengruen, Vera, 「How Tech Giants Turned Ukraine Into an AI War Lab」, 《Time》, 2024.2.8.

38 Bergengruen, Vera, 위의 글.

39 Boffey, Daniel, 「Killing machines: how Russia and Ukraine's race to perfect deadly pilotless drones could harm us all」, 《The Guardian》, 2025.6.25.

1장

1 Landow, George and Allingham, Philip, 「The Nemesis — Great Britain's Secret Weapon in the Opium Wars, 1839-60」, 2006.6.23., https://victorianweb.org/history/empire/opiumwars/nemesis.html.

2 Bernard, William Dallas, 「The Nemesis in China: Comprising a History of the Late War in that Country, with an Account of the Colony of Hong-Kong」, H. Colburn, 1847.; Lovell, Julia, 「The opium war: Drugs, dreams, and the making of modern China」, Abrams, 2015.

3 HistorySkills, 「What was the real size of the British Empire at its peak?」 https://www.historyskills.com/classroom/year-9/british-empire-size/.

4 이종호, 「[기술이 바꾼 미래] 증기기관의 시대를 열다」, 《동아사이언스》,

2014.4.10.

5   배대웅, 『최소한의 과학공부』 웨일북, 2024.

6   Bailey, Geoff. B., 「The Carronade」 https://falkirklocalhistory.club/wp-content/uploads/2019/03/object-9-carronade.pdf.

7   Bailey, Geoff. B., 위의 글

8   Royal Museums Greenwich, 「HMS Victory」 https://www.rmg.co.uk/stories/maritime-history/hms-victory.

9   Padfield, Peter, 『Battleship』 Birlinn Ltd., 2000.

10   Sondhaus, Lawrence, 『Naval Warfare, 1815-1914』 Routledge, 2012.

11   History.com Editors, 「Ford's assembly line starts rolling」 2025.1.31., https://www.history.com/this-day-in-history/december-1/fords-assembly-line-starts-rolling.

12   Ford, 「THE MODEL T」 https://corporate.ford.com/articles/history/the-model-t.html.

13   에릭 라슨, 『폭격기의 달이 뜨면』 이경남 옮김, 생각의힘, 2021.

14   Office of the Historian, United States Department of State, 「Lend-Lease and Military Aid to the Allies in the Early Years of World War II」 https://history.state.gov/milestones/1937-1945/lend-lease.

15   Curatola, John, 「Lend-Lease to the Eastern Front」 2024.7.29., https://www.nationalww2museum.org/war/articles/lend-lease-eastern-front.

16   윈스턴 처칠, 앞의 책

17   Majerczyk, Michael. R., 「Overcoming Fear: Realizing Production at the Willow Run Bomber Plant」 The Saber and Scroll Journal, 2016. 5(2).

18   제프리 로버츠, 『스탈린의 전쟁』 김남섭 옮김, 열린책들, 2022.

19   Leese, Bryan, 「The cold war computer arms race」 Journal of Advanced Military Studies, 2023. 14(2): pp. 102-120.

20   「Sputnik Special Feature」 The New York Times, October, 1957.

21   크리스 밀러, 『칩워, 누가 반도체 전쟁의 최후 승자가 될 것인가』 노정태 옮김, 부키, 2023.

22   크리스 밀러, 위의 책.

23   크리스 밀러, 위의 책.

24   Leese, Bryan, 앞의 글.

25 Leese, Bryan, 위의 글.

26 Leese, Bryan, 위의 글.

27 Official United States Air Force Website, 「Cold War in Space: Top Secret Reconnaissance Satellites Revealed」 https://www.nationalmuseum.af.mil/Visit/Museum-Exhibits/Fact-Sheets/Display/Article/195923/cold-war-in-space-top-secret-reconnaissance-satellites-revealed/.

28 Official United States Air Force Website, 위의 글.

29 Caldwell, Dan, 「The Salt II Treaty」『The Politics of Arms Control Treaty Ratification』 Springer, pp. 279-353, 1991.

30 애니 제이콥슨, 『다르파 웨이』 이재학 옮김, 지식노마드, 2024.

31 Axe, David, 『Drone war vietnam』 2021.

32 애니 제이콥슨, 앞의 책.

33 이벌찬, 『딥시크 딥쇼크』 미래의창, 2025.

34 Schwab, Klaus, 「The Fourth Industrial Revolution: what it means, how to respond1」 Handbook of research on strategic leadership in the Fourth Industrial Revolution, Edward Elgar Publishing, pp. 29-34, 2024.

35 「Putin: Leader in artificial intelligence will rule world」 AP News, 2017.9.1.

36 The White House, 「Memorandum on Advancing the United States' Leadership in Artificial Intelligence; Harnessing Artificial Intelligence to Fulfill National Security Objectives; and Fostering the Safety, Security, and Trustworthiness of Artificial Intelligence」 2024.10.24.

37 Allen, Gregory C. and Goldston, Issac, 「The Biden Administration's National Security Memorandum on AI Explained」 CSIS, 2024.10.25., https://www.csis.org/analysis/biden-administrations-national-security-memorandum-ai-explained.

38 The Department of Commerce (DOC), 「Department of Commerce Announces Recission of Biden-Era Artificial Intelligence Diffusion Rule, Strengthens Chip-Related Export Controls」 2025.5.13.

39 Bhandari, Konark, 「COCOM 2.0: Could a New Multilateral Regime Help Control High-Technology Exports?」 The Carnegie Endowment for International Peace, 2024.2.23.

40 「오로라, AI반도체 시급한 중국, 유학생까지 동원하며 엔비디아 칩 밀수」

《조선일보》, 2024.7.5.

41   「China needs new long tech march after US attack on SMIC: Global Times editorial」《Global Times》, 2020.9.27.

42   Takagi, Koichiro, 「New Tech, New Concepts: China's Plans for AI and Cognitive Warfare」 War on the Rocks, 2022.4.13.

43   Liu Xuanzun, Fan Wei and Ma Jun, 「China unveils heavy 'swarm carrier' UAV at airshow」《Global Times》, 2024.11.17.

44   Chan, Kyle, Smith, Gregory, Goodrich, Jimmy, DiPippo, Gerad, and Pilz, Konstantic F., 「China's Evolving Industrial Policy for AI」 RAND, 2025.6.26.

45   Hinton, Geoffrey, 「Banquet speech」 NobelPrize.org, Nobel Prize Outreach 2025, 2025.7.22, https://www.nobelprize.org/prizes/physics/2024/hinton/speech/.

46   카이 버드, 마틴 셔윈, 『아메리칸 프로메테우스』 최형섭 옮김, 사이언스북스, 2023.

47   카이 버드, 마틴 셔윈, 위의 책.

48   카이 버드, 마틴 셔윈, 위의 책.

49   Metz, Cade, 「The Godfather of AI Leaves Google and Warns of Danger Ahead」 The New York Times, 2023.5.1.

50   Klingler, Nico, 「AlexNet: A Revolutionary Deep Learning Architecture」 viso.ai, 2024.4.29.

51   Varanasi, Lakshmi, 「AI 'godfather' Geoffrey Hinton says AI will one day unite nations against a common existential threat」 Business Insider, 2024.12.13.

52   Hinton, Geoffrey, 앞의 글.

53   「The Underwater Cuban Missile Crisis at 60」 National Security Archive, 2022.10.3., https://nsarchive.gwu.edu/briefing-book/russia-programs/2022-10-03/soviet-submarines-nuclear-torpedoes-cuban-missile-crisis.

54   크리스토퍼 클라크, 『강철왕국 프로이센』 박병화 옮김, 마티, 2020.

55   Batty, Peter, 「The house of Krupp: the steel dynasty that armed the nazis」 2001: Rowman & Littlefield.

56   Kondratiev, Vyacheslav, 「The gun that crushed France」 Top War, 2014.9.29.

57   McGee, Jeffrey. K., 「Global Positioning System Selective Availability:

인간 없는 전쟁

Legal, Economic, and Moral Considerations」, 2000.

58   「A growing number of governments hope to clone America's DARPA」《The Economist》, 2021.6.5.

59   Clark, Mitchell and Grush, Loren, 「Elon Musk's promised Starlink terminals have reached Ukraine」The Verge, 2022.3.1.

60   Morgunov, Serhiy and Taylor, Adam, 「Ukraine fears Musk may cut vital Starlink internet amid Trump pressure」《The Washington Post》, 2025.3.6.

61   Le Monde with AFP, 「Musk says Starlink stopped a Ukraine drone attack on Russian fleet」《Le Monde》, 2023.9.8.

62   정미경, 「머스크의 스페이스X "우크라軍 '스타링크' 활용 제한"」《서울경제》, 2023.2.10.

63   Stone, Mike and Roulettem, Joey, 「SpaceX's Starlink wins Pentagon contract for satellite services to Ukraine」Reuters, 2023.6.2.

64   National Center for Science and Engineering Statistics, 「Federally Funded R&D Declines as a Share of GDP and Total R&D」 2023.6.13., https://ncses.nsf.gov/pubs/nsf23339.

65   「Alphabet Research and Development Expenses 2010-2025 | GOOGL」https://www.macrotrends.net/stocks/charts/GOOGL/alphabet/research-development-expenses.

66   「NASA's FY 2024 Budget」https://www.planetary.org/space-policy/nasas-fy-2024-budget.

67   「Median Starting Salaries (by Institution): Computer Science」https://www.collegetransitions.com/dataverse/median-starting-salaries-computer-science/.

68   Rogers, James, 「Google employees resign in protest over controversial Pentagon AI project, report says」Fox News, 2018.5.14.

69   Fitzgerald, William, 「[OPINION] 이제는 밝혀져야 할 구글과 군의 은밀한 거래」《MIT Technology Review》, 2024.5.22.

70   Altman, Sam, 「Who will control the future of AI?」《The Washington Post》, 2024.7.25.

71   Durden, Tyler, 「Skynet? Palmer Luckey & Sam Altman Combine Forces For "National Security Missions"」ZeroHedge, 2024.12.6.

72   「AI is set to drive surging electricity demand from data centres while offering the potential to transform how the energy sector works」, IEA, 2025.4.10., https://www.iea.org/news/ai-is-set-to-drive-surging-electricity-demand-from-data-centres-while-offering-the-potential-to-transform-how-the-energy-sector-works.

73 「Meta Reports First Quarter 2025 Results」, 2025.4.30., https://investor.atmeta.com/investor-news/press-release-details/2025/Meta-Reports-First-Quarter-2025-Results/default.aspx.

74 Schaake, Marietje, 『The Tech Coup』, Princeton University Press, 2024.

2장

1 Beaumont, Peter, 「Vast Russian military convoy may be harbinger of a siege of Kyiv」《The Guardian》, 2024.3.1.

2 데이비드 퍼트레이어스, 앤드류 로버츠, 『컨플릭트』 허승철, 송승종 옮김, 책과함께, 2024.

3 「Attack On Europe: Documenting Russian Equipment Losses During The Russian Invasion Of Ukraine」 ORYX, https://www.oryxspioenkop.com/2022/02/attack-on-europe-documenting-equipment.html.

4 Borger, Julian, 「The drone operators who halted Russian convoy headed for Kyiv」《The Guardian》, 2022.3.28.

5 Borger, Julian, 위의 글

6 Skoglund, Per, Tore, Listou and Thomas, Ekstr⬚m, 「Russian logistics in the Ukrainian war: Can operational failures be attributed to logistics?」《Scandinavian Journal of Military Studies》, 2022. 5(1).

7 Watling, Jack and Reynolds, Nick, 「Operation Z: The Death Throes of an Imperial Delusion」 2022.

8 Clark, Mason et al., Ukraine Conflict Updates. Understandingwar.org, 2022.

9 「러시아가 자랑하던 최정예 부대 '막대한 전력손실'…최소 39명 사망 확인」 BBC News 코리아, 2022.4.4.

10 데이비드 퍼트레이어스, 앤드류 로버츠, 앞의 책

11 Fenrick, William J., 「Targeting and proportionality during the NATO bombing campaign against Yugoslavia」《European Journal of International Law》, 2001. 12(3): pp. 489-502.

12 Loeb, Vernon, 『Bursts of Brilliance』《The Washington Post》, 2002.12.14.

13 김이삭, 「[무기와 표적] 美가 솔레이마니를 제거한 진짜 이유 '급조폭발물(IED) 공포'」《한국일보》, 2020.1.30.

14 Fischer, Hannah and Hibbah, Kaileh, 「Trends in active-duty military deaths from 2006 through 2021」 2022.

15 Sullivan, Michael J., 『Rapid acquisition of mine resistant ambush protected vehicles』, DIANE Publishing, 2008.

16 Brown University, 「Costs of War」 https://watson.brown.edu/costsofwar/.

17 박태균, 『베트남 전쟁』 한겨레출판, 2023.

18 Miguel, Edward and Gerard, Roland, 「The long-run impact of bombing Vietnam」《Journal of development Economics》, 2011. 96(1): pp. 1-15.

19 Russia Matters, 「The Russia-Ukraine War Report Card」 2025.8.6. August 06, https://www.russiamatters.org/news/russia-ukraine-war-report-card/russia-ukraine-war-report-card-aug-6-2025.

20 「Invasion of Ukraine, D+33, SITREP (#205)」 2022, https://www.thefivecoatconsultinggroup.com/the-coronavirus-crisis/ukraine-context-d33.

21 Litnarovych, Vlad, 「Ukrainian Drones Obliterate $1.7M Russian Msta-S Howitzer in Precision Strike, Video」 UNITED24 Media, 2025.7.16.

22 송현서, 「푸틴, 피눈물 흘릴 듯…'2700억짜리' 러軍의 가장 비싼 무기, 값싼 드론에 박살」 나우뉴스, 2025.5.30.

23 Defense Advancement, 「Javelin Light Forces Anti-Tank Guided Weapon (LF ATGW)」 https://www.defenseadvancement.com/projects/javelin-light-forces-anti-tank-guided-weapon-lf-atgw/.

24 Orr, Christian D. 「89 Percent Hit Rate: Javelin Tank Killer is Causing Mayhem in Ukraine」《The National Interest》, 2024.11.15.

25 「FPV Drones Effective in 20-40% of Ukrainian and Russian Strikes, Commander Says」《Kyiv Post》, 2024.12.17.

26 Center for Strategic & International Studies, 「Calculating the

Cost-Effectiveness of Russia's Drone Strikes」, 2025.2.19., https://www.csis.org/analysis/calculating-cost-effectiveness-russias-drone-strikes.

27   Мазіна, Наталія, 「Every high school student assembles a drone. A report from a Kyiv school that teaches robotics」, 2024.6.2.

28   Chandler, Katherine Fehr., 「Drone Flight and Failure: the United States' Secret Trials, Experiments and Operations in Unmanning, 1936-1973」, UC Berkeley, 2014.

29   Whitmore, Bishane A., 「Lightning in a Bottle: How Air Force Culture Contained the Rise and Fall of the AQM-34 Lightning Bug」, 2017.

30   Schuster, Carl O., 「LIGHTNING BUG WAR OVER NORTH VIETNAM」, HISTORYNET, 2017.7.13.

31   Grant, Rebecca, 「The Bekaa Valley War」, Air Force Magazine, 2002. 85(6): pp. 58-63.

32   「MQ-9A "Reaper"」, https://www.ga-asi.com/remotely-piloted-aircraft/mq-9a.

33   Axe, David, 「Predator Drones Once Shot Back at Jets... But Sucked At It」, Wired, 2012.11.9.

34   「Mehsud was on drip when caught by Drone attack: Report」, The Economic Times, 2009.8.8.

35   Kantor, Jonathan H., 「HOW FAST IS THE MQ-1 PREDATOR DRONE & WHAT DOES ONE COST?」 SLASHGEAR, 2024.9.5.

36   「MQ-9 Reaper Fact Sheet」, 2020.9., https://www.creech.af.mil/About-Us/Fact-Sheets/Display/Article/669890/mq-9-reaper-fact-sheet/.

37   Clanahan, K.D., 「Drone-Sourcing? United States Air Force Unmanned Aircraft Systems, Inherently Governmental Functions, and the Role of Contractors」, Federal Circuit Bar Journal, Vol. 22, 2012.

38   Keating, Joshua, 「The overlooked conflict that altered the nature of war in the 21st century」, Vox, 2024.6.3.

39   정동연, 「[동향세미나] 나고르노-카라바흐 분쟁 동향 및 전망」 KIEP 동향세미나, 2023.10.30.

40   Yusifov, Sabuhi, 「[전문가오피니언] 포스트오일 경제 구축 : 아제르바이잔의 사례」 EMERiCs 신흥지역정보 종합지식포탈, 2018.4.11.

41 Grono, Magdalena and Vartanyan, Olesya, 「Armenia and Azerbaijan's collision course over Nagorno-Karabakh」 openDemocracy, 2017.7.14.

42 서강일, 조상근, 김종훈, 「드론전투체계 발전방향―아제르바이잔 아르메니아 전쟁을 중심으로」 《Journal of the The Korean Institute of Defense Technology》, 2022. 4(3): pp. 1-7.

43 Dixon, Robyn, 「Azerbaijan's drones owned the battlefield in Nagorno-Karabakh — and showed future of warfare」 《The Washington Post》, 2020.11.11.

44 서강일, 조상근, 김종훈, 앞의 글.

45 Dixon, Robyn, 앞의 글.

46 Sabbagh, Dan, 「'They cannot be jammed': fibre optic drones pose new threat in Ukraine」 《The Guardian》, 2025.4.23.

47 Sabbagh, Dan, 위의 글.

48 Sabbagh, Dan, 위의 글.

49 Bondar, Kateryna, 「Ukraine's Future Vision and Current Capabilities for Waging AI-Enabled Autonomous Warfare」 Center for Startegic & Intenational Studies-Wadhwani AI center, 2025.

50 Bondar, Kateryna, 위의 글.

51 Kushnerska, Nataliia, 「Missiles, AI, and drone swarms: Ukraine's 2025 defense tech priorities」 Atlantic Council, 2025.1.2.

52 Palatir, 「The Future of Drone Navigation」 Medium, 2024.10.14.

53 Bondar, Kateryna, 앞의 글.

54 「Ukraine's Forces Secretly Use American Ghost-X UAVs with Artificial Intelligence Since 2022」 Defense Express, 2024.11.14.

55 위의 글.

56 위의 글.

3장

1 Sutton, H. I., 「First Image Of Ukraine's Sidewinder-Armed Magura V7 Surface Drone」 NAVAL NEWS, 2025.4.5.

2 Zoria, Yuri, 「Ukraine unveils Magura v7 naval drone, which downed two Russian Su-30 fighter jets in early May」 EUROMAIDAN PRESS,

2025.5.15.

3　　Zoria, Yuri, 위의 글.

4　　데이비드 퍼트레이어스, 앤드류 로버츠, 앞의 책.

5　　Hnidyi, Vitalii, 「Ukrainian brigade pioneers remote-controlled ground assaults」 Reuters, 2025.1.17.

6　　Sutton, H. I., 앞의 글.

7　　이정호, 「우크라 전장에 '가성비 무인 탱크' 등장…기술 무장 스타트업 참전했다」 《경향신문》, 2024.7.21.

8　　이정호, 위의 글.

9　　Brown, Steve, 「Ground Drones - Ukrainian-Russian Unmanned Vehicles Arms Race Heats Up」 《Kyiv Post》, 2024.6.7.

10　Brown, Steve, 위의 글.

11　「'Jaguar': The IDF's Newest, Most Advanced Robot」 Israel Defense Forces, 2021.4.27.

12　이철민, 이현택, 「150m 떨어진 차, 원격조종 기관총이… 이란 핵과학자 피살 순간」 《조선일보》, 2020.11.30.

13　데이비드 퍼트레이어스, 앤드류 로버츠, 앞의 책.

14　Mizokami, Kyle, 「Everything We Know About Israel's Robotic Machine Gun」 《Popular Mechanics》, 2021.9.30.

15　Mizokami, Kyle, 위의 글.

16　Mizokami, Kyle, 위의 글.

17　「Frontline report: Single remote-controlled machine gun halts Russians for weeks near Avdiivka」 Euromaidan Press, 2023.11.11.

18　데이비드 퍼트레이어스, 앤드류 로버츠, 앞의 책.

19　Panella, Panella, 「Ukraine is fielding machine-gun turrets remotely controlled by the Steam Deck video game system made for playing games like Halo」 Business Insider, 2024.9.10.

20　데이비드 퍼트레이어스, 앤드류 로버츠, 앞의 책.

21　Majumdar Roy Choudhury, Lipika, et al, 「Final report of the Panel of Experts on Libya established pursuant to Security Council resolution 1973 (2011)」 United Nations Security Council, 2021.

22　고일환, 「개전 후 9개월… 첨단 무기·군사장비 시험장 된 우크라이나」 연합뉴스, 2022.11.16.

23　황철환, 「우크라, 남부 돌파구 찾았나…"크림반도 향한 진격로 열고 있다"」 연합뉴스, 2023.8.31.

24 양욱, 「모자이크전을 통한 결심중심전의 미래전」, 아산리포트, 아산정책연구원, 2022.

25 「우크라판 살수대첩 뒤엔 '1분내 OK' 포병대의 우버」, 《머니투데이》, 2022. 5. 17.

26 양욱, 앞의 글.

27 Bergengruen, Vera, 앞의 글.

28 「Palantir Technologies - Cheat Sheet」, https://www.supplychaintoday.com/palantir-technologies-cheat-sheet/.

29 Meaker, Morgan, 「High Above Ukraine, Satellites Get Embroiled in the War」, Wired, 2022.3.4.

30 Bergengruen, Vera, 앞의 글.

31 Bergengruen, Vera, 위의 글.

32 Bergengruen, Vera, 위의 글.

33 Bergengruen, Vera, 위의 글.

34 「Questions and Answers: Israeli Military's Use of Digital Tools in Gaza」, Human Rights Watch, 2024.9.10.

35 Abraham, Yuval, 「'Lavender': The AI machine directing Israel's bombing spree in Gaza」, +972 Magazine, 2024.4.3.

36 Davies, Harry, McKernan, Bethan and Sabbagh, Dan, 「'The Gospel': how Israel uses AI to select bombing targets in Gaza」, 《The Guardian》, 2023.12.1.

37 Abraham, Yuval, 앞의 글.

38 Dwoskin, Elizabeth, 「Israel Built An 'AI Factory' For War. It Unleashed It In Gaza」, 《The Washington Post》, 2024.12.29.

39 Davies, Harry, 앞의 글.

40 Abraham, Yuval, 앞의 글.

41 Davies, Bethan and Davies, Harry, 「'The machine did it coldly': Israel used AI to identify 37,000 Hamas targets」, 《The Guardian》, 2024.4.3.

42 Frankel, Julia and Mednick, Sam, 「How Israel used spies, smuggled drones and AI to stun and hobble Iran」, The Times of Israel, 2025.6.17.

43 Goller, Howard and Landay, Jonathan, 「Israel killed 30 Iranian security chiefs and 11 nuclear scientists, Israeli official says」, Reuters, 2025.6.28.

44 Leicester, John, 「Israel killed at least 14 scientists in an unprecedented attack on Iran's nuclear know-how」, AP News, 2025.6.25.

45 Frankel, Julia and Mednick, Sam, 앞의 글.

46 Motamedi, Maziar, 「How Israel launched attacks from inside Iran to sow chaos during war」, Al Jazeera, 2025.6.26.

47 Goller, Howard and Landay, Jonathan, 앞의 글.

48 Pearson, James and Zinets, Natalia, 「Deepfake footage purports to show Ukrainian president capitulating」, Reuters, 2022.3.17.

49 데이비드 퍼트레이어스, 앤드류 로버츠, 앞의 책.

50 Brown, Paul, Cheethanm, Joshua, Seddon, Sean and Palumbo, Daniele, 「Gaza hospital: What video, pictures and other evidence tell us about Al-Ahli hospital blast」, BBC, 2023.10.20.

51 Nashed, Mat, 「Western coverage of Israel's war on Gaza - bias or unprofessionalism?」, Al Jazeera, 2023.10.29.

52 Paul, Karl, 「TikTok was 'just a dancing app'. Then the Ukraine war started」, 《The Guardian》, 2022.3.20.

53 Antoniuk, Daryna, 「TikTok more dangerous to Ukraine than Telegram, say local disinformation experts」, The Record, 2024.10.4.

54 데이비드 퍼트레이어스, 앤드류 로버츠, 앞의 책.

55 Lewis, James Andrew, 「Cyber War and Ukraine」, CSIS, 2022.6.16.

56 「Russia's war on Ukraine: Timeline of cyber-attacks」, European Parliamentary Research Service, 2022.6.

57 Jones, Seth G., 「Russia's Ill-Fated Invasion of Ukraine: Lessons in Modern Warfare」, CSIS Briefs, 2022.6.1.

58 Din, Antonia, 「Anonymous Declares 'Cyberwar' on Russia and Pledges Support for Ukraine」, Heimdal, 2023.4.13.

59 Druziuk, Yaroslav, 「Ukrainian Citizens Are Using a Bot to Help Spot Russian Troops」, Business Insider, 2022.4.18.

60 데이비드 퍼트레이어스, 앤드류 로버츠, 앞의 책.

61 Schogol, Jeff, 「Russian soldier gave away his position with geotagged social media posts」, Task & Purpose, 2023.1.3.

62 데이비드 퍼트레이어스, 앤드류 로버츠, 앞의 책.

63 데이비드 퍼트레이어스, 앤드류 로버츠, 위의 책.

64 Cieslak, Marc and Gerken, Tom, 「Ukraine crisis: Google Maps live

인간 없는 전쟁

traffic data turned off in country」 BBC, 2022.3.1.

4장

1   Shah, Saeed and Patel, Shivam, 「How Pakistan shot down India's cutting-edge fighter using Chinese gear」 Reuters, 2025.8.2.
2   Mickeviciute, Rosita, 「Top 10 most expensive fighter jets in 2025」 AeroTime, 2025.2.21.
3   「Pakistan's first combat use of Chinese PL-15E air-to-air missiles confirmed after debris found in India」 Global Defencse News, 2025.5.7.
4   Osborne, Tony, 「Imagery Suggests First Rafale Combat Loss」 Aviation Week Network, 2025.5.7.
5   Shah, Saeed and Ali, Idrees, 「Exclusive: Pakistan's Chinese-made jet brought down two Indian fighter aircraft. US officials say」 Reuters, 2025.5.10.
6   Newdice, Thomas, 「China's PL-15 Air-To-Air Missile Appears To Have Been Used In Combat For The First Time」 TWZ, 2025.5.7.
7   Newdice, Thomas, 위의 글.
8   Trevithick, Joseph, 「Land Attack Capability Axed On AGM-158C LRASM Anti-Ship Missile」 TWZ, 2024.2.2.
9   「Edge AI for Military and Defense」 ADLINK, 2024.11.26.
10   Fabian, Emanuel, 「The Israel-Iran war by the numbers, after 12 days of fighting」 The Times of Israel, 2025.6.24.
11   Shah, Saeed and Patel, Shivam, 앞의 글.
12   Linehan, Dan, 「NPS Develops AI Solution to Automate Drone Defense with High Energy Lasers」 America's NAVY, 2025.2.12.
13   정영인, 「'아이언돔' 뚫린 이스라엘…차세대 AI 방공체계 주목」 이투데이, 2025.6.21.;Newdick, Thomas, 「Israel's Iron Beam Laser Air Defense System Has Downed Enemy Drones」 TWZ, 2025.5.29.
14   정영인, 위의 글.
15   정윤찬, 김진섭, 권영철, 「광섬유 레이저의 최근 기술동향」 The Proceedings of the Korean Institute of Illuminating and Electrical Installation Engineers, 2015.

16 Stone, Mike, 「Exclusive: Pentagon Golden Dome to have 4-layer defense system, slides show」 Reuters, 2025.8.13.

17 박국희, 「[스피드 3Q] 트럼프가 만든다는 골든돔 "우주서 미사일 탐지·요격"」《조선일보》, 2025.5.22.

18 박국희, 위의 글.

19 Albon, Courtney, 「Why the US Navy wants to build a fully autonomous satellite」《Defense News》, 2025.1.24.

20 Albon, Courtney, 위의 글.

21 Tucker, Patrick, 「As space gets more crowded, Pentagon looks to AI to spot weapons」 Defense One, 2024.6.5.

22 Grant, Isabella T., 「SPACE AND ELECTRONIC WARFARE REIMAGINED」《The Defence Horizon Journal》, 2025.5.19.

23 김형자, 「중국의 우주 청소 로봇에 미국이 왜 긴장할까」《주간조선》, 2022.3.2.

24 Tucker, Patrick, 앞의 글.

25 Kallenborn, Zak, 「Israel's Drone Swarm Over Gaza Should Worry Everyone」 Defense One, 2021.7.7.

26 Harper, Jon, 「Drone swarms with 1,000 unmanned aircraft could be possible within 5 years, DARPA leader says」 FEDSCOOP, 2022.4.5.

27 Kesteloo, Haye, 「US, UK, AND AUSTRALIA TEST AI-POWERED DRONE SWARMS IN GROUNDBREAKING MILITARY EXERCISE」 DroneXL, 2024.8.13.

28 Roque, Ashley, 「Army to test out 30 new drones and launched effects during EDGE 24」 Breaking Defense, 2024.9.11.

29 Tucker, Patrick, 「The Pentagon is already testing tomorrow's AI-powered swarm drones, ships」 Defense One, 2024.1.22.

30 Helfrich, Emma, 「Drone Swarm Launcher Truck Displayed At China's Big Arms Expo」 TWZ, 2022.11.5.

31 「中 소형 무인기 100대 탑재 가능 '드론 항모' 6월 첫 시험 비행」 뉴시스, 2025.5.20.

32 Harper, Jon, 앞의 글.

33 Ferran, Lee and Gill, Jaspreet, 「'Replicator' revealed: Pentagon initiative to counter China with mass-produced autonomous systems」 Breaking Defense, 2023.8.28.

34 Ditter, Timothy, 「PRC CONCEPTS FOR UAV SWARMS IN FUTURE

WARFARE. CAN」 2025.7.

35 이현우, 「美 6세대 전투기 이름이 F-47인 이유…"트럼프 입김"」 《아시아경제》, 2025.3.24.

36 Official United States Air Force Website, 「Air Force Awards Contract for Next Generation Air Dominance (NGAD) Platform」 2025.3.21.

37 Kajal, Kapil, 「Jet-powered drone wingman for US 6th-gen fighter completes first test flight, in Interesting Engineering」 Interesting Engineering, 2025.8.28.

38 Osborn, Kris, 「F-47 Fighter: The 'Stealthiest Aircraft Ever' That Can Quarterback A Drone Swarm」 《National Security Journal》, 2025.8.29.

39 「J-20 vs F-22: China's Digital Simulation Reveals Surprising Victory with 'Loyal Wingman' Drones」 China Arms, 2024.12.2.

40 「Glimpses Of China's New Air Combat Drones Emerge Ahead Of Massive Military Parade」 TWN, 2025.8.17.

41 Heckmann, Laura, Magnuson, Stew and Park, Allyson, 「Army Lays Out Plans for Robotic Combat Vehicles」 《National Defense Magazine》, 2023.12.12.

42 Freedberg, Sydney J., Jr., 「Army Robots Hunt Tanks In Project Convergence」 Breaking Defense, 2020.9.28.

43 Freedberg, Sydney J., Jr., 「A Slew To A Kill: Project Convergence」 Breaking Defense, 2020.9.16.

44 Barnett, Jackson, 「The Army wants soldiers to talk with robots, and for the robots to talk back」 FEDSCOOP, 2020.8.20.

45 Bach, Deborah, 「U.S. Army to use HoloLens technology in high-tech headsets for soldiers」 Microsoft, 2021.6.8.

46 Whittle, Richard, 「MUM-T Is The Word For AH-64E: Helos Fly, Use Drones」 Breaking Defense, 2015.1.28.

47 U.S. Department of War, 「Ghost Fleet Overlord Unmanned Surface Vessel Program Completes Second Autonomous Transit to the Pacific」 2021.6.7.

48 Harper, Jon, 「Navy's Project Overmatch steams ahead at RIMPAC」 DEFESESCOOP, 2024.8.15.

49 O'Donnell, James, 「생성형 AI, 미군 첩보 작전의 새로운 첨병으로 부상」 《MIT Technology Review》, 2025.4.21.

50 ODSC Team, 「US Marines Test Generative AI to Streamline Intelligence in Pacific Deployment」 Open Data Science, 2025.4.11.

51 O'Donnell, James, 앞의 글.

52 Harper, Jon, 「Marines use generative AI tech during long deployment to the Pacific」 DEFENSESCOOP, 2025.2.5.

53 Vandiver, John, 「US military must scale up AI use in psyops to reach par with Russia and China, study finds」 《Stars and Stripes》, 2025.7.23.

54 Vandiver, John, 위의 글.

55 Herman, Arther. 「China and Artificial Intelligence: The Cold War We're Not Fighting」 Hudson Institute, 2024.6.19.

56 O'Donnell, James, 앞의 글.

57 ODSC Team, 앞의 글.

58 O'Donnell, James, 「1년도 안 돼 뒤집힌 오픈AI의 군사기술 지원 정책…수익 창출 급했나」 《MIT Technology Review》, 2024.12.13.

59 신인균, 「우크라이나의 기만과 러시아의 자만이 거함 '모스크바' 격침시켰다」 《주간동아》, 2022.4.23.

60 Taylor, Adam and Parker, Claire, 「'Neptune' missile strike shows strength of Ukraine's homegrown weapons」 《The Washington Post》, 2022.4.15.

61 이기욱, 김윤진, 이지윤, 「'우크라판 트로이 목마'… 드론으로 러 전폭기 등 41대 파괴」 《동아일보》, 2025.6.3.

62 Brown, Steve, 「Ukraine Trained AI for Its 'Spiderweb' Airfield Drone Attacks at Aviation Museum」 《Kyiv Post》, 2025.6.2.

63 Mazhulin, Artem, et al, 「Operation Spiderweb: a visual guide to Ukraine's destruction of Russian aircraft」 《The Guardian》, 2025.6.2.

64 이기욱, 김윤진, 이지윤, 앞의 글.

65 Lévy, Bernard-Henri, 「Drone Attack Shows Why Ukraine Will Win This War」 《The Wall Street Journal》, 2025.6.2.

66 Schmidgall, Samuel, et al., 「Agent laboratory: Using llm agents as research assistants」 arXiv preprint arXiv:2501.04227, 2025.

67 Cuthrell, Shannon, 「Thunderforge Brings AI Agents to Wargames」 IEEE Spectrum, 2025.7.23.

68 Farnell, Richard and Coffey, Kira, 「AI's New Frontier in War Planning: How AI Agents Can Revolutionize Military Decision-Making」

Harvard Kenned School Belfer Center, 2024.10.11.

69 Chen, Stephen, 「China's military lab AI connects to commercial large language models for the first time to learn more about humans」《South China Morining Post》, 2024.1.12.

70 Farnell, Richard and Coffey, Kira, 앞의 글.

71 Husain, Amir, et al., 『Hyperwar: conflict and competition in the AI century』AM Press, 2018.

72 Cuthrell, Shannon, 앞의 글.

5장

1 임대준, 앞의 글.

2 「Smarter Wars: Ukraine's Use of AI and Drones in the Fight for Survival」VGI-9, 2025.5.22.

3 김명일, 「공군 "전투기 오폭 사고, 조종사 좌표 입력 실수 때문"」《조선일보》, 2025.3.6.

4 Lewis, Larry and Ilachinski, Andrew, 「Leveraging AI to mitigate civilian harm」CNA, 2022.

5 Kirichenko, David, 「How AI Is Eroding the Norms of War」AI Frontiers, 2025.5.27.

6 김재명, 「'인종청소' 비극 품은 발칸의 핏빛 휴화산」《신동아》, 2003.4.28.

7 Lindsay, James M., 「The Vietnam War in Forty Quotes」Council on Foreign Relations, 2015.4.30.

8 Magnuson, Stew, 「'Robot Army' in Afghanistan Surges Past 2,000 Units」《National Defense》, 2011.2.1.

9 Shachtman, Noah, 「Military Gears Up for Bomb-Bot 2.0」Wired, 2009.2.25.

10 윤상호, 「[단독]美육군 '터널탐사' 로봇 지하갱도 시험투입⋯유사시 北땅굴 핵-생화학무기 정찰용인듯」《동아일보》, 2021.12.31.

11 이혜진, 「표적 식별하고 '쏠까요?'⋯미군이 테스트 중인 신무기」《조선일보》, 2024.5.14.

12 Domingo, Aldohn, 「[WATCH] US DARPA Releases Footage of First Ever AI vs Human Dogfight」TechTimes, 2024.4.19.

13 Martin, David, 「AI in the military: Testing a new kind of air force」 CBS News, 2025.10.5.

14 최영권, 「"한국 인구, 60년간 절반으로 줄어든다" 섬뜩한 인구보고서」 《서울신문》, 2025.3.5.

15 데이브 그로스먼, 『살인의 심리학』 이동훈 옮김, 열린책들, 2023.

16 데이브 그로스먼, 위의 책.

17 Gabriel, Richard A., 『No more heroes: Madness and psychiatry in war』 Macmillan, 1987.

18 데이브 그로스먼, 앞의 책.

19 Baum, Dan, 「The Price of Valor」 The New Yorker, 2004.7.4.

20 Baum, Dan, 위의 글.

21 데이브 그로스먼, 앞의 책.

22 Mcelhiney, Brian, 「Opera premiering at Kennedy Center takes a 'grounded' look at drone pilots, PTSD」 Stars and Stripes, 2023.10.19.

23 Gettinger, Dan, 「Burdens of War: PTSD and Drone Crews」 The Center for the Study of the Drone, 2014.4.21.

24 Konigsburg, Joyce Ann, 「Modern warfare, spiritual health, and the role of artificial intelligence」 《Religions》, 2022. 13(4): p. 343.

25 데이비드 퍼트레이어스, 앤드류 로버츠, 앞의 책.

26 Cuthrell, Shannon, 앞의 글.

27 Cuthrell, Shannon, 위의 글.

28 Caballero, William N. and Jenkins, Phillip R., 「On large language models in national security applications」 Stat, 2025. 14(2): p. e70057.

29 Cuthrell, Shannon, 앞의 글.

30 Cuthrell, Shannon, 위의 글.

31 Brimelow, Benjamin, 「9 times the world was at the brink of nuclear war — and pulled back」 Business Insider, 2018.4.26.

32 애니 제이콥슨, 앞의 책.

33 Piller, Charles, 「Vaunted Patriot Missile Has a 'Friendly Fire' Failing」 Los Angeles Times, 2003.4.21.

34 월터 시넛암스트롱, 재나 셰익 보그, 빈센트 코니처, 『도덕적인 AI』 박초월 옮김, 김영사, 2025.

35 John, K. Hawley, 「Patriot Wars: Automation and the Patriot Air and

Missile Defense Systems」, CNAS, 2017.

36 Greve, Joan E., 「NTSB: Pilot of Fatal Asiana Crash Lacked 'Critical Manual Flying Skills'」《Time》, 2014.6.24.

37 「Air France Flight 447 Investigation: Pilots Not Properly Trained to Fly the Airbus A330?」 ABC News, 2012.6.6.

38 Dratsch, Thomas, et al., 「Automation bias in mammography: the impact of artificial intelligence BI-RADS suggestions on reader performance」《Radiology》, 2023. 307(4): p. e222176.

39 Prinster, Drew, et al., 「Care to explain? AI explanation types differentially impact chest radiograph diagnostic performance and physician trust in AI」《Radiology》, 2024. 313(2): p. e233261.

40 Wen Zhou and Greipl, Anna Rosalie, 「Artificial intelligence in military decision-making: supporting humans, not replacing them」, ICRC, 2024.8.29.

41 Holbrook, Colin, et al., 「Overtrust in ai recommendations about whether or not to kill: Evidence from two human-robot interaction studies」《Scientific reports》, 2024. 14(1): p. 19751.

42 Wen Zhou and Greipl, Anna Rosalie, 앞의 글.

43 Abraham, Yuval, 앞의 글.

44 Boulanin, Vincent and Bo, Marta, 「Three lessons on the regulation of autonomous weapons systems to ensure accountability for violations of IHL」 ICRC, 2023.3.2.

45 「Libya, The Use of Lethal Autonomous Weapon Systems」, ICRC.

46 Docherty, Bonnie Lynn, 「Mind the gap: The lack of accountability for killer robots」 Human Rights Watch, 2015.

47 Docherty, Bonnie Lynn, 위의 글.

48 「Autonomous weapons: The ICRC recommends adopting new rules」 ICRC, 2021.8.3.

49 「A Hazard to Human Rights: Autonomous Weapons Systems and Digital Decision-Making」 Human Rights Watch, 2025.4.28.

50 송현서, 「보병 없는 드론·로봇에 '항복'하는 러 병사들…"전쟁 역사상 최초" (영상)」 나우뉴스, 2025.7.17.

51 송현서, 위의 글.

52 Docherty, Bonnie Lynn, 앞의 글.

53 Autonomous weapons, 앞의 글.

54 「Problems with autonomous weapons」 Stop Killer Robots.

55 양욱, 「이미 미국은 20년간 드론 전쟁 중」《시사저널》, 2020.1.20.

56 Shamsi, Hina, 「Trump's Secret Rules for Drone Strikes and Presidents' Unchecked License to Kill」 Just Security, 2021.5.3.

57 구필현, 「우크라·중동戰의 AI·드론 공격… 전쟁 패러다임 바꿨다」《아시아투데이》, 2025.6.19.

58 Gambrell, Jon, 「Yemen's Houthi rebels launch drone boat that hits ship in Red Sea as missile strikes another」 AP News, 2024.10.2.

59 「Timeline: Houthi Attacks」 Wilson Center, 2024.7.26.

60 Tesla, Nikola, 「A machine to end war」《Liberty Magazine》, 1935.9.

61 이벌찬, 「메달 따러 중국 왔다… 링 위에 선 AI 로봇들」《조선일보》, 2025.8.16.

62 Votel, Joseph L., 「When the world's at stake, go beyond the headlines」 War on the Rocks, 2025.8.29.

63 최기성, 「"임무에 방해돼 죽였다"…'명령거부' 미군 AI, 가상훈련서 조종자 공격」《매일경제》, 2023.6.2.

64 「US air force denies running simulation in which AI drone 'killed' operator」《The Guardian》, 2023.6.2.

65 닉 보스트롬, 『슈퍼인텔리전스』 조성진 옮김, 까치, 2017.

66 Lynch, Aengus, et al., 「Agentic Misalignment: How LLMs Could Be Insider Threats」 arXiv preprint arXiv:2510.05179, 2025.

67 스튜어트 러셀, 『어떻게 인간과 공존하는 인공지능을 만들 것인가』 이한음 옮김, 김영사, 2021.

6장

1 Bass, Dina and Ghaffary, Shirin, 「OpenAI-Broadcom Agreement Sends Shares of Chipmaker Soaring」 Bloomberg, 2025.10.13.

2 김문선, 「메타, 143억 달러 베팅으로 'AI 초지능' 도전장…28세 천재 CEO 영입」 플래텀, 2025.6.16.

3 Forgash, Emily and Ghosh, Agnee, 「OpenAI, Nvidia Fuel $1 Trillion AI Market with Web of Circular Deals」 Bloomberg, 2025.10.8.

4 Taylor, Chris, 「Goldman boss David Solomon warns of a stock market drawdown: 'People won't feel good'」 CNBC, 2025.10.3.

5   Buzz, Ticker, 「Morgan Stanley: AI Revolution Could Boost U.S. Stocks by 29%」 AInvest, 2025.8.19.

6   Clarke, Tara, 「The Dot-Com Crash of 2000-2002」 Money Morning, 2015.6.12.

7   Segerie, Charbel-Raphaël, 「Global Call for AI Red Lines - Signed by Nobel Laureates, Former Heads of State, and 200+ Prominent Figures」 2025.9.23., https://www.lesswrong.com/posts/vKA2BgpESFZSHaQnT/global-call-for-ai-red-lines-signed-by-nobel-laureates.

8   「Killer Robots: UN Vote Should Spur Treaty Negotiations」 Human Rights Watch, 2024.12.5.

9   Clapp, Sebastian, 「Defence and artificial intelligence」 European Parliamentary Research Service, 2025.4.

10 OpenAI, 「Introducing Superalignment」 2023.7.5., https://openai.com/index/introducing-superalignment/.

11 Anthropic, 「Dario Amodei's prepared remarks from the AI Safety Summit on Anthropic's Responsible Scaling Policy」 2023.11.1., https://www.anthropic.com/news/uk-ai-safety-summit.

12 「Japan did not keep records of nuclear disaster meetings」 BBC, 2012.1.27.

13 Heikkilä, Melissa, 「AI로 인한 지구 종말을 피하려면, 원자력 안전에서 배우라」 《MIT Technology Review》, 2023.7.3.

14 Kunichoff, Yana and Sier, Patrick, 「The Contradictions of Chicago Police's Secretive List」 《Chicago Tribune》, 2017.8.21.

15 Thorbecke, Catherine and Duffy, Clare, 「Google halts AI tool's ability to produce images of people after backlash」 CNN, 2024.2.22.

16 Hasanzadeh, Fereshteh, et al., 「Bias recognition and mitigation strategies in artificial intelligence healthcare applications」 NPJ Digital Medicine, 2025. 8(1): p. 154.

17 Perrigo, Billy, 「Why Timnit Gebru Isn't Waiting for Big Tech to Fix AI's Problems」 《Time》, 2022.1.18.

도판 출처

프롤로그

10쪽　　　　퍼블릭 도메인(영국 정보부)

1부
32쪽(위)　　퍼블릭 도메인(미국)
32쪽(아래)　퍼블릭 도메인(미국)
33쪽(위)　　©Mike Peel
33쪽(아래)　퍼블릭 도메인
34쪽　　　　퍼블릭 도메인(미국)
40쪽(위)　　퍼블릭 도메인(S. Bull)
40쪽(아래)　퍼블릭 도메인(T. Allom)
50쪽(위)　　http://digital2.library.ucla.edu/internethistory/
50쪽(아래)　http://digital2.library.ucla.edu/internethistory/
70쪽　　　　http://www.gwu.edu/~nsarchiv/NSAEBB/NSAEBB75/#IV
74쪽　　　　퍼블릭 도메인(체코 디지털 아카이브)
90쪽(위)　　우크라이나 국방부
90쪽(아래)　©Oleksandr Ratushniak
97쪽(위)　　미국 육군
97쪽(아래)　미국 해병대
100쪽(위)　　미국 공군
100쪽(아래)　미국 육군
105쪽(위)　　©Boevaya mashina
105쪽(아래)　우크라이나 국방부
127쪽(위)　　미국 육군
127쪽(아래)　미국 공군

2부

3부

※ 컬러 사진은 흑백으로 변경하였음.

북트리거 일반 도서

북트리거 청소년 도서

인간 없는 전쟁

두려움도 분노도 없는 AI 전쟁 기계의 등장

1판 1쇄 발행일 2026년 1월 5일

지은이 최재운
펴낸이 권준구 | 펴낸곳 (주)지학사
편집장 김지영 | 편집 공승현 명준성 원동민
책임편집 원동민 | 디자인 정은경디자인
마케팅 송성만 손정빈 윤술옥 이채영 | 제작 김현정 이진형 강석준 오지형
등록 2017년 2월 9일(제2017-000034호) | 주소 서울시 마포구 신촌로6길 5
전화 02.330.5265 | 팩스 02.3141.4488 | 이메일 booktrigger@naver.com
홈페이지 www.jihak.co.kr/book-trigger | 블로그 blog.naver.com/booktrigger
페이스북 www.facebook.com/booktrigger | 인스타그램 @booktrigger

ISBN 979-11-93378-75-5 03390

북트리거

트리거(trigger)는 '방아쇠, 계기, 유인, 자극'을 뜻합니다.
북트리거는 나와 사물, 이웃과 세상을 바라보는 시선에 신선한 자극을 주는 책을 펴냅니다.